再造

数字化与数字化转型

■ 秦永彬 黄瑞章 陈艳平 林川 著

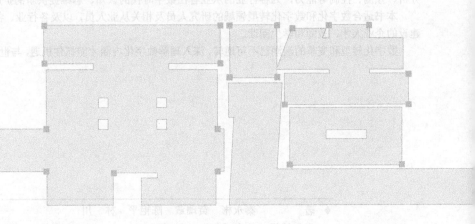

Reinvention

Digitization and Digital Transformation

人民邮电出版社
北京

图书在版编目（CIP）数据

再造 : 数字化与数字化转型 / 秦永彬等著. -- 北京 : 人民邮电出版社, 2023.7
ISBN 978-7-115-61716-3

Ⅰ. ①再… Ⅱ. ①秦… Ⅲ. ①数字化—研究 Ⅳ. ①TP3

中国国家版本馆CIP数据核字(2023)第076998号

内 容 提 要

数字化正在改变我们的工作和生活，改变这个世界运行过程中的逻辑和方法，成为当今社会再造的一种新范式。各行业、各领域的数字化转型和智能化变革正在如火如荼地向前推进，无数人工岗位被机器替代，也有无数高科技岗位随之出现，数字化正在重塑全球产业结构。围绕各行业领域的数字化发展、转型和变革，本书分析历史、研究现状并探寻未来，深入地探讨数字化所具备的感知、互联、分析、预测、控制等能力，为各行业的从业者在数字时代的认知、思维提供新的扩展方向。

本书适合数字化和数字化转型领域的研究人员及相关从业人员，以及各行业、各领域关注数字化建设的企业人才、教师和学生阅读。

数字化转型和变革的浪潮已不可逆转，深入理解数字化内涵才能抓住机遇，与世界一起协同创新。

◆ 著　　秦永彬　黄瑞章　陈艳平　林　川
责任编辑　唐名威
责任印制　马振武
◆ 人民邮电出版社出版发行　　北京市丰台区成寿寺路 11 号
邮编　100164　　电子邮件　315@ptpress.com.cn
网址　https://www.ptpress.com.cn
固安县铭成印刷有限公司印刷
◆ 开本：700×1000　1/16
印张：21　　　　2023 年 7 月第 1 版
字数：323 千字　　　　2023 年 7 月河北第 1 次印刷

定价：119.80 元

读者服务热线：(010)81055493　印装质量热线：(010)81055316
反盗版热线：(010)81055315
广告经营许可证：京东市监广登字 20170147 号

序言一

近年来，云计算、大数据、人工智能等新一代数字技术飞速进步，促使数字经济取得了前所未有的发展。当前，数字经济正加速与实体经济融合，各行各业也在加快数字化的进程，积极推进数字化转型。

《再造——数字化与数字化转型》一书以数字化和数字化转型为背景，从工业革命的维度探讨了前三次工业革命对人类社会的再造与变革，分析总结了每一次工业革命带给人类社会各个领域的影响。作者认为，第四次工业革命的本质是以数字化为支撑的各行业、各领域的再造与变革。因此，作者依托十几年来在政务数字化和企业数字化方面的实践总结和深度思考，撰写了这本关于各行业、各领域数字化建设和数字化转型的书。作者认为，与历史上各领域的发展以及工业革命带来的影响一样，社会的转型发展也是社会各领域再造与变革的历史过程，数字化带来的必然是各行业、各领域的再造与变革。

作者认为，数字化革命是人类社会正在进行的一场深刻革命。数字化新时代，数据的实时交换、计算和使用成为支撑整个互联互通体系的关键，数据量迅猛增长，数据成为网络的核心和关键支撑。伴随着云计算、大数据、人工智能等信息技术的创新性发展和应用，在这样一个以网络为“载体”、以数据为“核心”的数字化新时代，传统的商业、生产、服务等模式已经不能满足人类生产生活的实际需求。生产的方式在变，消费的需求在变，商业的模式在变，生活的方式也在变。其本质在于各行各业都要适应互联网、移动互联网带来的冲击和挑战，进而适应数字化、智能化时代发展的需要。

该书聚焦商业、媒体、政务、工业、娱乐、生活等诸多领域的数字化，内容丰富，既有对各领域发展历史的思考，又有对各领域数字化现状的分析，还有对各领域未来数字化发展和数字化转型的探讨。

近年来，数字化及其引发的数字经济发展浪潮备受各国政府和企业重视，“数字孪生”“镜像世界”“边云协同”“算力网络”“类脑计算”“脑机接口”“元宇宙”等数字化新概念不断涌现。数字技术的发展预示着一个崭新时代的到来。

作者多年来一直聚焦政府和企业领域的数字化建设，积累了丰富的数字化发展经验，书中有不少作者的新思考和新思路，从历史、现实和未来的视角阐述数字化和数字化转型的重要性，并且给出了不同领域未来进行数字化发展的畅想。

该书内容深入浅出，可以帮助读者更加深刻地理解数字化和数字化转型带来的变革与发展，将给读者提供数字化产业思考的新模式和数字化产业发展新路径。

中国工程院院士

2023 年 3 月

序言二

如果要盘点当前社会、经济、生活中的热词，“数字经济”和“数字化转型”一定会在其中。就人类社会发展大势而言，数字化转型已成为必然；数字经济作为继农业经济和工业经济之后的一种新型经济形态，正处于成型展开期。

工业革命给人类社会带来了巨大而深刻的变化。纵观人类历史，几千年的农业社会，其间社会经济形态基本保持不变，也不存在经济增长一说。工业革命自开启迄今只有 250 多年，却创造了极大的物质财富，人类终于摆脱了靠天、靠自然“吃饭”的宿命，经济增长成为常态。从工业革命的视角看，当前我们正处于新一轮工业革命的发轫期，数字化转型无疑是新一轮工业革命最主要的特征，数字经济是工业革命新阶段呈现的新型经济形态。如果更激进地看，还可以将数字经济视为农业经济、工业经济之后的全新颠覆性经济形态；将数字化转型视为对工业社会的颠覆，就如工业革命给农业社会带来的颠覆一样。事实上，在当前的数字经济研究和实践中，我们已经看到，确实存在诸多无法用工业经济理论解释和指导的问题。

无论从哪个视角看，数字化转型都已成为当今社会经济发展的共识。我理解，数字化转型是一次根本性的变革，本质上是利用数字技术来改造服务或业务，即用数字化流程取代非数字化或人工流程，用新的数字技术取代旧的数字技术，提供用于实现新型创新与创造的解决方案，而非仅对传统方法的简单增强。它带来的是一次信息化的“范型变迁”！在新的信息化范型中，信息技术将从助力提质增效的工具角色向引领社会经济转型发展的主导角色转变。数字化转型涉及社会经济的各个业态。各业态将围绕信息化主线深度协作、融合，完成自身变革、转型、提升，并不断催生新业态，一些传统业态也将在这一轮变革中走向消亡。这将是一个数字化颠覆的过程！换言之，这也是该书所要探讨的话题：数字化再造。

该书通过对商业、工业、传媒、交通等行业在历次工业革命中的再造与革新进行分析，让读者认知到，新一代信息技术带来的新一轮工业革命和社会经济革命在广度、深度和速度上都将是空前的，会远远超出人类从工业社会获得的常识和认知，远远超出人们的预期。该书从商业、媒体、政务、工业、交通、娱乐、生活、城市等视角，梳理了各领域的发展历史与数字化现状，探讨了各领域数字化转型的未来，分析了数字化转型发展面临的观念、技术、人才等关键因素，并展望了数字化转型带来的“再造”所催生的人类社会发展趋势。

从历史到未来，从百工发展到城市建设，该书可以帮助读者从多个维度看到数字技术与数字化转型为人类社会带来的变革，可作为数字化转型人才培养的扩展读物，籍以开放思维，促进深思。

是为序。

梅宏
中国科学院院士
癸卯年季春于北京

前言

人类的发展进化已经有几百万年的历史。从历史上看，人类对自然界认知的不断进步以及生产工具的不断发明与变革都促进了人类社会的再造与发展。

思维的进化和初级防卫工具的发明促使古猿最终实现了向真正人类的进化。直立行走、群居、群体防卫、使用篝火、使用石器，等等，人类认知的不断进步促使行为变化，以石器工具为代表的生产工具的发明和不断改进促进了人类社会的进化与发展。人类对自然界认知的不断进步促使人类改造自然的能力不断增强，围绕人类日常生产生活的各种发明创造层出不穷，石器工具、铜器工具、铁器工具的发明和使用都相继支撑了人类不同发展阶段的生产生活的需求，促进了人类社会的发展进步。

从原始社会到奴隶社会，从奴隶社会到封建社会，人类社会的演进与发展是相对缓慢的。近代以来，工业革命的兴起给人类社会带来了前所未有的改变。第一次工业革命带来了一场机器革命，机器开始承担人类的部分劳动，机械化逐渐“垒起”一个工业社会，许多手工劳动开始被机械化的生产所替代，手工作坊变成了机械化工厂，人类开启了现代城市化进程。第二次工业革命带来了一场前所未有的电力革命，一个被称为“电”的东西席卷人类社会，发电机、电动机的发明使得“电力”成为取代人力和蒸汽动力的新能源，各类以电驱动的工具如雨后春笋般被发明出来，人类社会产生了深刻的变革和再造。电动机代替了蒸汽机，电灯代替了蜡烛和煤油灯，电报代替了书信。内燃发动机的发明促进了内燃机车、远洋轮船、飞机的发明，化工时代和钢铁时代相继到来。电气革命的深入推进以及电的广泛应用促进了人类科学技术和生产技术的再一次飞跃，极大地提升了人类认识自然和改造自然的能力，对人类社会的经济、政治、文化、军事、科技和生产力产生了深远的影响，使世界面貌和社会面貌发生翻天覆地的变化，形成“西方先进、东方落后”的局面。第三次工业革命以电子管的发明为起点，驱动了电子信息时代的到来。电子计算机的发明驱动人类社会以更快的速度发展，晶体管代替电子管之后，集成电路盛行，收音机、电视机、电话、鼠标、键盘、打印机、复印机、DVD播放器、MP3音乐播放器、笔记本计算机、手机、数码相机等各种电子技术驱动的产品相继问世。一个个电子设备不断成为“爆款”产品，风靡人类社会，不断变革人类的生活方式、交流方式、娱乐方式和工作方式。其后，互联网的出现掀起了一场空前的互联网革命，互联网以前所未有的速度席卷人类社会的各个领域，引发了人类社会的深刻变革。忽然间，人类社会工作、交流、娱乐、商业等方式发生深刻变革，互联网浪潮将第三次工业革命推向顶峰。随着云计算、大数据、人工智能等的发展，以万物互联、数字化、智能化为主要特征的第四次工业革命正在徐徐开启。云计算支撑大数据和超级计算，大数据助力人工智能加速突破，人工智能推进智能化变革和无人化替代，数字经济的浪潮正在席卷人类社会的方方面面。数字经济与实体经济融合发展的趋势日趋明显，数字化和数字化转型成为当前和今后一个时期经济社会转型发展的关键所在。在“百年未有之大变局”的背景下，人类开启了从第三次工业革命向第四次工业革命过渡的历史进程，新一轮的再造与变革正在徐徐开启。

基于“百年未有之大变局”和“第四次工业革命”的历史背景，基于数字化蓬勃发展的现实背景，基于作者十几年来在数字化领域的具体实践和深度思考，我们撰写了《再造——数字化与数字化转型》一书。该书从历史、现实和未来的视角探讨数字化和数字化转型，探讨数字化带来的各行各业的变革式发展。与历史上各领域的发展以及工业革命带来的影响一样，社会的转型发展都是社会各领域再造与变革的历史过程，数字化带来的也必然是各行业、各领域的变革与再造。该书聚焦商业、媒体、政务、工业、交通、娱乐、生活、城市等诸多领域，既有对各领域发展历史的分析与思考，又有对各领域数字化现状的分析，还有对各领域未来数字化发展和数字化转型的分析和思考。

以云计算、大数据、人工智能、区块链为代表的数字技术正在成为支撑各行各业转型升级的核心力量，各行各业的技术革新都需要以数字化为支撑，推进以技术升级、管理革新和效率提升为目标的数字化转型，赋能各个环节。

人们对未来是充满憧憬的，未来的数字化将无处不在，智慧地球将成为全球各国竞相追逐的目标。数字中国将带给中国更加美好的前景，数字化的浪潮将进一步席卷全球。

作者

2023 年 3 月

目录

第一章

时代的变革点

人类自诞生以来，历经百万年的进化与演变，不断地实现自我的再造以及对世界的再造。尤其是近代以来，工业革命的兴起极大地推动和影响了人类社会的发展。当前，数字化的浪潮风起云涌，从互联网到移动互联网，从 2G到 5G，从大数据（Big Data）、云计算（Cloud Computing）到人工智能（Artificial Intelligence，AI）和区块链（Blockchain），从虚拟现实到元宇宙（Metaverse），数字技术驱动着各行各业的数字化转型，赋能各行各业的技术再造和流程再造。数字技术的不断进步与发展正在不断驱动社会各领域的变革与发展，加速了人类社会的演化进程。

第一节　人类进化与演变的启示

地球诞生于约 46 亿年前，其诞生和演变是一种典型的迭代式再造的过程。其经历了宇宙环境、大气环境、气候环境、海洋环境、陆地环境的多次再造与变迁，从而造就了现如今的适应人类及其他生物生存的地球。

按照达尔文的生物进化论的观点，人类是生物进化的产物，人类是由古猿演化而来的。

古猿转变为古人类是人类历史上的第一次再造过程。在极为漫长的演化时间里，从猿到人过渡期间的生物在长期使用天然工具的过程中学会了制造工具。工具的制造是经过思考的、有意识的活动，意味着大脑实现了变革式的进化。这种自觉的能动性是人与动物的最重要的区别，是从猿到人转变过程的飞跃，它标志着从猿到人过渡时期的结束，人类发展进入了“完全形成的人”的阶段。

火的使用是原始人类利用自然力量改变生活方式的一种创举，是人类发展史上的第二次再造过程。火给原始人类带来光明和温暖，使其得以烧烤食物，也成为其驱赶野兽和防御猛兽侵害的武器，有效保障了原始人类的族群安全，促进了人脑和体质的进化，使得人类稳定繁衍成为可能。在原始农业生产劳动中，“刀耕火种”（即火烧荒地后进行耕种）成为人类社会稳定发展的关键。

人类经历了漫长的石器时代发展，逐渐由早期的使用自然工具转换为使用自制的石器工具，而后逐步过渡到开始从事农耕和畜牧。人类不再简单地从大自然获取食物，食物的来源变得越来越稳定。种植业和畜牧业的产生是人类发展史上的第三次再造过程，为人类文明的诞生与发展奠定了基础。

在距今 10000~8000 年前，人类开始进入农耕文明时代，形成了包括中国、古印度、古巴比伦、古埃及在内的四大文明古国。人类逐渐产生了文字、文化、文明，而中国成为全球唯一没有中断文化传统和文明体系的文明古国。中国在农耕文明时代创造了火药、指南针、造纸术、印刷术这四大发明，这些发明都极大地推动了人类文明的发展和演进。中国为人类社会的发展做出了卓越的贡献。

从人类的发展历程可以看出，人类对自然界认知的不断进步和生产工具的发明都极大地促进了人类社会的进步与发展，从狩猎工具到农耕工具，从灌溉工具到纺织工具，从冶炼技术到制陶技术，从造纸技术到印刷技术，人类总是在认识自然的过程中改造自然，在改造自然的过程中认识自然。

第二节 第一次工业革命：新的开始

18 世纪 60 年代，英国人在原有蒸汽机的基础上进行改良，发明了现代意义上的工业蒸汽机，推动人类社会全面进入蒸汽时代。18 世纪 60 年代至 19 世纪中期，蒸汽机在采矿、冶炼、纺织、机器制造等行业中得到迅速推广和广泛应用。19 世纪初，蒸汽机被应用于船舶上，蒸汽机船（汽船）诞生了；此外人类发明了具有固定轨道的蒸汽机车，推动了铁路时代的到来。蒸汽机的发明和广泛应用开启了人类历史上的第一次工业革命（史称“蒸汽革命”）。蒸汽机被广泛应用于各行各业，推动人们生产生活方式向机械化演进，实现了人类从手工劳动向机械化劳动的转变。第一次工业革命全面推进各行各业以及人们生产生活各方面的再造与变革。

蒸汽机应用于纺织业，推动纺织业再造与变革。传统纺织业的主要方式是手工纺织，纺织工厂通常雇佣大量的纺织工人进行高强度的手工纺织工作。蒸汽机的引入彻底改变了纺织业传统的生产方式，其显著特点在于各个生产环节的流程再造，一台蒸汽机驱动的新型纺织机可以替换掉100~500 个纺织工人。这是现实的替换，也是残酷的替换。

生产效率的提升促进了运输需求的显著提升，人类发明了一种新的陆路交通运输工具——蒸汽火车。1814 年 7 月，斯蒂芬森自己动手制作的世界上第一台蒸汽机车开始运行，取名“布鲁克”号，由于其使用蒸汽驱动，人们形象地把它称为“火车”。蒸汽机在交通运输业中的应用使人类迈入了“火车时代”，极大地拓展了人类的活动范围和生存空间。从此人类社会之间的交往更加紧密，社会效率显著提升。

蒸汽机在各个领域的广泛应用极大地提升了劳动生产率和收益，推动了这些领域生产环节的机械化发展，蒸汽动力推动机械化广泛应用。“蒸汽革命”是典型的机械化革命和能源革命，这与以往有很大的不同，人类认识和改造自然的能力显著提升。蒸汽机推动了化石能源的广泛使用，钻木取火是人类在能源利用方面最早的一次技术革命，蒸汽机的发明和广泛应用则直接导致了第二次能源革命。

第一次工业革命是人类发展史上的第四次再造过程，推进了生产工具的重大变革，人类历史上第一次出现了由能源驱动的机械化的生产工具，这有赖于科学与技术的融合突破，人类众多的手工劳动逐步被机器代替。由于机器代替了手工操作，一种新的工业生产的组织形式——工厂诞生了。另外，机器驱动的生产效率的提升、生产物品的丰富，促进了交通运输业的革新——汽船和蒸汽火车相继发明成功。以蒸汽机技术为代表的第一次工业革命还引起了社会结构的重大变革，它使社会分裂成两大对立阶级——工业资产阶级和工业无产阶级。第一次工业革命大大加强了世界各地之间的联系，改变了人类世界的面貌，促进了人类社会的交流与融合。

以蒸汽机技术为代表的第一次工业革命对人类社会的再造和变革是极其深刻的：其深刻改变了人类社会的历史进程；其深刻改变了当时的世界政治、经济格局；其深刻改变了人们生活的方方面面。

第一次工业革命是一场深刻的社会变革，其不断改变人类生产、生活方式。人类的生产方式由单一的手工劳动转变为机械化生产，工人们开始在各类新式机械化生产工具的帮助下进行工业生产，劳动生产率显著提升，市场上的商品越来越丰富，人们的物质生活水平得到了显著的提升。汽船、蒸汽火车的发明推动了人类交通运输方式的全方面再造与转变，社群的距离缩短了，族群的距离缩短了，国家的距离缩短了，人类社会的联系更加紧密。第一次工业革命推进了人类的城市化进程，人类开始从传统的农耕文化向城市文化转变。新的城市不断涌现，旧的城市不断再造与变革，人口由农村不断向城市迁移。几十年下来，这使得以农业与乡村为主体的经济体制变成了以工业与城市为主体的经济体制，大规模地改变着人们的生活和国家的经济地理状况，工业产值远远超过农业产值，国家不断向城市化社会迈进。

第一次工业革命带来了社会阶级的深刻变化，催生了工业资产阶级和工业无产阶级两大阶级，对农民、中小工商业主产生了极大的冲击。对于传统的农民阶层来说，他们中的很多人逐渐失去土地，变成自由职业者或产业工人，工业革命使依附于落后生产方式的自耕农阶级逐渐消失。

1. 崛起的工业资产阶级

比起工场手工业时期由商人组成的资产阶级（商业资产阶级或小资产阶级），工业资产阶级有更强的进取精神和在自由竞争中求发展的意识，其依托大规模机器设备的使用，不断提升和扩大生产能力，推动规模扩张和产业发展，其创造价值的能力也远非旧日的资产者所能比拟。这些新兴的工业资产阶级掌握着当时最先进的生产工具，掌握了产业链的顶端，控制了生产工厂，具有强大的生产能力。工业资产阶级壮大了资产阶级的力量，资产阶级对生产、社会、国家的控制能力显著增强，逐渐成为国家的统治阶级。

2. 崛起的工业无产阶级

工业无产阶级（工人阶级）是产业工人的队伍，是又一个全新的社会利益群体，其与过去的手工工场工人有很大的不同。他们没有小块土地，没有传统的生产工具，也不带任何的宗法色彩，是纯然的雇佣劳动者，只能依靠参与雇佣工厂的劳动来赚取生活资料，是极其纯粹和典型的无产者。后来，这一群体在长期的集中式劳动环境中逐渐形成一个集中、团结、纪律性强的阶级共同体和社会利益群体。

3. 小资产阶级和工商业者

随着两大社会阶级的形成和发展，以及机器工业对手工业的排挤，以往的中等阶级（小资产阶级和工商业者）也发生了分化和改组。这些中等阶级（小资产阶级和工商业者）包括小企业主、小店主、手工工匠、商贩等，他们中的少部分人在机器大工业的排挤下遭遇破产，被迫受雇于工厂，成为工业无产阶级（工人阶级）的组成部分。他们中的多数人则继续存在，但是有不少人感到危机重重。由于工业化生产的冲击，很多人面临破产的威胁，更多的人虽还没有面临破产危机，但瞻望前景也颇感担忧，他们感受到了工业革命带来的强大压力。因而他们形成了另一个社会利益群体，渴望在社会巨变中求得一席之地，竭力为维护和提高社会地位而斗争。

第三节　第二次工业革命：加速变革

19 世纪，随着资本主义经济的发展，自然科学研究取得重大进展。1866 年，德国人西门子制成了发电机，到 19 世纪 70 年代，实际可用的发电机问世。这是一个伟大的发明，这是一个划时代的发明。以电驱动的机器开始被广泛地应用，传统机器开始被替代，由此产生的各种新技术、新发明层出不穷，电灯、电车、电影放映机等相继问世，促进经济的进一步发展。第二次工业革命蓬勃兴起，一个以电驱动的时代到来了，人类进入了电气时代，史称“电气革命”。

发电机的研制和逐渐应用为电的广泛渗透和应用创造了有利的条件。电力是一种优良而价廉的新能源，推动了电力工业和电器制造业等一系列新兴工业的迅速发展。随后，能把电能转化为机械能的电动机也被发明出来，电力开始被用于带动机器，成为补充和取代蒸汽动力的新能源。电灯是一个非常有趣、有代表性的发明。传统上，人类的照明方式一直是火，火把、油灯、蜡烛、煤气灯等是人类陆续使用的以火为核心的照明工具。伴随着电的使用和发展，1854 年，移民美国的德国钟表匠亨利·戈培尔用一根放在真空玻璃瓶里的碳化竹丝，制成了首个有实际效用的电灯，这个电灯持续亮了 400 小时。1875 年，爱迪生改良了灯丝，推动了电灯的发明和应用，极大地方便了人们的生活，使人们的日常生活更加丰富多彩，使人们不再日落而息，促进了各行各业的生产效率的提升，加速了各类工业、服务业的发展。

交通工具不断变革。19 世纪 80 年代中期，德国发明家卡尔·本茨提出了轻内燃发动机的设计，这种发动机以汽油为燃料。内燃机的发明，一方面解决了交通工具的发动机问题，引起了交通运输领域的革命性变革；另一方面，带来了能源领域的深刻变革。随后，以内燃机为动力的内燃机车、远洋轮船、飞机等也不断涌现。一些火车的驱动装置换成了内燃机，内燃机车出现了；一些蒸汽轮船的驱动装置也换成了内燃机，内燃机轮船出现了。

飞机诞生了。1903 年 12 月 17 日，美国的莱特兄弟制造的飞机试飞成功。这是第一架依靠自身动力进行载人飞行的飞机，实现了人类翱翔天空的梦想。这是人类飞机发展史上的伟大里程碑，昭示了航空工业的开始，昭示了交通运输新纪元的到来。飞机的发明开启了人类利用物理学原理突破人类极限的历程，人类活动开始不再局限于陆地和海洋，而是向更广阔的天空探索。

化学工业被催生出来。化学工业是第二次工业革命时期出现的新兴工业部门。在无机化学工业方面，19 世纪 60—70 年代，以氨为媒介生产纯碱和利用氧化氮为催化剂生产硫酸的新方法的出现，使这两种化学工业的基本原料的综合利用得到迅速发展。有机化学工业也随着煤焦油的综合利用得到迅速发展。从 19 世纪 80 年代起，人们开始从煤焦油中提炼氨、苯、人造染料等。利用化学合成方法，美国人发明了塑料，法国人发明了人造纤维。化学工业的发展极大地改变和丰富了人们的生活。另外，一种新的化石能源——石油开始被人类使用，内燃机的发明推动了石油开采业的发展和石油化学工业的产生，石油也像电力一样成为一种非常重要的新能源。人类开始了第三次能源革命。

“电气革命”推动“钢铁时代”的到来。新的技术革命也推动了老工业部门的发展，其中最突出的是钢铁工业。19世纪上半叶，由于房屋建设和铁路建设的需要，熟铁和铸铁的产量提高极快，但钢的产量提升不甚明显。英国是当时世界上钢产量最多的国家，1850年年产量不过6万吨，而当年它的铁产量却达到250万吨。由于冶炼工艺的限制，钢产量不高，价格昂贵，其用途局限于工具和仪表。19世纪下半叶，由于西门子、托马斯等人在钢铁冶炼技术方面的贡献，钢得以大量生产且质量大幅度提高，其开始逐渐代替熟铁，作为机械制造、铁路建设、房屋桥梁建筑等方面的新材料而风行全球。钢铁工业的发展如日中天，导致重工业在工业中的比重直线上升，这一时期史称“钢铁时代”。

电气革命的深入推进和电的广泛应用，带来了人类科学技术和生产技术上的再一次重大飞跃，是人类认识自然和利用自然的重大突破。它给工业革命以极大的推动力，显著地促进了生产力的提升和飞跃发展，对人类社会的经济、政治、文化、军事、科技产生了深远的影响，使世界面貌和社会面貌发生翻天覆地的变化，形成“西方先进、东方落后”的局面。

第二次工业革命是人类发展史上的第五次再造过程。它推进了生产工具的重大变革，人类历史上第一次出现了由电驱动的电气化的生产工具，蒸汽机不断地被电动机所替代，人类大踏步地进入一个以电为驱动的时代。电像水一样，全面渗透到人类社会的各个角落，成为人类社会不可或缺的组成部分。由于电气化生产工具的普及和应用，人类的生产能力和生产效率显著提升，并催生了电灯、汽车、飞机等一大批新的发明。第二次工业革命进一步增强了人们的生产能力，改变了人们的生活方式，扩大了人们的活动范围，加强了人与人之间的交流。

以电动机为代表的第二次工业革命对人类社会的再造和变革是极其深远的，其深刻改变了人类社会的历史进程，深刻改变了当时世界的政治、经济格局，深刻改变了人们生活的方方面面。

第二次工业革命是继第一次工业革命之后的又一场深刻的社会变革。

人类的生产方式由蒸汽驱动的机械式生产方式向电驱动的电气化生产方式转变，工人开始在各类新式电气化生产工具的帮助下进行工业生产，劳动生产率进一步提升，工业化生产能力显著增强。工业生产的技术化程度越来越高，对工人的要求也越来越高。工业化已经发展到以重工业为主的新阶段，其主要任务是改造、扩大和创新重工业的各个部门。

第二次工业革命使人类生产力显著提升，资本主义经济开始发生重大的变化。这种变化主要表现如下。一方面，科学技术的新成果被迅速应用于工业生产，使生产规模越来越大，集中程度越来越高；另一方面，在资本主义制度下，科学技术和生产技术的发展使大量的社会财富日益集中到少数大资本家手中。生产和资本的高度集中产生了垄断。垄断组织的出现正是生产力发展的结果。垄断组织产生后，企业的规模进一步扩大，这一方面提高了劳动生产率，另一方面推进了技术发明和改进过程的社会化。具有雄厚资金的垄断组织能够提供条件，使科学技术研究能够更大规模和更有组织、有计划地进行，研究取得的新成果也能够较快地运用于生产。托拉斯等高级形式垄断组织的出现，更有利于改善企业的经营管理模式，降低生产成本，提高劳动生产率。这一切都为生产力的进一步发展创造了有利条件。随着多国垄断组织的出现，其国内市场变得相对狭小，垄断资本家极力到全球各地争夺商品市场、原料产地和投资场所，在世界市场的激烈竞争中，形成了国际垄断集团。代表垄断组织利益的资本主义国家加紧对外侵略扩张，掀起瓜分世界的狂潮。

第二次工业革命推进了科学与技术的深刻发展。在第一次工业革命时期，许多技术发明来源于工匠的实践经验，这些工匠并不具备科学理论知识，因此，这一时期的科学与技术尚未真正结合。比如，珍妮纺纱机的发明者哈格里夫斯是个织工，水力纺纱机的发明者阿克莱特是个钟表匠。第二次工业革命时期，自然科学取得新发展，自然科学成果与工业生产实现了紧密结合，科学与技术的融合发展使科学成为推动生产力发展的一个重要因素。

人类历史上第一次出现了科学与技术交互发展的局面，科学成为技术的先导。19 世纪后期，欧洲社会化大生产对科学的需求越来越强烈。在这一时期，科学在很多领域取得了显著的突破和进步，如物理学、化学取得突破性发展，科学开始反过来指导技术的发展与改进，并开辟出众多的新领域。科学作为技术的先导的作用日益增强，开始了从科学到技术的转化。例如，物理学中电磁理论的发现推进了电磁技术的广泛应用，而后相继出现了发电机、电动机、电灯、电话、电报等成果，“电气革命”风起云涌；化学中的合成化学兴起之后，大量的化工合成产品相继问世。

科学与技术的关系日益紧密，相互作用和影响日益增强，技术的应用、发展以及需求不断对科学的发展产生驱动力，科学的发展对技术的支撑作用也越来越强，科学的地位逐渐提高，科学与技术的同步发展趋势越来越明显。在这次工业革命中，科学与技术显示出强大的推动力和支撑力：一方面科学与技术有效推动了生产力的发展和社会的进步，另一方面生产和社会的发展进一步带动了科学与技术的进步与发展。

第二次工业革命进一步拉开了中国与世界发展进程的距离。由于当时的中国（清政府）并没有有效实施或对接第一次工业革命，因此并不能有效地进行第二次工业革命，中国再次错过了社会转型和经济发展的又一时机，与资本主义国家之间的经济、科技和工业发展水平产生了极大的差距。

第二次工业革命对社会各个阶层产生了更加深刻的影响。工业生产的集中化和扩大化使资本主义生产的社会化程度大大增强，使资产阶级获得更多的工业生产收益和商业资源，资产阶级逐渐形成垄断资本，生产和资本的集中逐渐产生了垄断。其间诞生了很多新型工业，如电力工业、石油工业、汽车工业、化工工业等，这些领域都需要庞大的机械设备和大规模的资本投入，极易产生垄断组织。大量的社会财富也日益集中在少数大资本家手里。到 19 世纪晚期，主要资本主义国家都出现了垄断组织，垄断资本家逐渐掌控了国家经济命脉。资产阶级对无产阶级的掠夺更加残酷，世界范围内无产阶级反抗运动开始兴起，工人阶级开始作为一股强大的力量登上历史舞台，促进了工人运动和社会主义运动的发展。工人们在经历了手工劳动、机械劳动之后，逐渐进入电气自动化阶段，劳动效率显著提升，同时劳动强度显著增大。对于一名普通产业工人来说，其必须接受专业的、系统化的学习和培训，才能适应现代化工业生产的需要，工业领域逐渐衍生出了技术人员、管理人员、科研人员等新的岗位。现代大学的作用越来越明显，其不断地培养各个领域的科研人员、专业技术人员或工程师。随着工业革命的深入推进，科学与技术深入人心，极大地推动了人类社会的发展和变迁，城市化进程加快，人们逐渐开始产生近代意识，开始适应城市化生活。城市化推动人们的衣食住行产生了翻天覆地的变化。

第四节　第三次工业革命：崭新时代

随着第二次工业革命的演进，世界各主要国家逐渐认识到科技的重要性，开始大力发展科技。科学与技术交替发展，推动了新的行业领域的诞生，推动了已有行业领域的更新迭代，推动了各行各业乃至人类社会的深刻变革。西方帝国主义国家之间为了抢夺势力范围，引发了第二次世界大战。这个过程中，发生了几件颇具历史决定性意义的事件。

一是电子管的发明催生电子时代的到来。1904 年，英国物理学家弗莱明在“爱迪生效应”的基础上发明了世界上第一只电子管。人类第一只电子管的诞生标志着世界从此进入了电子时代。电子时代的到来对人类社会的发展具有划时代的意义，其推动技术应用向更微观的层面迈进，推动了一系列电子器件的诞生与应用，早期的电报机、收音机、电视机等都有电子管的应用。

二是原子弹的诞生。1939 年年初，德国化学家奥托·哈恩和物理化学家F·斯特拉斯曼发表了铀原子核裂变现象的论文。1939 年 9 月初，丹麦物理学家尼尔斯·亨利克·戴维·玻尔和他的合作者约翰·阿奇博尔德·惠勒从理论上阐述了核裂变反应过程，并指出能引起这一反应的最好元素是同位素铀 235。1939 年 8 月，物理学家阿尔伯特·爱因斯坦写信给美国第 32 届总统富兰克林·德拉诺·罗斯福，建议美国研制原子弹，由此终于引起美国政府的重视，美国开始了原子弹的研发计划。该计划于 1942 年 6 月发展成代号为“曼哈顿工程区”的庞大研究与试验计划，该项计划直接动用的人力约为 60 万人，投资 20 多亿美元。到第二次世界大战即将结束时，美国制成 3 颗原子弹，并在日本使用 2 颗，彻底结束了第二次世界大战。美国成为世界上第一个拥有原子弹的国家。

三是电子计算机的发明。电子计算机的发明是另一重大突破。为了解决战争中电报密码的破译等问题，美国开始研究基于电子管的新一代电子计算机。可惜的是，其诞生于第二次世界大战结束之后——1946 年。世界上第一台真正意义上的电子计算机ENIAC（Electronic Numerical Integrator and Computer）诞生于美国宾夕法尼亚州的宾夕法尼亚大学。随着晶体管的发明，晶体管逐渐代替了电子管，晶体管计算机诞生了。后来又出现了集成电路、大规模集成电路和微集成电路等。这些发明极大地推动了电子计算机的演进与发展，进而开启了电子信息时代。电子计算机是人类有史以来伟大的发明之一，其深刻改变了人类社会的发展进程。

在第二次世界大战期间及结束时期，世界范围内的科学技术发展此起彼伏，从二十世纪四五十年代开始，世界范围内兴起了新一轮的科学技术革命，史称“第三次科技革命”。这一次科技革命以原子能技术、航天技术、电子计算机技术的应用为代表，还包括人工合成材料、分子生物学和遗传工程等高新技术。第三次科技革命的出现，一方面是因为在前期积累的基础上科学理论出现重大突破，科学与技术出现显著飞跃；另一方面是因为政治和社会发展的需要，特别是第二次世界大战期间和第二次世界大战后，各国迫切需要高科技支撑。

随着电子化元器件的广泛应用，人类逐渐进入一个以电子化为支撑的崭新时代。电子信息技术得到广泛应用，不断迭代、再造人类生产、工作、生活的各个环节，进而带来了人类历史上的第三次工业革命。第三次工业革命是人类发展史上的第六次再造过程，推进了生产工具和社会各领域的重大变革，其间原子弹、电子计算机、宇宙飞船、航天飞机、人造卫星、移动通信和移动电话、互联网等相继被发明。以原子弹为代表的原子能的应用推动了核能发电、核医疗的发展；以电子计算机为代表的电子信息技术的广泛应用推动了晶体管、半导体、集成电路、大规模集成电路、微集成电路、网络技术、移动通信技术等的广泛发展；以宇宙飞船、航天飞机、人造卫星等为代表的航天技术得到飞速发展，推动移动通信、导航、测绘等领域的迅猛发展。另外，分子生物学、生物工程、基因工程等领域也得到了长足的发展和突破，人类的科学技术研究进入前所未有的境地，人类认识和改造世界的力量显著增强。

以电子信息为代表的第三次工业革命对人类社会的再造和变革是极其深远的，其深刻改变了人类社会的历史进程，加速了人类社会的演进与发展，改变了当时的世界政治、经济格局。

第三次工业革命使资本主义经济、文化、政治、军事等各个方面得到了全面的发展。第二次世界大战结束后，世界范围内形成了以“美苏争霸”为核心，社会主义阵营和资本主义阵营对立与发展相互交织的局面。“冷战”的阴霾笼罩全球，世界范围内掀起了民族独立与解放浪潮。“美苏争霸”在一定程度上推动了科学技术的竞争式发展。世界各国间的竞争变成了科学技术的竞争，各国间的差距越来越大，联系越来越紧密，推动了世界范围内的生产方式、生活方式和社会关系的再造。苏联解体之后，美国几乎在政治、军事、经济、文化等各个维度具有全球领先性优势，支撑这些优势的就是美国在科技和人才领域的引领性优势。这也体现了科学技术的独特性优势，美欧等资本主义国家和地区不断依托科学技术的革新与进步推动全球市场的融合和经济的发展，也通过科技、人才、资本等领域的优势实现了对全球产业链的掌控。

第三次工业革命是继第二次工业革命之后的又一场深刻的社会变革，其再一次深刻改变了人类的生产、生活方式。人类的生产方式由电驱动的电气化生产方式向电子信息驱动的机械自动化生产方式转变。其引起生产力各要素的深刻变革，自动化流水线的广泛应用和现代生产手段的广泛替代大大提高了劳动生产率，整个社会经济结构发生了重大变化。第三次工业革命加速了产业结构非物质化和生产过程智能化的趋势，带来了各国经济布局和世界经济结构的变化，加速了战后世界经济的恢复和发展，促进了国际贸易的发展、世界货币金融关系的变化以及生产要素的国际流动，推动了跨国公司和国际经济一体化的发展，推动了全球化进程。第三次工业革命不仅带来了生产方式的现代化，而且引起了劳动方式和生活方式的变革，深刻影响了人类的思维方式，使人的观念、思维方式、行为方式、生活方式逐步走向现代化。第三次工业革命中电子计算机的发明和广泛使用，以及各种“人一机控制系统”的形成，使生产的自动化、办公的自动化和家庭生活的自动化有了实现的可能，推动人类社会从机械化、电气化时代进入另一个更高级的自动化时代。为了适应科技的发展，世界各国普遍加强了对科学技术研究的支持，加大对科学技术的扶持和资金投入。随着科技的不断进步，人类的衣、食、住、行、用等日常生活的各个方面也发生了重大的变革。

第三次工业革命更深刻地影响了中国。在第三次工业革命的历史进程中，中国经历了日本的野蛮侵略，以及新中国成立初期的抗美援朝战争。在此过程中，中国的现代化进程一次次地被打断。新中国的成立是一个崭新的历史起点，标志着中国人从此站起来了，中国人民从此把命运牢牢掌握在自己手中，成为国家、社会和自己命运的真正主人，结束了中国自1840年以来100多年的屈辱史，开启了中国社会发展的新篇章，开启了民族复兴之路。第三次工业革命的前期工业积累和科学技术积累，为中国经济社会的发展做好了准备。新中国成立后，在中国共产党的带领下，中国完成了社会领域的再造、经济领域的再造，构建起了门类齐全的工业体系，有效对接了全球化。改革开放前30年逐步弥补了前三次工业革命的“欠账”，完成了工业领域的再造和科技发展，为中国经济社会的发展奠定了良好的基础。中国的第三次工业革命更像是第一次工业革命、第二次工业革命以及第三次工业革命的“混合革命”，从1949年至1977年，中国通过社会主义改造、社会主义建设的探索为中国工业体系的建设以及经济社会的发展奠定了基础。由于西方国家的封锁，中国一直处于艰难探索和缓慢发展的过程中，除了少数重工业和国防工业之外，其他的工业发展一直没能有效突破。从1978年改革开放开始到2008年，这30年中国社会发生了翻天覆地的变化，中国构建了相对完整的工业体系，补齐了工业发展的短板，在工业生产、农业生产、城市建设、社会治理等经济社会发展的各个方面都取得了显著的进步。尤其值得一提的是，中国的提升速度是飞快的，每十年一个台阶，不断地实现社会各个领域的再造与革新。

第三次工业革命对社会各个阶层的变革与再造是极为深刻的。随着工业生产自动化、集约化、现代化程度的不断进步，人们的生产生活方式发生深刻变化。资产阶级控制着国家政权，掌握着最新科技成果，垄断了资源和资本，不断地推动全球化，通过战争和资本收割，不断攫取高额利益。随着城市化和现代化的推进，社会阶层也出现了显著分化，由于职业岗位和收入的变化，科研人员、工程师、管理人员等职业的收入水平不断提高，社会体系中出现了一个中间阶层，即中产阶级，其是无产阶级演化出来的一个阶层，主要靠智力和知识创造价值。中产阶级成为社会发展的中坚力量和稳定因素，从此社会的分层更加明显，社会分工更加细化。个人计算机（PC）、无线通信、互联网等的发展将人类带入了信息时代，极大地改变人类的生活方式。社会节奏越来越快，信息交互越来越快。信息化极大地促进了人类生活的便捷性，人类发展进入了崭新的阶段。

第五节　第四次工业革命：新未来

一、数字化到来

第三次工业革命末期，随着科学技术的飞速发展，电子信息技术取得显著进步，有两个突破极为显著。一是计算机逐渐普及到千家万户，个人计算机开始全面接入国际互联网，一个广泛的互联网络开始形成，信息的传递和交互方式发生了巨大的变化，人类开启了数字化沟通和交流的新时代，网络开始替代原来的书信和报纸；二是移动手机的推广和应用使人们的通信手段从传统的电报和有线电话快速地过渡到了无线电话，便捷式无线通话成为人类日常沟通交流的核心方式。互联网和移动通信以前所未有的速度普及和应用，渗透到人类社会的方方面面，为新一轮科技革命和工业革命的开启奠定了坚实的基础。自2008年以来，人类社会进入一个全新的历史发展阶段。这一过程中，有几个关键的节点。

一是智能手机的全面推广和应用。2008年，美国苹果公司推出iPhone 3G智能手机，自此智能手机的发展进入了一个崭新的时代。同年，谷歌公司免费开源了可安装在手机上的安卓（Android）智能操作系统，第一部Android智能手机的发布极大地推动了智能手机的推广和应用。历经十余年的发展，Android智能操作系统逐渐扩展到平板计算机及其他领域，如互联网电视、数码相机、游戏机、智能手表等。由此，一种崭新的操作系统生态和移动终端生态被构建起来。

二是移动互联网的诞生。智能手机搭载有智能操作系统，其上可以安装各类软件。智能手机集移动通信、计算机、互联网的功能于一体。移动互联网以智能手机为“载体”，有效实现了互联网的技术、平台、商业模式和应用与移动通信技术的结合和实践应用。随着 3G、4G移动网络的部署，移动互联网获得了广泛的发展。移动互联网兼具移动和互联两大特性，一方面具有移动通信随时、随地、随身的特点，另一方面具有互联网开放、分享、互动的优势。其形成了一个全国性的、以宽带IP和无线接入为技术核心的新型网络体系，可同时提供电话语音通信、短信等通信服务以及多媒体、数据交互、移动办公等互联网服务。移动互联网快速地推动人类社会的再造与迭代，对人们的工作、生活等各个领域产生了全面的颠覆性的改变，移动购物、微信、支付宝、导航等丰富多彩的移动互联网应用不断出现。随着移动互联网的普及应用，人们在以前所未有的“能力”解决信息传递和信息不对称的问题，地球上的万事万物（“人机物”）以合适的方式可以随时随地地接入互联网络，形成一个庞大的数据交互体系。

三是大数据与人工智能等新兴信息技术的崛起与应用。随着互联网和移动互联网的飞速发展，数据量呈指数级增长，如新闻数据、微博数据、银行数据、购物数据、气象数据等每天都在不断地累积。在不同场景的数据应用过程中，数据的计算成为关键。大数据、人工智能、云计算、区块链、虚拟现实等新兴信息技术得到广泛发展和应用。大数据技术广泛应用于大规模数据的处理，在不同方向上带来了前所未有的应用支撑：人工智能技术广泛应用于人脸识别、图形图像处理、自然语言处理等众多技术场景或应用场景，有效解决了智能化分析等问题；云计算为大规模的数据处理与分析提供了一种分布式计算架构，有效解决了大规模乃至超大规模数据的分析处理问题，支撑了众多的计算分析服务；区块链技术提供了一种去中心化的解决方案，可以广泛应用于“数字货币”、信用登记、知识产权保护等领域；虚拟现实技术提供了一种崭新的多媒体交互模式，深刻改变了人们游戏、娱乐的方式，推动沉浸式体验获得前所未有的发展。这些新兴信息技术的发展与推广开启了人类社会的全面数字化进程，数字化以前所未有的速度全面渗透到人类社会的方方面面，推动各个领域的数字化变革与再造，深刻改变人类社会的发展趋势。

四是以工业领域为代表的各领域智能化全面开启。随着人工智能的全面崛起和广泛应用，人类社会各领域的智能化再造成为可能。工业领域在完成了信息化积累之后，开始全面向智能化转变，生产过程智能化、决策分析智能化、产业链协同智能化等将全面推动工业智能化发展。此外，以人工智能技术为核心支撑的无人驾驶汽车产业正在蓬勃发展。百度的无人驾驶汽车项目于 2013 年起步，由百度研究院主导研发，其技术核心是“百度汽车大脑”，包括高精度地图、定位、感知、智能决策与控制四大模块。“百度汽车大脑”基于计算机和人工智能，有效模拟人脑思维的模式，使用超过 200 亿个参数模拟人脑的无数神经元的工作原理并进行机器计算的再造：旨在使机器大脑具备“思考”能力。

智能手机、移动互联网、大数据、人工智能、工业智能化等新型产品、工具或技术的应用和推广全面拉开了以万物互联、数据支撑、智能化为核心的数字化发展的大潮，开启了人类历史上的第四次工业革命。第四次工业革命是人类历史上的第七次再造过程。第四次工业革命是以互联网的产业化、工业的智能化、社会的一体化为代表，以大数据、人工智能、虚拟现实技术、无人控制技术、量子信息技术等信息技术为核心支撑，以万物互联、机器智能、数字孪生为显著特征的全新技术革命，通过数字化、互联化、智能化推动社会各行业、各领域的数字化转型升级，同时推动新材料、基因工程、生物技术、海洋工程、清洁能源、可控核聚变等各领域的全面进步和发展。第四次工业革命的帷幕正在全面开启，大数据、人工智能、区块链等信息技术的发展为社会各领域、各行业的数字化和智能化转型升级做足了技术储备，推动社会各领域的再造与变革。第四次工业革命“来势汹汹”，其将像前三次工业革命一样，给人类社会带来深刻变化。

二、时局之变

第四次工业革命的核心历史背景就是“百年未有之大变局”。“百年未有之大变局”的世界变局在于世界范围内全面开启的从第三次工业革命向第四次工业革命的深刻过渡，世界范围内的全球化和逆全球化思潮，美国针对中国的贸易战、科技战等问题，世界范围内的局势动荡等。国内的变局在于，在中国共产党的领导下，我国深入实施供给侧结构性改革，发展数字经济，实施产业转型升级，推进国内国际双循环，实现了第一个百年奋斗目标，正坚定地走在实现中华民族伟大复兴的康庄大道上。以往工业革命主要发生在西方国家，因此西方国家的生产力占据领先优势。第四次工业革命之后，我国的生产力将获得前所未有的发展，世界范围的生产力会达到东西平衡，甚至在部分领域中，我国可能会领先于西方国家，至少这是“百年未有之大变局”过程中的最重要变化。我国将摆脱几百年来屡次错过工业革命的历史，以引领的角色和崭新的姿态参与新一轮工业革命。这次工业革命将成为世界格局的变革点。

1. 对社会的影响

第四次工业革命将再一次深刻改变人类的生产、生活方式。人类的生产方式将由电子信息驱动的机械自动化生产方式向智能化驱动的无人化生产方式转变，智能化流水线的广泛应用正在不断替代人类，进一步提高劳动生产率。第四次工业革命带来了数字经济与实体经济的融合发展，正在推动世界经济的重组与变革。第四次工业革命进一步凸显了科技进步的重大战略价值，围绕数字经济领域的技术创新和应用此起彼伏，人类将会创造一个“虚实结合的新世界”。第四次工业革命中大数据、人工智能等技术的广泛应用，以及各种“智能化控制系统”的形成，使生产、生活、工作等各种应用场景的智能化成为可能。这必将推动人类社会从机械化、电气化、自动化的时代进入另一个更高级的智能化时代，数字化、智能化推动社会各个领域的再造与变革，数字技术正在深刻模拟和作用于整个人类生存的物质世界，物质世界向“数据世界”的映射和演进正在加速。人类掌握着改变世界的超级力量，在强大的计算能力和智能化分析能力的加持下，不断推动社会生活发生翻天覆地的变化。随着第四次工业革命的深刻演进，世界主要经济强国不断加强对教育和科技的支持，积极推动科技进步和创新。

2. 对我国的影响

经历了新中国成立后近30年的积淀和改革开放40多年的发展，我国基本补齐了前三次工业革命的不足和短板，在“互联网革命”的加持和推动下，我国取得了一定的跨层级发展。在数字经济发展领域，我国后来居上，取得了一系列创新性发展：支付宝、微信支付、银联支付等网络即时支付推动我国成为世界第一移动支付大国；淘宝、京东等网络购物平台推动我国成为世界上电子商务第一大国，我国的电子商务（以下简称电商）以前所未有的力量推动着产业链的再造和迭代发展；国内多家科研机构共同推动了5G标准的制订，而5G恰恰是推动第四次工业革命的关键所在；以美团单车、小黄车等为代表的共享单车、共享电动车和共享汽车等，探索了一种全新的绿色出行模式，有效推进了我国共享交通的发展。自2012年以来，随着第四次工业革命的推进，我国数字经济的发展取得了长足的进步，商业上的发展快速弥补了技术的不足，迅速拉近了与美国等西方国家的技术差距，以大数据、人工智能、工业互联网（Industrial Internet）等为代表的数字经济的发展有效推动了传统产业的转型升级，我国不断依托商业和市场的优势推进技术进步和产业升级。

这种情况在历史上是十分罕见的，对于我国来说更是十分难得的。一方面我国依托庞大的人口和市场，利用改革开放的有效战略和政策，实现了经济社会各个领域的再造与发展；另一方面，依托制造业的积累和数字经济发展的战略先机，我国迅速、有效地把握、衔接了第四次工业革命的起点，顺利开启并引领第三次工业革命向第四次工业革命的演进和过渡。

3. 对不同阶层的人的影响

第四次工业革命给社会各个阶层带来的冲击是巨大的、深远的。随着社会各领域智能化的迭代发展，人们的生产生活方式将发生深刻变化，众多的行业领域将受到强烈的冲击，更大范围的“洗牌”和再造正在袭来。资本家和社会富裕阶层会进一步集中，一些国家的社会分化会加大，甚至引发剧烈的社会动荡。一些国家，尤其是我国，能够在这次工业革命中取得显著发展，同时积极构建法治体系和社会治理新架构，这将有效应对第四次工业革命带来的巨大冲击。

从行业领域来看，第四次工业革命将带来巨大冲击。在交通运输领域，在可预见的未来，地铁司机、火车司机乃至公交司机有可能会失业，取而代之的将是智能化的无人驾驶，无人驾驶的协理员或安全员也许会成为新的职业。而这仅仅是开始。未来，出租车、私家车等都可能会变成智能化的无人驾驶汽车，乘客上车之后只需要语音交互，就可以选择要去的地方。在金融领域，银行的柜台服务将越来越少，数字化金融将逐渐取代柜台服务人员，股票交易员、金融精算师等岗位也会逐渐被具有超强数据计算及分析能力的智能计算设备所取代，对智能设备维护工程师和算法工程师的岗位需求量会越来越多。在仓储服务领域，大量的工作将被智能化的机器取代，取货、仓库内运输、分拣等流程都逐渐地被无人控制的设备完成。

同样地，随着无人驾驶的运货卡车的出现和使用，卡车司机也许会在某一天失去工作。麦肯锡咨询公司在 2017 年发布了一份名为《自动化时代的劳动力转变》的报告，该报告中预计，截至 2030 年，全球将有 4 亿~8 亿人的工作被自动化机器取代。

4. 时代变革点

这是一个变化的时代，这是一个充满未知的时代。第四次工业革命的推进和发展给人类社会带来了巨大冲击，也给人类的未来带来了无限可能性。

从人类发展和历次工业革命的分析和比较中我们可以发现，伟大的发明造就伟大的时代。蒸汽机的发明将人类带入一个机械化的崭新时代，开启了人类由手工劳动通往机械化生产的大门，人类开启了全面使用能源动能的时代。电动机的发明和使用把人类带到了一个电的世界，神奇的“电”将人类带入电气化时代，能量的转化像神奇的魔术一样深刻地改变了人类的生产生活方式和认知。电子计算机的发明及电子化设备的发明及应用将人类带入一个更加“微观”的“电子”领域，信息时代打通了现实世界和数据世界的边界，人类开始创造和构建一个虚拟化的世界。互联网的发明和广泛使用彻底升华了信息时代，人类开始进入万物互联的时代，万事万物皆可互联，万事万物皆可被数字化，人类以数据和计算为支撑，以智能化为核心，正在构建一个与人类世界平行的“镜像世界”，一个崭新的时代正在向我们走来。第四次工业革命是当今时代的变革点，“未来已来”，值得期待。

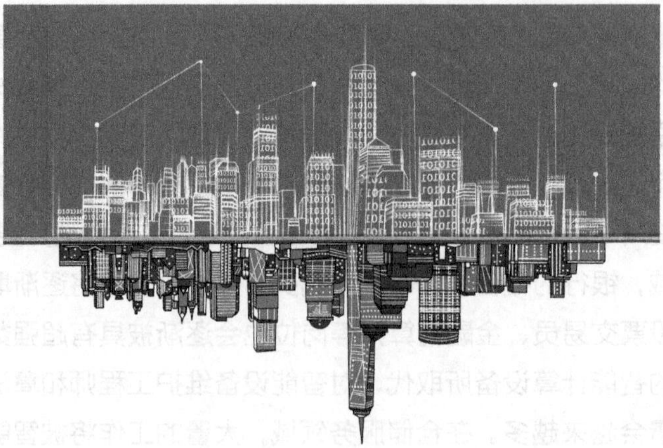

图 1-1　镜像世界

参考文献

[1] 米靖, 赵文平. 论劳动结构视域下劳动教育的内涵、核心理念与实践路向[J]. 教育科学探索, 2022, 40(1): 50-56.

[2] 刘湖浦. 世界, 将进入无人交通时代![J]. 人民交通, 2019(1): 56-61.

[3] 徐国亮. 中国百年家风变迁的内在逻辑[J]. 山东社会科学, 2019(5): 76-82.

[4] 张建. 论“四个伟大”的内在逻辑: 学习习近平总书记“7.26”重要讲话精神[J]. 福州党校学报, 2017(5): 14-18.

[5] 谢伏瞻. 在把握历史发展规律和大势中引领时代前行: 为中国共产党成立一百周年而作[J]. 中国社会科学, 2021(6): 4-29, 204.

第二章

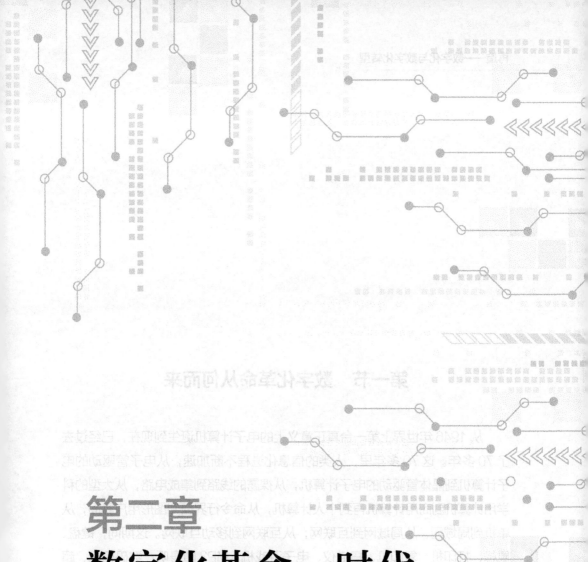

数字化革命：时代变革与再造

第一节　数字化革命从何而来

从 1946 年世界上第一台真正意义上的电子计算机诞生到现在，已经过去了 70 多年。这 70 多年里，人类的信息化进程不断加速，从电子管驱动的电子计算机到晶体管驱动的电子计算机，从裸露的线路到集成电路，从大型的科学用计算机到商用计算机再到个人计算机，从命令行界面到图形用户界面，从单机到局域网，从局域网到互联网，从互联网到移动互联网。这期间，键盘、鼠标、打印机、复印机、扫描仪、电子游戏机、MP3 随身听、数码相机、超级计算机、手机、智能手机、平板计算机、量子计算机、VR 眼镜等创新性发明层出不穷。个人计算机的发明和推广使人类社会逐渐进入一个以数据流驱动的信息社会，数据的最初积累和支撑作用开始形成。互联网和移动互联网的普及和应用推动人类社会互联互通，这使得依托网络的实时互联和信息交互席卷世界，数据的实时交换、计算和使用成为支撑整个互联互通体系的关键所在。数据量迅猛增长，数据成为网络的核心和关键支撑。伴随着云计算、大数据、人工智能等信息技术的创新性发展和应用，在这样一个以网络为“载体”的数字化新时代，传统的生产、商业、服务领域的模式已经不能满足人类生产生活的实际需要。生产的方式在变，消费的需求在变，商业的模式在变，生活的方式也在变。其变化的本质就在于各行各业都要适应互联网、移动互联网带来的冲击和挑战，以适应数字化、智能化时代发展的需要。各行各业的数字化席卷而来，从互联网到人工智能，从自动化到智能化，从信息化到数字化，数字化是信息化的全面升级，其发展如火如荼。数字技术不断突破，数字化不断演进，数据成为生产资料，数字产业化、产业数字化交替演进。数字化时代的大门已经开启，新的变革和演进正在进行，数字化正在再造和重塑一切。

第二节　数字化技术与基础设施

数字化这个概念早已有之，其英文是Digitalization。Digitalization最早出现于1971年发表在《北美评论》的一篇论文中，作者Robert Machal在其论文中使用了“Digitalization of Society”（社会数字化）一词。随着信息技术的演进和发展，现如今，数字化包含了云计算、大数据、人工智能、区块链等新兴技术，这些技术的发展依靠于数据中心、5G等数据信息设施的建造。我们称之为新型基础设施建设，简称“新基建”。“新基建”成为各国争先建设的关键设施。

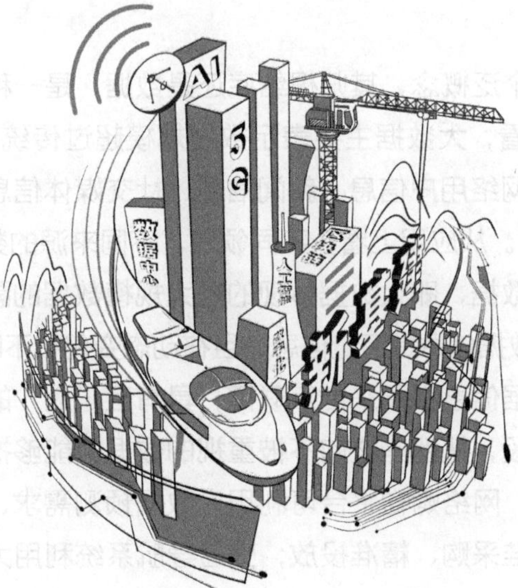

图 2-1　新基建

一、云计算

云计算是一种新型的体系架构、计算架构，是一种构建灵活的分布式计算。它是在互联网迅速普及、数据处理量猛增的背景下产生的一种新型计算模式，利用网络、通过“云大脑”将海量数据的处理分解成一个个的分布式处理过程，然后将分布式的处理结果汇聚为最终结果。

云计算发展的早期阶段是简单的分布式计算，主要解决任务分发问题，然后进行计算结果的合并，以期快速地获得计算结果。通过这项技术，人们可以在很短的时间内完成对大量数据的处理，从而提供强大的网络服务。云计算有效解决了计算的成本和效用问题，是继计算机、互联网之后信息领域的又一项重大创新和发明。云计算是信息时代的重大飞跃，其深刻改变了计算模式。

近年来，云计算的发展极为迅速，其改进是分布式计算、效用计算、负载均衡、云数据管理、并行计算、容器计算、网络存储、热备份冗杂、虚拟化、云安全等计算机技术混合演进并跃升的结果。如今，政务云、教育云、金融云、医疗云、交通云等各类云平台和云应用已经渗透到多个行业。

二、大数据

大数据是一个泛概念，其归根结底还是数据，是一种泛化的数据描述形式。从量级上看，大数据主要表示数据规模超过传统数据规模的数据，它更倾向于表达网络用户信息、新闻信息、社交媒体信息等数据规模超过TB级的数据信息。从应用上看，不同领域、不同来源的数据融合分析和应用也可被看作大数据，即大数据体现的是大规模数据的融合分析。大数据的“大”体现为数据信息是海量信息，且在动态变化和不断增长。

大数据的数据信息主要来自互联网，具有巨“大”的商业价值。通过大数据分析等手段，从那些之前不被重视的数据中能够挖掘出隐含的知识和新趋势。例如，网络购物平台可利用大数据预测需求、供给和顾客购买习惯等，做到精准采购、精准投放；交通导航系统利用大数据可以预测堵车和通行时间。

IBM（国际商业机器公司）从5个维度来刻画大数据，即大量

（Volume）、高速（Velocity）、多样性（Variety）、低价值密度（Value）、真实性（Veracity）。大量主要指的是数据量巨大，大数据涉及的数据主要来源于互联网，涉及各行业、各领域，因此，数据体现为海量性和不断积累。高速主要指数据的获取速度，众多的网络终端和传感器终端以及有效、高速的网络，使数据的高速获取成为可能。多样性主要指的是数据来源和数据种类的多样性，最终体现的是数据的异构性和处理的复杂性。低价值密度主要指的是海量数据中的知识价值密度低，需要采用有效的分析手段来挖掘数据价值。真实性主要指的是数据的质量问题，大数据分析过程中的数据质量直接决定了分析结果的有效性，因此数据的真实性问题与大数据应用的效果密切相关。

三、人工智能

人工智能从字面意思可以理解为人造的智能。人工智能是计算机科学的一个分支，是研究如何使计算机模拟人类的某些思维过程、学习过程、推理过程等智能行为的学科。人工智能一词最初是在1956年Dartmouth（达特茅斯）会议上提出的，从那以后，研究者发展了围绕人工智能的众多理论和原理。几十年来，人工智能的概念不断拓展，其经历了几个不同的发展阶段。总体上看，人工智能的前期发展比较慢。近年来，随着云计算、大数据、机器学习、深度学习的不断发展，人工智能的理论、技术与应用也取得了飞速发展，迎来了一个发展高潮：其与工业结合，带来了智能制造；与农业结合，带来了智慧农业；与交通运输业结合，带来了智慧交通等。其应用范围涉及机器视觉、指纹识别、人脸识别、虹膜识别、掌纹识别、行为识别、自动规划、智能搜索、定理证明、自动程序设计、智能控制、语言和图像理解、认知分析等。

人工智能究竟解决什么问题呢？其实，人工智能解决的是“最后一公里”问题，即解决利用机器实现智能化分析的问题。例如，在身份验证的过程中，人脸识别是关键，利用计算机程序学习、学会识别人脸，并实现人脸比对，从而验证身份。这一过程中，学习并识别人脸用到的就是人工智能技术，因此，人工智能的本质就是完成身份验证过程中的最重要的人脸识别这一环节。

四、区块链

区块链起源于比特币。2008年11月1日，中本聪（Satoshi Nakamoto）发表了《比特币：一种点对点的电子现金系统》一文，阐述了基于P2P网络技术、加密技术、时间戳技术、区块链技术等的电子现金系统的架构理念。两个月后理论步入实践，2009年1月3日序号为0的创世区块诞生。比特币的理念和架构衍生出了区块链技术，在比特币的发展过程中，作为比特币底层技术之一的区块链技术日益受到重视。区块是一个一个的存储单元，记录了一定时间内各个区块节点全部的交流信息，各个区块之间通过哈希算法实现链接，后一个区块包含前一个区块的哈希值。随着信息交流的扩大，一个区块与一个区块相继接续，形成的结果就叫区块链。

区块链是信息技术领域的一个新术语，其本质上是一个共享数据库，类似于分布式账本，存储于其中的数据或信息不能随意被篡改。从技术维度看，区块链涉及数学、密码学、计算机技术等多学科问题。从应用维度看，区块链具有不可伪造、全程留痕、可追溯、公开透明、集体维护等特征。基于这些特征，区块链成为构建人类社会信任机制和体系的全新有效手段。因此，区块链具有广阔的应用前景。

当前，区块链技术主要应用于金融、物流、数字版权等领域。例如，在金融领域，区块链在数字货币、国际汇兑、信用证、股权登记和证券交易所等方面有潜在的巨大应用价值。在金融领域应用区块链技术，能够省去第三方中介环节，实现点对点的直接对接，从而大大降低资金成本和系统性风险。近年来，中国人民银行正在测试数字人民币，在不久的将来，我国的数字人民币可能会广泛使用并全面普及。

五、5G

第五代移动通信技术（5th Generation Mobile Communication Technology，5G）是具有高速率、低时延、大连接、大流量等特点的新一代宽带移动通信技术，是实现人机物广泛、全面互联的新一代网络基础设施。

国际电信联盟（ITU）定义了5G的三大类应用场景，即增强型移动宽带（eMBB）、超高可靠低时延通信（uRLLC）和海量机器类通信

（mMTC）。eMBB主要面向移动互联网流量爆炸式增长需求，为移动互联网用户提供更加极致的应用体验；uRLLC主要面向的是工业控制、远程医疗、自动驾驶等对时延和可靠性具有极高要求的垂直行业应用需求；mMTC主要面向的是智慧城市、智能家居、环境监测等以传感和数据采集为目标的应用需求。

作为一个“网络热词”，5G近年来被广泛提及。一方面是因为5G是中美科技交锋的关键点之一；另一方面是因为5G预示着一个崭新的网络通信时代的到来。回望1G、2G、3G、4G的发展，每一次通信领域的代际跃迁，都极大地促进了产业升级和经济社会发展。作为新一代移动通信网络，5G不仅要解决人与人的通信问题，为用户提供增强现实、虚拟现实、超高清（3D）视频等更加身临其境的极致业务体验，更要解决人与物、物与物的通信问题，满足移动医疗、车联网、智能家居、工业控制、环境监测等物联网（Internet of Things，IoT）应用的需求。最终，5G将渗透到经济社会的各行业、各领域，成为支撑经济社会数字化、网络化、智能化转型的关键新型基础设施。将5G应用于交通领域，构筑强大的车联网，会极大地推动智慧交通体系的构建和运行；将5G应用于医疗领域，可以有效解决“速度”和“反应”问题，助力远程手术，更好地服务患者。

六、物联网

物联网的本质是通过信息传感器、全球定位系统、红外感应器、激光扫描器、射频识别（RFID）技术等各种装置与技术，实时采集任何需要连接、互动的物体或过程，采集其声、光、热、电、力学、化学、生物、位置等各种信息，通过各类可能的网络接入（以各类网络为载体），实现物与物、物与人的泛在连接，实现对物品和过程的智能化感知、识别和管理。物联网是一个基于互联网、传统电信网等的信息承载体，它让所有能够被独立寻址的普通物理对象形成互联互通的网络。

物联网的概念最早出现于比尔·盖茨1995年《未来之路》一书，但是受限于当时无线网络、硬件及传感设备较低的发展水平，这一概念并未引起很大的波澜。物联网不算一个新概念，广义上来说，物联网就是通过互联网络实现万物相连。它是互联网的延展，通过物联网可以将各种信息传感设备与网络结合起来形成一个巨大网络，实现任何时间、任何地点，人、机、物的互联互通。

从具体的“物联”过程和应用来看，物与物、人与物之间的信息交互是物联网的核心。物联网的基本特征可概括为整体感知、可靠传输和智能处理。整体感知即利用射频识别、二维码、智能传感器等感知设备获取物体的各类信息。可靠传输即以互联网、无线网络等为载体，实现采集信息的实时、准确、可靠传递。智能处理即使用各种智能技术或方法，对感知和传送的信息进行分析处理，实现智能化分析和管控。

在物流领域，通过条码或RFID等形式，可以提升物流的流转速度和管理水平，极大地促进物流产业的发展和进步，有效支撑电商业务。在公共安全领域，以摄像头为主要感知设备的监控网络可以有效实现实时监控和事后追溯，有效提升公共安全领域的管控水平。在移动支付领域，众多的商业网点部署了银联、微信支付、支付宝支付等终端支付设备或二维码，可以有效支撑多种形式的扫码支付。在环境保护领域，利用物联网技术可以感知大气、土壤、森林、水资源等的各指标数据，实现对环境的有效监管和保护。

七、沉浸式体验技术

沉浸式体验技术是虚拟现实（Virtual Reality，VR）技术、增强现实（Augmented Reality，AR）技术、混合现实（Mixed Reality，MR）技术的统称，其运用头盔式、手套式、盔甲式的显示器和传感器使人的视觉、听觉、触觉甚至一切感觉沉浸在一个计算机系统模拟出来的虚拟世界中，使人有一种身临其境的感觉，产生沉浸式的交互体验。

VR技术是一种利用计算机、电子信息、仿真等手段实现的计算机仿真技术。利用VR技术用户可以创建一个虚拟世界，并可以在这个虚拟世界中获得类似于现实世界的沉浸式体验。VR的关键技术主要包括动态环境建模技术、实时三维图形生成技术、立体显示和传感器技术、系统集成技术等。近年来，VR主要应用在影视娱乐、教育、设计、医学、军事等领域，并在这些领域发挥了巨大的作用。

AR技术是一种实时地计算摄影机影像的位置及角度并加上相应图像的技术，是一种将真实世界的信息与虚拟世界的信息“无缝”集成的技术，该技术的本质是在屏幕上实现现实与虚拟的“完美”融合。AR技术既可以展现真实世界的信息，又可在现实之上叠加虚拟信息，实现现实信息和虚拟信息的相互融合。在视觉化的增强现实中，AR设备把虚拟信息映射到真实世界，用户便可以看到真实世界中不存在的虚拟信息。AR技术包含多媒体、三维建模、实时视频显示及控制、多传感器融合、实时跟踪及注册、场景融合等新技术与新手段。AR扩展了人类的感知局限。AR系统具有三大特点：一是实现真实世界与虚拟世界的信息集成；二是具有实时交互性；三是在三维空间中增添定位虚拟物体。AR技术可广泛应用到军事、医疗、建筑、教育、工程、影视、娱乐等领域。

MR技术是VR技术的进一步发展，该技术通过在虚拟环境中引入现实场景信息，在虚拟世界、现实世界和用户之间搭建一个交互反馈的信息回路，以增强用户体验的真实感。MR指的是合并现实与虚拟世界而产生的新的可视化环境，在新的可视化环境里，现实对象与虚拟对象共存，并能够实时互动。MR是VR和AR的升级和综合，MR的实现需要在一个能与现实世界各事物相互交互的环境中。如果一切事物都是虚拟的，那还是VR的领域；如果展现出来的虚拟信息只能简单叠加在现实事物上，那还是AR的领域。MR的关键点就是与现实世界进行交互以及信息的及时获取。MR技术同样可广泛应用到军事、医疗、建筑、教育、工程、影视、娱乐等领域。

未来，以VR、AR、MR为核心的沉浸式体验技术将取得前所未有的发展。在游戏娱乐领域，戴上头盔或眼镜，用户可获得沉浸式体验；戴上虚拟现实头盔，用户可以置身游戏世界的场景中，享受“真实感”的游戏。未来的混合现实游戏可以把现实与虚拟互动展现在玩家眼前，MR技术能让玩家同时保持与真实世界和虚拟世界的联系，并根据自身的需要及所处情境调整操作。在军事领域，沉浸式体验技术可以有效模拟战场环境和设备操作体验，提升军事训练的效果，使受训者在视觉和听觉上真实体验战场环境、熟悉作战区域的环境特征，也可以使受训者快速熟悉和掌握军事设备操作。

八、工业互联网

工业互联网是数字经济发展浪潮下，新一代信息通信技术与工业经济深度融合的新型基础设施、应用模式和工业生态，通过对人、机、物、系统等的全面连接，以数据要素为支撑，以互联网络为载体，以优化生产为目标，构建起的覆盖全产业链、全价值链的全新制造和服务体系。它有效链接了“消费互联网”，为工业乃至产业数字化、网络化、智能化发展提供了实现途径，是第四次工业革命的关键基石和重要支撑。

工业互联网不是互联网在工业领域的简单应用，而是一种全面的再造和变革，具有更加丰富的内涵和外延。其以网络为基础，以平台为中枢，以数据为要素，以安全为保障，既是工业数字化、网络化、智能化转型的基础设施，也是互联网、大数据、人工智能、物联网与实体经济深度融合的全新融合和应用模式，同时也是一种新模式、新业态、新产业，将重塑企业形态、供应链和产业链。

工业互联网的本质就是打造“数字工厂”，实现工业领域的数字化转型。“数字工厂”推动的是企业物料供应、生产、运输、销售、客户服务等“全产业链”各个环节的数字化、网络化、智能化，实现数字化和智能化管控，以此提升企业的生产效率和经营效益。另外，“数字工厂”将带来个性化生产、柔性生产等先进的生产模式，支撑企业有效应对从“以产品为中心”向“以客户为中心”的企业数字化转型。

当前，美国工业互联网技术领先，其实施“先进制造伙伴计划”，但由于其去工业化战略，工业互联网的发展缺乏工业基础的支撑；德国实施“工业4.0”计划、《国家工业战略 2030》，其优势在于智能装备和工业软件，但其产业体系不完整，这制约了工业互联网的发展。我国工业门类齐全，产业链完整，互联网发展充分，为工业互联网的发展奠定了基础。工业互联网将支撑世界主要制造强国开启工业领域从自动化向智能化的转型，可以说，谁转得好，谁就能够占据第四次工业革命的先发优势。因此，世界主要制造强国都在大力推动以工业互联网、人工智能为牵引的工业智能化转型。

第三节　数字经济与智能社会

近年来，以信息通信技术融合应用为重要推动力的数字经济的迅猛发展极大地推动了经济社会的发展和进步。继机械化、电气化、自动化等工业革命浪潮之后，世界正处于以智能化为突出特征的第四次工业革命中。党的十九大报告提出“加快建设制造强国，加快发展先进制造业，推动互联网、大数据、人工智能和实体经济深度融合”，中国共产党第十九届中央委员会第四次全体会议指出要“健全劳动、资本、土地、知识、技术、管理、数据等生产要素由市场评价贡献、按贡献决定报酬的机制”。2021 年国务院印发的《“十四五”数字经济发展规划》明确了“十四五”时期推动数字经济健康发展的指导思想、基本原则、发展目标、重点任务和保障措施。数字经济展现出强大的发展潜力，进入高速发展期。

数字经济是继农业经济、工业经济之后的一种新的经济社会发展形态，其以云计算、大数据、人工智能、5G、区块链、工业互联网等新一代信息通信技术为内核，全面融合、支撑各行各业以及人们生活的方方面面，推动人类社会向数字化、智能化时代演进。

进入 21 世纪以来，PC、互联网、移动互联网、云计算、大数据、人工智能的交叉迭代发展，不断推动数字经济向各个领域渗透，进而再次改变人类的生产生活方式，推动经济社会各领域的深刻变革。当前，以信息通信技术为核心的数字经济呈现出良好的发展态势，助推新一轮世界科技革命和产业变革的蓬勃兴起，展现出强大的生命力和冲击力，正在给人类社会带来难以估量的作用和影响，其必将引发未来世界政治经济格局的深刻调整，重塑世界各国竞争力，颠覆现有的生产方式和生活方式，实现经济社会的多领域融合发展。

我国经过 70 多年的努力，经济社会取得显著发展，成为世界第二大经济体，弥补了前三次工业革命的不足和短板，为第四次工业革命的启动奠定了坚实的基础。以大数据、人工智能、工业互联网等信息技术为代表的数字经济成为第四次工业革命的核心和关键，积极推动数字经济与实体经济的深度融合，对于有效实现我国的供给侧结构性改革、释放经济发展活力和动能具有十分重要的作用。

数字经济是一个新型的经济系统，其利用云计算、大数据、人工智能、5G、区块链等数字技术推动整个经济环境和经济活动深刻再造和变革，推动经济社会发生深刻、根本性的变化。数字经济也是一个信息和商务活动都数字化的全新的社会政治和经济系统。企业、消费者、政府等社会组织通过数字化工具，可极大地降低社会交易成本和服务成本，提高资源配置效率，提高产品、企业、产业附加值，提升公共服务的效率和满意度，提升经济效益和社会效益，推动社会生产力快速发展。数字经济也称智能经济，是第四次工业革命的本质特征，是信息经济－知识经济－智慧经济的核心要素。得益于数字经济提供的历史机遇，我国得以在许多领域实现超越性发展。

数字经济的发展给政府各层级、社会各领域、企业各环节带来了强烈的冲击。政府的政务服务和管理更加依赖于数字化，社会各领域都需要在数字化背景下思考组织再造、流程再造和服务再造，企业产业链的各个环节都需要在数字化背景下进行重新构建。

梅特卡夫定律指出，一个网络的价值等于该网络内的节点数的平方，而且该网络的价值与联网的用户数的平方成正比。网络上联网的计算机越多，每台计算机的价值就越大，这种价值的“增值”呈指数级增大趋势。因此，基于网络的价值增值是巨大的。随着互联网、移动互联网用户数量的不断增长，数字经济衍生出来的价值不断提高。

近年来，数字化的技术、商品与服务不仅在向传统产业进行多方向、多层面与多链条的加速渗透，即产业数字化，而且在推动着诸如互联网数据中心建设与服务等数字产业链和产业集群不断发展壮大，即数字产业化。我国重点推进建设的5G网络、数据中心、工业互联网等“新基建”，本质上就是围绕科技新产业的数字经济基础设施。数字经济已成为驱动我国经济实现又好又快增长的新引擎，数字经济催生出的各种新业态也将成为我国经济新的重要增长点。当前，数字经济有效推动了我国社会各个领域的再造与进步，推动了信息基础网络持续提升完善，助推信息通信服务质量不断提升；数字经济推动了电子商务发展，颠覆了传统零售行业；数字经济推动了网上政务服务的开展，有效增强了民众的获得感；数字经济推动了民生领域的信息化应用，便捷化的生活服务陆续出现和发展；数字经济推动了科学领域的研究与突破，推进了各领域科学研究的进步与发展；数字经济推动了医疗健康领域的智能化应用，开启了智慧医疗新时代；数字经济推动了制造业转型升级，提升了制造业的智能化水平；数字经济已经成为助推我国经济发展和社会进步的“催化剂”，极大地激发了我国经济社会发展的潜力，展现了我国发展的魅力。数字经济与我国经济高质量发展高度契合，已经成为我国经济转型升级和高质量发展的必由之路。我国有望成为全球数字经济发展的引领性力量。

随着数字经济的发展和演进，人类社会开始全面进入一个以数字化、网络化、智能化为牵引的智能社会。未来人类将依托数字化全面开启智能社会的构建，包括智能工业体系、智能家居机器人、智慧农业、智慧交通、智慧医疗、智慧物流、智慧金融、智慧教育、智能建筑，等等。本质上，我们将打造更加智能、舒适、便捷、绿色的智慧城市。

智能工业体系主要构建智能化的数字工厂乃至无人工厂，智能化设备将实现生产线的广泛渗透和替代。智慧交通将推动物联网、云计算、互联网、人工智能、自动控制、移动互联网等技术在交通领域的推广和应用，通过数字化实现对交通管理、交通运输、公众出行等各方面的管控支撑，实现交通系统的赋能和升级迭代，使交通系统在城市、乡村甚至更大的时空范围具备感知、互联、分析、预测、控制等能力，以数字化、智能化的方式充分保障交通安全、发挥交通基础设施效能、提升交通系统运行效率和管理水平，保障经济社会发展和运行。智慧医疗将推动公共医疗体系的连通，有效实现病患信息、电子健康档案、电子病历等医疗信息的融通应用，有效推进智能健康管理、智慧阅片（智能医学影像）、机器人手术、远程医疗、虚拟现实辅助医疗等智能化医疗辅助的应用。

第四节　数字化的几个关键事实

一、数字化让物质世界变得可以被计算

经过几十年的演进与发展，从电子管到晶体管，从裸露的电线到集成电路，从集成电路到超大规模集成电路和微集成电路，从大型机到小型机，从小型PC到互联网，从互联网到移动互联网，从信息化到数字化，人类的数字化取得了前所未有的进展。现如今，从工业到农业，从商业到服务业，从交通运输领域到医疗卫生领域，从通信领域到教育领域，从公共安全领域到军事领域，人类生存的整个物质世界都可以被数字化。在数字化的加持下，

人类的物质世界不断地被感知和数据化，人类正在构建一个与物质世界（现实世界）平行的数据世界（虚拟世界）。物质世界的一切都可以被感知、计算和分析，数字化实现了现实世界和虚拟世界之间的交互、反馈和控制。数字化的 3 个核心是数据、计算以及交互，数字化让人类的物质世界变得可以被计算了。人类正在开启通往“虚拟宇宙”的大门，未来，人类能否构建一个与现实宇宙平行的“虚拟宇宙”？数字化给人类的发展带来了无限可能。

二、人类社会出现了虚拟化的生产工具和生产资料

当前信息技术已经成为一种生产工具，而数据已经成为生产资料。数字经济促使人类社会第一次出现虚拟化的生产工具和生产资料，这具有划时代的意义。传统的生产工具和生产资料是可以用来制造商品、创造价值的，这意味着人类可以依托虚拟化的生产工具和生产资料创造价值，事实也确实如此。人们可以通过计算机撰写小说、通过互联网发布小说，挣到稿费和版权费；人们可以通过数字工具设计动漫，获得动漫影视版权费。所有这些，都是通过虚拟化的生产工具和生产资料来创造价值的。

数字经济以数据资源为关键生产要素，以现代信息网络为主要载体，以信息技术为重要生产工具，以提升效率、优化结构、改变模式、创新业态为重要目标，助力经济社会转型升级和变革式发展。推动数字经济与实体经济深度融合，发挥“数据”作为生产要素的关键作用和乘数作用，已经成为我国建设现代化经济体系、加快新旧动能接续转换、实现高质量发展的时代选择，也是我国参与国际数字经济竞争的必然要求。

图 2-2 虚拟化生产要素

三、人类数字化社会的本质是解决信息传递和信息不对称问题

人类社会的数字化带来了前所未有的变革，各行各业在推进数字化过程中要解决的核心问题之一就是信息传递和信息不对称问题。企业数字化要解决企业生产各流程、各环节的信息传递和信息不对称问题，医疗数字化（智慧医疗）要解决不同医疗单位间、医生与病患间的信息传递和信息不对称问题，交通数字化（智慧交通）要解决城市交通控制终端之间、控制终端与控制人之间、交通工具之间的信息传递和信息不对称问题，教育数字化（智慧教育）要解决学生之间、老师和学生之间、家长和学校之间、学校和教育主管部门之间的信息传递和信息不对称问题，政务数字化（智慧政府或数字政府）要解决政务管理部门和公民法人之间、政务管理部门之间的信息传递和信息不对称问题。

因此，人类数字化社会的本质也是解决信息传递和信息不对称问题。人类社会的全面数字化可实现人、机、物的全面互联互通，继而构建一个数据要素有效流通、信息传递精准可达、信息不对称有效缓解的数字化社会。

四、社会各领域的数字化转型是必然趋势

数字化是一种虚拟化的形式，其需要实体化的应用场景，在一个数字化的迭代和变革周期中，各行各业、社会各领域的数字化转型成为必然趋势。

数字化转型是一次“新”的变革，新的再造周期。数字化转型的“新”主要体现为新的技术、新的工具、新的赋能、新的范式。

数字化转型的新技术主要体现为云计算、大数据、人工智能、区块链等数字化技术的发展和成熟，并不断催生新的技术应用和技术赋能。

数字化转型的新工具主要体现为传统的围绕应用的数字化逐渐转换为围绕数据的数字化，新一代数字技术为获取数据、存储数据、处理数据、分析数据、应用数据提供了更新的方法和工具。新的方法和工具意味着更低的成本、更快的速度和更高的效率，颠覆性的工具可以激发颠覆性的理念和创新，进而创造颠覆性的实践，这使得新的方法和工具不断更新和发展。

数字化转型的新赋能主要体现在数字化赋予组织和个人新的能力。我

们正在进入一个数据驱动发展的时代，数据不断赋能组织和个人，这种赋能使得组织和个人可以获取更多的资源整合能力，使得组织和个人更多地依靠数据进行协作和决策，从而有效提升组织和个人的创新能力、创造能力、商业活动能力、协作能力、决策能力，等等。

数字化转型的新范式主要体现为通过新技术、新工具、新赋能的有机组合和应用，有效利用数字化解决社会各领域、企业各环节、个人社会化生活等各个方面的便捷化、智能化问题，并在这一过程中形成新的业态、新的模式和新的发展。

第五节　数字化转型

转型指的是指事物的结构形态、运转模型和人们观念的根本性转变过程。转型是主动求新求变的过程，是一个创新的过程。近几年，我们经常听到的一个“热词”就是“转型发展”。所谓“转型发展”主要是指经济发展方式的深刻转变，要由主要依靠第二产业带动向第一、第二、第三产业协同带动转变，由主要依靠投资拉动向投资、消费、外需“三驾马车”共同拉动转变，由主要依靠增加物质资源消耗向主要依靠科技进步、劳动者素质提高、管理创新转变，由以国际循环为主体向以国际、国内双循环为主体转变（特指中国），从而实现经济又好又快地发展。

在数字化浪潮的加持下，社会各领域的数字化转型势不可挡，各行各业都在进入数字化转型的车道。

数字化转型是指传统企业、行业、政府以及社会各领域通过引入云计算、大数据、人工智能、区块链等数字技术，实现各环节的再造与变革，继而推进社会各领域的转型发展。数字化是信息化的迭代升级，数字化转型是信息 2.0 时代的再造与升级。

数字化转型的本质是社会各个领域的再造与变革，其带来了新零售、新制造、新金融、新基建等一系列新的变化。转型意味着推陈出新，意味着打破各种旧的“条条框框”，实现新形势下的再造与变革。各领域的再造将成为数字化转型的重要标志。

数字化转型类似于第二次工业革命时期的电力推动的转型。在第二次工业革命早期，很多工厂自建发电站，其类似于现在很多企业自建的数据中心。后来，随着大型发电站和大规模电网的出现，许多企业不再自建发电站，而是直接接入更廉价的电网，其类似于现在的云计算平台或大数据中心。经过百年的发展和演变，如今的发电站和配电网络已经成为人类社会最基本的基础设施，为人类提供基本的生产生活保障，电力基础设施也越来越集中化。这预示着未来的数字化基础设施也会像电力基础设施一样，越来越集中化，成为人类社会运行的基本支撑和关键保障。

在行业领域，数字化转型最早出现在信息与通信技术行业。传统的国内企业有中国移动、中国电信、中国联通这样的通信服务商，国外企业有诺基亚、爱立信、思科、IBM、苹果、微软、美国电话电报公司、美国康卡斯特电信公司、法国阿尔卡特公司等软硬件服务商。伴随着互联网的发展，信息与通信技术行业逐渐演变为互联网数字行业，国外相继诞生了谷歌、亚马逊、脸书、高通等新兴互联网数字化公司，国内相继诞生了华为、百度、阿里巴巴、腾讯、京东、美团、字节跳动、360、旷视科技等新兴互联网数字化公司。这些企业在数字化市场的竞争中脱颖而出，相继实现了规模化发展，拥有平台级的数字化基础设施。这些新兴公司是数字化时代的受益者，本身也在进行数字化转型。它们击败了大量的同质性的中小企业，在竞争中取得胜利，规模优势越来越明显，最后使得行业领域的集中度越来越高。

一、即时商业：商业领域的数字化转型

商业领域的数字化转型主要是用数字技术的手段再造和变革商业的流程、模式，其主要通过数字化与商业的深度融合，推动商业领域各环节的流程再造，实现互联网背景下的商业革新。

在互联网和移动互联网的加持下，电子商务这种“即时商业”模式大行其道。利用电子商务的模式，无论是企业用户还是个人用户，都可以通过电子商务平台实现实时的商业流程，商品查看、商品订购、支付、物流等都可以通过电子商务平台实现实时确认和实施交互，一切变得高效快捷。

阿里巴巴在十几年前还是一家基于互联网支撑的电子商务公司，其最

开始主要从事“B2B”业务，后来逐渐扩展到“B2C”“C2C”业务。在电子商务领域，阿里巴巴通过互联网数字化手段颠覆了商业的传统方式，开启了线上营销、线上购物的商业新模式。阿里巴巴实现了诸多的数字化创新：开启移动支付新时代的支付宝；支付宝衍生出来的数字金融产品——余额宝；以支付宝为依托的数字信用——芝麻信用；依托电商衍生出来的数字物流——菜鸟驿站；以电商数据管理和电商服务为支撑的阿里云等。阿里巴巴逐渐将业务拓展到金融、物流、云计算、大数据、人工智能、工业互联网等领域，现在的阿里巴巴已经变成了一家位于数字产业链顶端的、生态级的数字基础设施公司。

京东是一家自营式电商企业。与阿里巴巴不同的是，京东主要采用的是自营型的“百货商店”模式。京东在做好京东商城的同时，逐渐衍生建设了京东物流、京东金融、京东云、京东农牧、京东科技等一批围绕京东电商的衍生企业，业务同样逐渐由电商拓展到金融、物流、云计算、大数据、人工智能、工业互联网等领域。依托京东商城，京东也逐渐演变成了位于电商产业链和数字产业链顶端的平台公司。

二、数字政府：政务领域的数字化转型

政府数字化转型主要是通过数字技术实现政府政务服务、政务管理等业务的高效、便捷、智能的一站式服务和数字化监管，通过数字化推动政务服务的流程再造。政府数字化转型是数字经济时代建设高效政府、提升政府治理能力的必然要求。

从世界各国的电子政务发展历程来看，世界各国早期的电子政务都是从简单的Web页面服务开始的。伴随着互联网的发展和数字技术的迭代，传统的政务服务模式已经不能满足互联网环境下公众服务的需要，世界各国都在积极加速布局新型政务数字化，推动政府数字化转型，积极建设数字政府。《2020 联合国电子政务调查报告》显示，全球范围内的政府数字化转型步伐正在加快。世界各国竞相制定数字化转型战略，政府数字化转型得到了普遍的重视。政府数字化转型正在成为全球公共治理和公共服务的发展趋势。

数字经济的发展对政府的数字化服务提出了更高的要求。我国政府也

在积极探索和实践中国特色的政府数字化转型之路。2016 年 9 月，国务院印发《关于加快推进“互联网+政务服务”工作的指导意见》，提出要大力推进“互联网+政务服务”，实现部门间数据共享，让居民和企业少跑腿、好办事、不添堵。近年来，党中央、国务院高度重视“放管服”改革，围绕优化网上政务服务、优化营商环境，密集出台了互联网+政务服务、一体化在线政务服务平台建设等一系列文件。2019 年 4 月，国务院发布的《国务院关于在线政务服务的若干规定》指出，“国家加快建设一体化在线平台，推动实现政务服务事项全国标准统一、全流程网上办理，促进政务服务跨地区、跨部门、跨层级数据共享和业务协同”。2019 年 10 月，中国共产党第十九届中央委员会第四次全体会议通过的《中共中央关于坚持和完善中国特色社会主义制度、推进国家治理体系和治理能力现代化若干重大问题的决定》明确提出，“建立健全运用互联网、大数据、人工智能等技术手段进行行政管理的制度规则。推进数字政府建设，加强数据有序共享，依法保护个人信息”。2020 年 9 月，《国务院办公厅关于加快推进政务服务“跨省通办”的指导意见》指出，“除法律法规规定必须到现场办理的事项外，按照‘应上尽上’的原则，政务服务事项全部纳入全国一体化政务服务平台，提供申请受理、审查决定、颁证送达等全环节、全流程的网上服务”。2020 年 10 月，中国共产党第十九届中央委员会第五次全体会议强调，加强数字社会、数字政府建设，提升公共服务、社会治理等数字化智能化水平。

对于我国而言，积极推动数字政府建设是政府数字化转型的目标所在，其本质是支撑和推进国家治理体系和治理能力现代化。政府数字化转型的根本任务是对内推动政府系统性、协调性变革，推动政府职能转变；对外建设人民满意的服务型政府，推进一站式政务服务，更好地服务和改善民生。政府数字化转型的关键环节是实现数据融合、技术融合、业务融合、服务融合，政府数字化转型的核心要义是流程再造。不改变传统的管理和服务模式，就难以建设适应数字化发展背景的数字政府。政府数字化转型的重点方向是实现跨层级、跨地域、跨部门、跨系统、跨业务的协同管理和服务。

当前，各级政府积极推动政府数字化转型，探索政务服务平台的建设，

“数据多跑路，群众少跑腿”“当天办”“马上办”“一站式”政务服务，以及“去现场化”“跨省通办”等一系列数字化政务服务模式不断被探索出来。各类政务服务的App有效拓展了政务数字化服务的维度和广度，提升了公众满意度和获得感。

未来，我国的政府数字化转型主要呈现五大趋势：一是以支撑和推进国家治理体系和治理能力现代化为目标，注重服务和支撑全新治理体系的构建，注重提升数字化和彰显治理能力现代化；二是以深化“放管服”改革为抓手，积极推进统一平台建设，提供有效的公共服务和政府监管；三是进一步加大政务数据的“聚通用”，推进政务大数据治理与应用，提升政务数据共享与应用的深度和广度，有效实现数据赋能；四是以民生服务和政务监管的应用场景为依托，推进以简单、高效、便捷、智能为主要特点的数字化政务服务平台建设；五是以数字化推动政府改革，有效实施政务流程再造，全面打造高效服务型政府，有效提升政府整体的治理能力和现代化水平。

三、智能工业：工业领域的数字化转型

工业领域的数字化转型主要依托人工智能、工业互联网、机器人等数字技术，推动工业企业的全产业链整合与协同，建设数字工厂，提升工业生产过程中物料供应、生产、销售、运输、客户服务等产业链各个环节的数字化、智能化水平，有效支撑工业各环节的有效融合与无缝衔接，推进全产业链的流程再造和技术革命，推进数字化产业链建设，实现全产业链的效能革命，助力企业实现降本增效，最终助力工业互联网与消费互联网的融通，推进智能制造、绿色制造和协同制造。

世界范围内的工业数字化转型进行得如火如荼。美国实施“先进制造伙伴计划”，德国实施“工业 4.0”计划，我国实施制造强国战略第一个十年行动纲领。世界各主要工业强国都在积极布局下一代的先进制造，都在推进“再工业化”。美国通过“先进制造伙伴计划”积极布局下一代美国制造，先进传感、控制和平台系统（ASCPM），可视化、信息化和数字化制造（VIDM），先进材料制造（AMM）是美国下一代制造技术力图突破的核心。美国政府正在通过支持创新研发基础设施、建立国家制造创新网络、

政企合作制定技术标准等多种方式为制造业注入强大的政府驱动力。德国“工业 4.0”的核心是“智能+网络化”，即通过虚拟-实体系统（Cyber-Physical System，CPS）构建智能工厂，实现智能制造的目的。简单地说，就是通过构建一个工业生产的虚拟镜像控制实体的工业生产过程，实现生产环节的全智能化管控，继而实现智能制造、柔性制造和个性化生产。我国拥有完备的工业体系、相对一体化的国内市场、国际工业产业链的重要组成部分，以及国家意志的超强执行力，这是实施“制造强国”战略的独特优势。近年来，我国工业制造能力显著提升，正在全面推进工业化改革进程，积极推动工业领域的数字化转型升级。为了推动我国工业领域的数字化转型，助力第四次工业革命，我国出台了一系列的政策，以推动信息化和工业化的深度融合，推动工业的数字化改造，推动工业互联网的创新发展，实现工业领域生产、销售、客户服务等全产业链各环节的数字化再造，继而推进打造工业强国，实现工业领域的再造与转型升级。

商业、政务、工业等领域的数字化转型进行得如火如荼，逐渐深入，社会各领域的数字化转型已经成为数字经济与实体经济融合过程中的必然趋势。优先实现数字化转型或掌握数字化技术的公司正在积极推动社会各领域的数字化转型，人类社会的数字化转型已经成为不可逆转的趋势。

第六节 数字化再造与重塑

如同当年电向社会各个领域渗透和普及过程中引发并驱动社会各领域、各行业的再造与转型一样，数字化推动社会各领域的转型过程中，带来的同样是社会各领域、各环节的再造与重塑。大数据、人工智能、虚拟现实等数字技术引发了“一切皆可数字化”的前景预期，继云计算、大数据、区块链、工业互联网之后，“数字孪生”“镜像世界”“边云协同”“算力网络”“类脑计算”“脑机接口”“元宇宙”等数字化新概念不断涌现。这些数字化新概念都预示着一个崭新时代的到来。

数字化将再造社会形态，传统的社会形态已经不适应现代社会的发展趋势。社会形态因数字化而被重新定义，社会形态因数字化而不断变革与重塑。人类的沟通交流方式在改变，由简单的语音方式逐渐转换为多媒体、全息投影等崭新的方式；人类商业、工业等领域的许多岗位将被智能化的设备所取代；人类的娱乐方式在改变，“操作式”娱乐将转换为“体验式”娱乐；人类的学习方式在改变，在线教育获得前所未有的发展，未来人类的学习方式将变得更加多元化，数字化辅助教学与学习、互联网化的学习和再教育方式将取得前所未有的发展；人类的工作方式在改变，基于互联网的数字化协作使“居家办公”成为一种新的工作方式，未来“泛在办公”会成为常态。

数字化将再造商业模式。从电商开始，互联网化的商业模式就在不断颠覆和再造传统的销售模式。电商节省了企业和客户的时间和空间，使得交易的成本显著降低；电商减少了商品流通的中间层级，降低了商品流通的成本；电商推进了个性化商品的销售，使得原本个性化的商品有了更高的关注度和销量；电商提升了商品辐射的广度和深度，使得商品可以传播得更广，增加了商品的销售机会；电商推动了物流业的再造与变革，物流数字化、智慧仓储等极大地助力了物流业的发展；电商改变了传统的营销方式，网络营销、移动营销、软文营销、社群营销、大数据营销等营销方式不断颠覆传统的报纸、电视等营销方式，值得一提的是，大数据可助力使用者更精准地了解用户需求、更精准地实现产品销售。最近，以抖音视频为主的视频营销尤为火爆，其不断冲击人们的感官，提升了人们的“购买欲”，推动了产品的销售和电商的发展。未来，电商将继续催生新的数字化营销方式。未来，也许虚拟化的试衣间、虚拟化的商场（镜像商场）会成为新的数字化商业模式，以数字化销售为起点，有效衔接工业互联网的生产端进行生产，然后通过智慧物流体系送达用户。这种通过消费互联网牵引工业互联网的数字化产业链模式将成为新的商业模式。

数字化推动组织结构和管理模式的再造与变革，传统公司的组织形态一般包括供应部门、研发（技术）部门、生产部门、销售部门、售后服务部门等部门。其管理体系是垂直化的，各部门各司其职，部门之间有一定的“边界”。随着数字化的推进，由于市场交易成本的降低，以及传统营销方式的改变，企业的组织形态会逐渐再造和变革，公司不再需要那么大的规模或那么多的部门，销售部门或售后部门都可以外包出去，公司可以专注于自己的核心业务，实现组织结构和架构体系的再造。此外，在数字化的支撑下，公司可以构建更加扁平化的管理体系和管理机制，打造无边界组织，更加灵活，更加高效。

在数字化转型的浪潮下，各行各业的数字化不一定是完全的数字化，也许是某个环节的数字化再造，也许是某个流程的数字化再造，也许是某个过程的数字化再造。无论如何，数字化针对各行业、各领域、各环节的再造和变革是不可逆转的趋势。

参考文献

[1] 陈全, 邓倩妮. 云计算及其关键技术[J]. 计算机应用, 2009, 29(9): 2562-2567.

[2] 邬贺铨. 大数据时代的机遇与挑战[J]. 求是, 2013(4): 47-49.

[3] 苏若祺. 人工智能的发展及应用现状综述[J]. 电子世界, 2018(3): 84, 86.

[4] 何蒲,于戈, 张岩峰, 等. 区块链技术与应用前瞻综述[J]. 计算机科学, 2017, 44(4): 1-7, 15.

[5] 何淑贞, 王日远. 宽带无线接入技术[J]. 世界网络与多媒体, 2001(1): 41-42, 44, 52.

[6] 陈文静. 物联网中光纤传感技术的专利分析[J]. 电子技术与软件工程, 2019(16): 40, 160.

[7] 中国(杭州)智慧城市研究院课题组. 智慧城市建设战略研究[M]. 北京: 中国社会科学出版社, 2015.

[8] 马化腾, 等. 指尖上的中国: 移动互联与发展中大国的社会变迁[M]. 北京: 外文出版社, 2018.

[9] 《〈中原经济区建设纲要〉解读》编委会.《中原经济区建设纲要(试行)》解读[J]. 河南教育: 高教版（中）, 2011(1):1.

[10] SHAPIRO C, VARIAN H. Information rules[M]. Cambridge: Harvard Business Press, 1999.

第三章
商业智营

商业是以买卖的方式使商品流通的经济活动，其本质是交换。自古以来，商业活动就与人类社会紧密关联，从以物换物到以货币为媒介进行交换，从而实现商品流通。伴随着互联网和移动互联网的发展以及数字技术的革新，电子商务的发展不断改变传统的商业模式。未来，数字技术的新发展必将迎来新的变革和再造。

第一节　传统商业模式的演变

一、商业起源

原始社会后期，物品出现剩余。随着社会分工、产品剩余和私有制的产生，人类开始出现早期的以物易物，这是最早的商品交易。以物易物便是人类社会最原始的交易方式，各取所需，互蒙其利。其模式相对简单：商品贸易的双方面对面地进行“物物交换”“等价交换”。随后在部落交换的过程中，邻近部落开始商定在固定的地点和时间开展物品交换，形似今天的集市或市场，交通的扩展提升了商品交易的时空范围。商族人因游牧部落的性质，在频繁迁徙中，为满足本族生活的需要，与其他部落开始了粮食、牲畜、工具、生活必需品的交换，交换区域、范围不断扩大，逐渐形成了商业的萌芽。商族因此成为我国商业的鼻祖，商朝时出现了商人。周代时，“工商食官”制度出现了。这一时期，商人通过买卖的方式为国家提供商品，不过购买的对象受到限制，主要顾客是贵族统治阶级。此时的商业主要是阶层商业，方式也相对简单。

二、封建社会时期的商业发展

秦始皇统一六国后，统一了文字、货币、车轨、度量衡，为商业的繁荣创造了条件，促进了商品的流通。商业的模式主要有两种：一种是集市模式，古代众多发达的城市和村镇是依靠出售货物获利的，由众多的商家组成了商业一条街，形成了更发达的集市，这类似于当今社会中商品交易市场、超市和百货商店等商品交易场所；另一种是异地贩运货物模式，这是农耕时代商人获利的主要模式之一，商人通过异地贩运货物来赚取差价。从秦朝的商业发展中我们可以看到，其以农业、手工业生产为基础，以“官商”为核心，以货币为商品交易的媒介，以通达的陆地交通为保障，推动各类商品的流通和交易。

西汉时，商业得到空前发展。国内贸易开始繁荣，市场商品种类繁多，商品流通十分活跃，由此带动了城市的发展，咸阳、长安、洛阳等商业都市规模宏大，空前繁荣。西汉时开通了陆上丝绸之路和海上丝绸之路，中外贸易逐渐开始发展。一方面，“丝绸之路”的开通建立了中西交通的大动脉，伴随着“丝绸之路”，我国的铁器、丝绸、漆器等物产流入西方国家，而西方国家的马匹、葡萄、蚕豆、胡萝卜等农副产品也传入我国，中西贸易与往来自此日趋频繁。另一方面，我国与周边国家也逐渐开始了商业交往，在这一时期，我国的铁器、丝织品、养蚕技术等逐步传入了日本。从汉朝的商业发展来看，显著的变化是汉朝的商业贸易开始以陆地贸易和海上贸易等海陆流通为支撑，官办商业逐渐走向官办和私办共同发展，使得商品流通的渠道更加广泛。这进一步推动了商业的繁荣与发展。

唐朝时期，伴随着国力的日趋强盛，对外贸易持续繁荣。唐朝的商业非常繁荣，大都市有长安、洛阳、扬州、成都。长安既是当时各民族交往的中心，又是一座国际性的大都市。全国各地的商人以及外国商人云集京城，兴贩贸易，使长安东西两市的商业兴隆繁盛。长安城规模宏伟，布局严整，在国内外影响很大。在唐朝的商业发展过程中，都市里出现了储蓄与支付钱币的柜坊与汇兑使用的“飞钱”，这是我国最早出现的汇兑制度（钱庄，早期的银行）。它们的出现对商业的发展起到了促进作用，极大地方便了大宗钱货交易，同时这也是一种经济进步的标志。在当时，我国与世界的联系空前紧密，商品经济进入新的发展阶段，其对外贸易亦随着国力的强大而扩展到更多的国家和更广阔的地区。开展对外贸易首先必须扩展对外交通，这是最基础的一项工作。

宋朝时，商业进一步发展，海外贸易发达。宋朝的商业买卖打破了市坊的界限，大街小巷店铺林立，促进了商业的发展和繁荣。宋朝造船业居当时世界首位，北宋时期广州、杭州等地设立“市舶司”，负责管理对外贸易和事务，征收商税。南宋海外贸易的重要港口有广州、泉州、明州等，泉州是当时世界上最大的国际贸易港。两宋时期，我国同东南亚、南亚、阿拉伯半岛以及非洲的几十个国家进行贸易，海外贸易税收甚至成为南宋国库的重要财源。在宋朝（北宋）之初，官员们研究理财求富之道，调整了历代立法中“重刑法、轻民法”的传统做法，专门研究并施行了专卖法，如盐法、酒法、茶法等法令。这些政策导向使商业兴旺，商贸发展迅猛，手工业发展迅猛，宋朝出现了世界上最早的纸币（交子）银行，通过纸币银行人们可以贷款、异地付款。就算是从近代来看，这也是非常先进的经济管理模式。从地域而言，宋朝的发展不仅仅局限于江浙和四川等地区，就连山区和少数民族地区的社会经济文化，与唐朝相比也有较大发展，这是很令人惊讶的。这是商业带来的前所未有的发展。

明朝时，郑和下西洋是最具代表性的事件，我国在这一时期积极拓展海外交流与海外贸易。明朝时期，农业的发展带动了工商业的发展。随着工商业的发展，商业资本也十分活跃，在全国范围内出现了越来越多的商人。随着商业的发展，他们越来越活跃，相继在各地设立会馆、组织各种商帮，其中规模最大的是徽商，其次是晋商、江右商，再次为闽商、粤商、吴越商、关陕商等。总体上看，明朝出现了一些新变化：一是商品经营的政策管制上出现放宽，极大地促进了私营商业的发展；二是“商帮”崛起，为商品的流通和商业的发展提供了强力的支撑；三是工商业市镇崛起，实现了以市镇为支撑的产业链协同网络，形成了区域级的经济分工与协作。上述变化带来了明朝商业的发展与繁荣。

清朝时，统治者实行海禁和闭关锁国政策，中国对外贸易渐趋萎缩。由于政策上的限制和交通运输领域的封锁，对外贸易没有那么活跃，主要是出口带来巨大的贸易顺差。内部贸易方面，小农业和手工业的发展推动了商业的发展；商业市镇进一步发展，继续推动商业城市的繁荣和商业的发展。随着商业的发展，出现了钱庄和票号，这是一种信用机构，极大地促进了商业的繁荣。清朝中期，西方国家开启了人类历史上的第一次工业革命，人类社会的生产模式和商业模式开始了全面的再造与变革，闭关锁国导致中国错过了生产转型和商业转型的重要时期。由于长期与世隔绝，中国逐渐落在世界潮流后面。清朝后期，以英法为代表的西方国家率先完成第一次工业革命。1840 年，英国对中国发动了鸦片战争，开启了中国 100 多年的屈辱史，中国逐步沦为半殖民地半封建社会，严重阻碍了中国工业和商业的发展。

纵观清朝及清朝之前的整个中国商业的发展史，我们可以得出以下结论或判断。

1. 生产方式的变化

买卖或交易（交换）的最初商品是以农产品为主，后来逐渐过渡到以农产品和手工业制品为主，手工业制品也从最初的由家庭作坊制作转变为由手工工场生产。生产方式的进步必然带来产量的增长，推进了贸易的拓展。

2. 交通运输的变化

对外贸易先以陆路为主，陆路贸易随着陆路交通的通达范围扩大而逐渐扩展。但是陆路交通会受到征战、商品产地、运输工具和运输费用等因素的影响。南宋时，指南针被应用于航海，促进了航海业的发展。后来对外贸易逐渐发展到以海路为主。

3. 交易媒介的变化

商品交换最初为以物易物，后来出现了用于交易的媒介——货币，而后逐渐有了柜坊、“飞钱”等能够实现汇兑的交易体系，后期又产生了纸币银行、钱庄和票号等金融服务形式。这些货币金融领域的创新，在很大程度上推动了商业的变革与发展。

4. 商品的变化

早期参与交易的商品以农产品为主，后来逐渐增加了盐、茶、丝织品、陶瓷制品、衣服等日常生活用品，此时的各类商品大多是人们日常生活的必需品。商品的交易主要得益于产品的富余性和丰富性。

5. 商业模式的变化

早期的商业模式极为简单，交易双方都有多余的商品，面对面地进行商品的交换，这些交换也许是等价的，也许是交易双方认可的。后来货币出现了，人们有了交易媒介，商品交易的方式变得更加顺畅。交易媒介拓展了交易场所、交易空间，打破了交易时间限制。货币可以作为一般的等价物，用来衡量商品的价值，助力完成商品交换，商业模式开始产生演变。再后来，随着柜坊、“飞钱”、纸币银行、钱庄和票号等金融服务形式的出现，商业模式再一次发生变革，金融模式的创新极大地促进了商品的流通，拓展了商品流通的范围，提供了更加便捷的商业支撑手段，为商业的繁荣发展提供了保障。

第二节　工业革命带来的商业变革

18 世纪 60 年代，英国开启了人类历史上的第一次工业革命，促使生产效率显著提升，生产产出大幅增加。第一次工业革命带来了商品的极大富足，对商品贸易提出了更高的要求。依托工业革命发展起来的西方国家急需拓展本国以外的市场，以消化过剩产能，由此逐渐开始了对外的殖民扩张。

从工业革命开始，传统农业和手工业的生产模式逐渐转变为机械化工业生产模式。机械化工业生产模式带来了商业模式的再造与革新。

一是生产工具和生产方式的再造和变革带来了商品种类的增多和商品的丰裕。如何才能把商品售卖出去，扩大商业范围，扩展覆盖的空间和人群？火车的出现拓展了人类活动的空间范围，必然带动人类商业范围的拓展，商品售卖范围限制问题迎刃而解。

蒸汽机的问世还推动了英国乃至世界交通工具的发展，火车、轮船等相继问世，极大地提升了英国乃至世界交通的便利性。便利的交通有效地扩展了商品贸易的空间，缩短了时间，这给世界范围内的商业往来带来的冲击是巨大的。借助第一次工业革命，英国以珍妮纺织机和蒸汽机为主要契机，快速推进了纺织业和工业化的进程。对外贸易也从原有的农业和手工业发展为工业，在世界出口贸易中占有更大的优势。同时英国的城市化进程也轰轰烈烈地展开了，为提高英国的世界地位做出了极大的贡献。

二是工业革命引发的城市化进程促进了商业的发展与繁荣。工业革命促进了城市的建设，农民开始从乡村走向城市，越来越多的工人汇聚在城市。围绕工业生产、城市建设、城市生活等领域，社会分工体系进一步扩展，由此也促进了城市商业的发展。

工业革命带来的技术变革和生产工具的变革推动了农业生产的进步，提升了农业技术水平。农产品的增收使得较少的农业人口可以养活日益增多的城市人口，从而为城市化提供了最基本的物质保障。另外，工业革命推动了工业的发展，改变了产业结构，为城市体系的形成奠定了基础。越来越多的人口开始向城市汇聚，城市的发展与人口的汇聚扩展了市场的空间范围，推动了城市建设、社会服务等各方面的需求提升。由于劳动力越来越多地从第一产业转向第二产业、第三产业，城市开始大量地吸纳劳动力。随着人口的汇聚，城市逐渐能够提供充足的能源、必要的生产资料、产品销售市场、服务设施。在工业领域，由于工业生产能力的提升，需要有专门的部门（销售部门）或销售代理将更多的商品销售出去，由此衍生了专门从事商品销售和服务的商业部门以及对应的商业模式。在服务业领域，围绕城市化建设和城市服务，逐渐出现了很多新的商业服务和商业模式，新的职业不断出现，如机器维修工人、铁路工人、火车司机、建筑工、城市维修工等。

三是交通运输业的发展为商业的发展提供了强大的支撑。工业革命极大地促进了交通运输业的发展，使英国城市发展进入新阶段。工业革命带动了以公路、铁路、运河和汽船为主要标志的“运输革命”。

在铁路建设方面，英国国会仅 1836 年就批准兴建了 25 条新铁路，总里程达到 1600 多千米，到 1855 年达到 12960 千米，内陆铁路运输网逐步形成。在运河开凿方面，自 1761 年开凿了从沃斯利到曼彻斯特的第一条运河以后，到 1842 年，英国已修建了 3960 千米的人工运河，曼彻斯特、伯明翰成了著名的运河枢纽。运河和铁路的兴修将港口同陆上交通连接，形成了水陆交叉的运输网。交通运输方面的巨大变化加强了城市之间和城乡之间的经济联系，并使处于交通枢纽地位的城市和城镇迅速成长。交通的大规模建设和扩张、城市的大规模发展极大地推进了商业的扩张与发展。

四是金融革命促进了工业和商业的发展。工业革命发生前，英国经历过一场金融革命，即创立了英格兰银行，发行公债并进行其他金融业的变革，金融革命不断为工业革命注入资本燃料和动力。英国经济学家、诺贝尔经济学奖得主约翰·希克斯（John Hicks）曾经详细考察了金融对工业革命的刺激作用，他指出，工业革命不仅是技术创新的结果，也是金融革命的结果。

工业革命兴起的新产业，其工业原料成本、研发成本、人力成本、厂房成本、设备成本等开支都十分巨大，如机械制造、冶金、铁路等都属于资金密集型行业，对廉价资本的依赖性大。英国光荣革命建立的文官制度和自上而下垂直征税体系以及宪政改革对约束政府行为产生了可信承诺，使得英国国会能够严格督导政府的财政支出，使私人债务清偿方面具有较高的信誉保证。高效、透明、有序的税收体系不仅令新兴的工业企业免受苛捐杂税困扰，且令英国国债在世界范围内享有极高信誉。其长期公债利率一降再降，最后保持在仅3%利率水平，最终促使银行利率降得更低（公债利率一般高于同期银行存款利率）。英国在发展国债市场之后，进一步发展了股票市场、企业债券市场等，如伦敦证券交易所，有效推动了企业发展的融资，这些都为工业革命提供了"廉价资金"。银行、股票、企业债券、证券交易所等金融创新有效保障了工业革命的推进和商业的发展。

第二次工业革命以电的广泛应用为显著标志，其进一步推动了以西方国家为核心的城市化进程，产业的门类日趋丰富，商业的发展更加多元。石油化工产业全面发展，石化工人出现了，商业覆盖的范围更加广泛，新的商业模式不断涌现。第二次工业革命进一步推动并形成了工业化的商业模式，其主要特点是先生产、后销售。工业化的3个核心要素是标准化、流水线、大规模，由此带来了生产商品的低成本，促使商品以更低的价格实现更大范围的流通。

工业革命首先改变了生产环节。在工业革命之后，机器生产逐渐代替了手工生产，标准化、流水线作业开始出现，生产效率大大提高，基于生产环节的商业模式开始出现，比如福特汽车公司采用的纵向一体化模式。也正是机械化大生产、机器代替了人力以及流水线生产，使得精明的商人开始大肆生产某个产品，并通过价格组合进行售卖。比如将剃须刀和刀片组合起来卖，剃须刀可以价格很低甚至亏本出售，而依靠由机器大批量生产的刀片来赚钱。类似的模式后来屡试不爽，成为工业化时代的一种典型模式。

工业革命改变了运输环节。由于火车、蒸汽轮船、飞机、汽车等交通工具的出现，可通达的范围变得更大，商业半径进一步增大。机械化催生的现代生产出现了产能过剩现象，过剩的商品国内往往一下子消化不掉，于是国际贸易更加频繁和发达。现代化的轮船可以又快又多地进行洲际之间的货物运输，现代邮政（货运）出现了。相较于之前的运输体系，新的邮政体系更加便捷、迅速、安全、可靠，极大地促进了现代货物运输的进步，助力了区域、跨区域、洲际内以及跨洲际等不同范围商业的发展。随着区域商铺的发展，19 世纪，百货业开始出现，大规模的商场出现了，人们想买的东西在这里绝大部分能买到，“逛街”在一定程度上变成了“逛商场”。

工业革命改变了通信手段（商业的沟通交互手段）。英国人查尔斯·惠斯通（Charles Wheastone）和威廉·库克（William Cooke）发明了电报，并在 1837 年获得英国的专利。美国人萨缪尔·芬利·布里斯·摩尔斯（Samuel Finley Breese Morse）差不多在同一时间发明了电报，并在 1837 年获得美国专利。摩尔斯还发展出一套将字母及数字编码以便拍发的方法，被称为摩斯电码。1895 年，意大利人伽利尔摩·马可尼（Guglielmo Marconi）首次成功收发无线电电报；1899 年，马可尼成功进行英国至法国之间的无线电电报传送；1902 年，马可尼首次用无线电进行了横跨大西洋的通信。电报的发明和无线电的应用极大地提升了人类通信的实效性，无线超远距离通信工具使人们第一次突破了物理空间的限制，实现了远距离实时交流，有效解决了商业过程中需要当面交流或远距离交流耗时长等问题。这种通信工具进一步促进了商业的繁荣和发展。

工业革命再造和变革了金融模式。其实，早在工业革命之前，荷兰成为海洋帝国的时期，荷兰人相继创造了包括股份公司、现代银行和股票交易等在内的现代经济制度，当时的市民也从这样的交易中获得了丰厚的利润，荷兰逐渐实现了国强民富，成为世界上第一个全球范围内的商业强国。在 17 世纪时，荷兰的全球商业霸权已经牢牢地建立了起来，荷兰东印度公司在全球有15000个贸易机构，4000多艘悬挂荷兰国旗的商船往返于世界各地。人口不到300万人的荷兰贸易额占了全球贸易额的一半，它的殖民地和港口更是遍及了全世界，荷兰也借此成为世界上第一个资本主义国家。我们可以把荷兰称为以海洋贸易为核心、传统型的资本主义国家，其代表的是传统商业贸易的顶峰。工业革命之后，英国开始全面崛起。在金融领域，英国相继建设了现代银行体系和现代证券体系，推动建设了股票市场、企业债券市场等现代金融市场，创新了国债、企业债券、股票交易等新型金融形式。这在很大程度上推进了商业的转型和升级，促进了现代商业模式的形成与发展。

生产环节、运输环节、通信手段、金融手段的变革不断地催生新的商业模式，从工业革命开始，围绕人的城市化生活和社会化生活，各种产品和服务不断衍生，城市商业不断发展。另外，随着商业的国际化推进与扩张，商业的范围不断扩展，商业的全球化不断增强，现代商业体系和模式逐渐诞生了。

第三次工业革命之后，在通信技术、电子信息技术、制造技术等技术变革的影响下，商品种类越来越丰富，商品需求不断增大，商业市场不断扩大，现代商业体系和模式进一步发展。

第三节　当代商业的必备元素

传统的商业或商业模式有4个核心要素：一是商品的盈余，也就是说一方生产出来的商品有剩余，能够参与社会交换，即卖方市场；二是充足的市场需求，有另一方需要对应的商品，即买方市场；三是有一定的渠道或方式使卖方知道买方的需求信息，知道市场在哪里；四是有相应的运输手段及通道，将商品由卖方运往买方。

通常，在上述4个核心要素具备的情况下，社会需求（以生活需求为核心）不断催生各类产品的生产和制造。在以需求为导向的市场环境中，产品的生产和流通变得很重要，催生了简单的社会分工——有人负责生产，有人负责售卖。商业就开始逐渐繁荣，各方要么赚取相应的差价，要么获取自己需要的商品，各自的利益都能够得到满足。

由此逐渐形成了第一代商业模式，商业 1.0 时代自此开始。商业 1.0 时代的核心商业思想是赚取利差，其载体是实体产品，其市场主体是卖方市场。

在工业革命之前，人们通过农业生产和手工业生产支撑了商业过程中各类商品的生产，其主要包括粮食、陶瓷、棉纺织品、丝织品、茶叶、盐等各类生活用品。倒卖商品的商人获取商业信息（市场需求），通过陆路交通或海路交通实现商品的运输和流通，由此不断地衍生出各种服务于这一商业过程的商业服务。

在工业革命之后，首先发生变化的是生产方式。机械化生产方式逐步替代了手工生产方式，社会化生产的诞生促进了商品种类的增多，生产效率的提升带来了产品的富余。这些变化极大地推动了商业第一个核心要素（卖方市场有足够的商品供应）的变化，更多种类、更富余的商品进入市场，推进了商业的繁荣。随着商品种类的增多和商品数量的增大，传统的交易模式也产生了较大的变化，逐渐出现了针对商品售卖的营销体系和营销模式。怎样将商品售卖出去变得很关键，商业领域开始出现商品积压，资本主义社会开始出现循环式的经济危机，商业领域开始出现以品牌塑造、渠道扩展、客户服务为核心的商业营销新模式。商业营销不断衍生和发展，逐渐成为商业的又一核心要素。

在工业革命之后，其次发生变化的是商业市场。商业市场由单一的区域市场、国内市场开始扩展到全球市场，一个庞大的全球市场逐步形成。如此庞大的市场对各类工业、农业、手工业、服务业商品的需求是巨大的，为全球商业的繁荣与发展奠定了坚实的基础。在互联网和数字化的加持下，全球市场正在变成一个更加便捷、更加高效、更加统一的大市场。

在工业革命之后，另一个发生变化的是获取商业信息的方式。其本质是信息传递方式的改变，早期是书信，后来是电报，再后来是有线电话，再后来是无线电话，再后来是互联网，再后来是移动互联网。通信方式的不断变革使信息传递的效率和速度不断提升，充分解决了商业运行过程中商业信息的获取时效问题，解决了供需方之间的有效信息传递问题。尤其是在互联网和移动互联网时代背景下，基于数字化平台的平台经济商业模式衍生出来。平台经济商业模式以互联网为载体，以数据为核心，以数据计算为支撑，以商业营销、商品售卖和客户服务为目标，是更加新型的基于数字化的商业模式。

在工业革命之后，发生变化的还有商业运输体系。火车带来了铁路运输，蒸汽机船变革了海洋运输，汽车变革了道路交通运输。早期的商品交易是在部落内部和邻近的部落之间完成的，因此不存在运输问题。后来，人类驯服了马之后，马和马车成为最早的交通运输工具。随着人类活动范围的扩展，人类逐渐发展了道路运输和海洋运输等货运体系。在工业革命之后，火车的诞生促使交通运输体系有了新的扩充，出现了铁路交通网络和铁路交通运输体系，促进了陆路交通运输的发展。蒸汽机船的诞生改变了海洋交通运输，传统的木质船变成了钢铁结构的蒸汽机船。后来随着动力装置的演进，柴油机船出现，现代化的轮船极大地促进了货轮的运输能力，促进了海洋运输的发展。后来，随着汽车的诞生和演变，道路交通运输体系更加完善，陆路运输体系有了前所未有的进步，进而推动了商业运输体系的发展。商业运输体系的发展和强大促进了商业的发展与繁荣。

在工业革命之后，随着城市、工业化进程和科技的发展与进步，商业模式不断演进，其中最显著的就是商业营销和营销模式的演变和发展。商业营销成为商业的第五核心要素。

总结下来，当代商业的必备元素主要包括以下几方面。

一是商品。虽然商品的内涵和外延发生了很大的变化，但是其本质是用来交换，并产生价值的任何有形或无形的产品或服务。

二是市场。市场是买卖商品的场所，是把货物的买方和卖方正式组织在一起交易的地方。

三是信息交换。商品交换过程中，要有充足的手段保障卖方和买方之间的信息交互，实现多种形式或场景下的商业沟通。

四是流通体系。商品的交易和流通需要强大的流通体系的支撑，其中最重要的是商业运输体系。其通过海陆空等立体化、全方位的手段实现货物的流通。

五是营销体系。现代商业模式的一个重要转变就是基于商业（商业市场）的营销体系的构建。商品有了盈余之后，从最初各取所需的等价交换，到基于市场需求的异地货物交易，再到今天的面向用户的市场营销，其本质就是面向用户进行有效的商品推广，以实现交易为最终目的。由此衍生出了诸多的商业营销模式。

第四节 电子信息时代的商业发展与商业模式再造

第二次世界大战结束之后，以原子能、航空航天技术、电子信息技术、通信技术为代表的第三次工业革命取得了显著的发展：一方面商品种类出现了爆炸式增长，另一方面极大地推进了交通运输、通信、传媒等领域的发展。这给商业发展带来了前所未有的变化。

第二次世界大战之后，世界进入战后恢复期，科学技术取得了突飞猛进的发展。第三次工业革命的影响远远超过前两次工业革命的影响，对社会生产力和经济社会的发展产生了极大的推动力，极大地促进了商业的繁荣。以下几个因素推动了全球商业的繁荣与发展。一是科学技术取得显著进展。新材料促进了生产资料的革新和变化，推动了新产品的诞生和推广普及；新的生产工具的发明进一步提升了生产效率，增加了商品供应量；新技术催生了更多的产业门类和商品种类，促进了商品的繁荣。二是计算机技术和通信技术的广泛应用加强了国际经济和商贸联系，推进了国际贸易活动的繁荣，不断扩大各国商品贸易的规模。国际贸易自由程度的大大提高以及世界各国发展国际贸易关系的迫切要求，加快了经济全球化的步伐。三是随着战后政治的稳定，再加上经济复苏的需要，美国推动西方国家逐渐构建了以美元为核心的“布雷顿森林体系”（于 1971 年宣告结束）。“布雷顿森林体系”推动了以外汇自由化、资本自由化和贸易自由化为主要内容的多边经济制度，世界各国逐渐放宽了对资本流动的限制，使国际资本流动范围大幅度扩大，实现资本的跨国流动。另外，国际上相继成立了国际货币基金组织和世界银行，形成了关税和贸易总协定。上述金融和贸易体系的建立推动了产业的布局和国际商贸的发展，促进了战后资本主义世界经济的恢复和发展。四是大型飞机及大型轮船的发明极大地促进了交通运输能力的提升，货物运输能力的增强显著提升了经济的全球化和全球商业的繁荣。五是以报纸、广播、电视、互联网等新兴传播媒介为支撑的新兴传播体系迭代发展，逐渐形成了支撑商业发展的广告传媒行业。纸媒广告、音频广告、视频广告、互联网广告等各种形式的广告层出不穷、不断创新，革新了商品的推广形式，促进了商品的宣传、推广和销售，成为推动商业发展的关键要素之一。

统一市场是国际公认的发展动力，但是国家之间的竞争却叫停了所有在国际贸易上应用自由市场的努力。与之相反，大部分国家设立了关税，或是在贸易条约中填满了为优惠产品或利益集团争取特殊待遇的细微要求。第二次世界大战为国际合作和国际商贸发展提供了一个新起点。美国在参战前通过租借条约为它的欧洲盟友提供武器，在这些条约中，美国政府要求受助国战后必须协助参与多边贸易世界的建立，以加速经济的复苏，促进经济的增长。这在很大程度上推动了国际经济与贸易的发展。

借此，美国在第二次世界大战之后成为世界上的超级大国之一，大量的人才、资金、劳动力流向美国。美元代替英镑成为世界货币，美国正式进入了科技大发展时代、工业和商业大发展时代，引领世界范围内的科技发展、工业发展、商业发展。

随着经济社会的发展，商业领域也产生了前所未有的变革与发展，商业模式不断创新，商业体系不断丰富。具体体现在以下几方面。

1. 商业门类的丰富

汽车、冰箱、电视机、洗衣机和烘干机等大件商品开始走进千家万户，快餐店、零售店遍布大街小巷，大型超市发展迅猛。零售店和超市里面布满了琳琅满目的各式各样的商品，从面包到口香糖，从餐盘到刀具，从电饭煲到电磁炉，从电冰箱到洗衣机，从足球到羽毛球，从衣服到皮具，从牙膏到化妆品，从啤酒到饮料，各种门类的商品不断进入大众的视野和购物清单。面向消费者和面向消费的商业开始繁荣。

2. 物流革新

随着世界贸易的发展以及海陆空等交通运输工具的变革，世界范围内的货物运输取得了显著进展，世界范围内的物流产业飞速发展。第二次世界大战后，物流产业发展经历了实物配送阶段、综合物流阶段、供应链管理阶段。实物配送阶段主要是商品的分销，通过对与实物配送有关的一系列活动进行有效管理，以最低的成本把产品送达顾客，该阶段注重商品如何送达消费者手中；综合物流阶段在实物配送的基础上，引入物料管理的新概念和新技术，使实物配送与物料管理相结合，通过物流和实物物流管理水平的提升，有效提高企业的经济效益和社会效益；供应链管理阶段，供应链是一种由组织构成的网络，这种组织网络通过上游和下游的连接，涉及不同的过程和服务，这些过程和服务以最终到消费者手中的产品和服务来产生价值。供应链管理是整个供应链有效协作和产生价值的关键所在，对整个供应链进行一种全面协调性的合作管理。其不仅考虑制造商企业内部的过程管理，还更注重供应链中各个环节、各个企业之间资源利用的合作，即对供应商、制造商、物流服务企业、分销商、客户和终消费者之间的物流和信息流进行计划、协调和控制等。其目的就是让各个企业之间进行一场合作博弈（Cooperative Game），通过优化所有与供应链相关的过程，最终达到“双赢”，获得更高的效益和效率。上述物流方面的革新与发展在很大程度上推动了商品的流动和商业的发展。

3. 营销手段革新

以广播、电视等传播媒介为支撑的新兴传播体系迭代发展，逐渐形成了支撑商业发展的新兴传媒行业。音频广告、视频广告等各种形式的广告层出不穷、不断创新，革新了商品的推广形式，促进了商品的宣传、推广和销售，营销由简单的“口碑相传”进入了“品牌营销”的新时代。商业的本质是产生交易，营销是促成商品交易的关键手段，广告方式的多样化极大地推动了品牌的塑造，世界商业的发展进入大品牌时代。例如，二战后，美国知名公司的代表莫过于通用电气公司（GE公司），年仅45岁的杰克·韦尔奇成为通用电气公司历史上最年轻的董事长及CEO。在短短20年的发展过程中，这位商界传奇人物使GE公司市场资本增长30多倍，达到4100亿美元，公司排名从世界第十位提升到世界第一位。他所推行的“数一数二”战略、“六西格玛”标准、“全球化及电子商务”理念，几乎重新定义了现代企业。GE公司也成为全球知名的超级企业。

4. 连接方式革新

随着有线电话、传真、无线电话等通信手段的革新，商业连接的方式发生了前所未有的改变，连接方式的进步可以有效解决“信息不对称”“信用（合同）传递”等商业交易中的关键问题。有线电话可以实现交易双方跨空间（跨地域）的有效沟通，传真可以实现交易双方合同跨空间的快速交换，无线电话更是实现了交易双方随时随地的跨空间、跨时间的有效沟通。商业沟通的成本显著下降，商业的高效协作性显著增强，从而极大地降低了交易成本。

第五节　商业的本质

商业的本质在于交换。商业就是以买卖的方式促进商品的流通。在传统商业的演进过程中，可以总结出商业的几个关键要素：商品、交易双方、渠道、物流运输等。商品涉及生产方、原材料供应方，交易双方涉及商品的卖方和买方，渠道涉及商品营销、经销商，物流运输涉及交通、交通工具、货物运输等。在传统商业的演进过程中，商业的全过程就是实现生产方、销售方、物流方、买方之间的“连接”。在这一过程中，贯穿整个商业过程的每一个利益攸关方都是其中的一个重要“节点”，由此构成了一个“节点型”的商业网络。一个商品，由生产方（节点A）生产出来后，经过销售方（节点B，也可能还有节点C、D、E、F等）将商品售卖给买方（节点Z)。整个过程中，节点之间有两条“链路”，一条是信息传递的“链路”，一条是货物传递的“链路”，两条“链路”有效保障了商品的交易。因此，商业上的模式创新都是围绕“节点”和“链路”展开的。

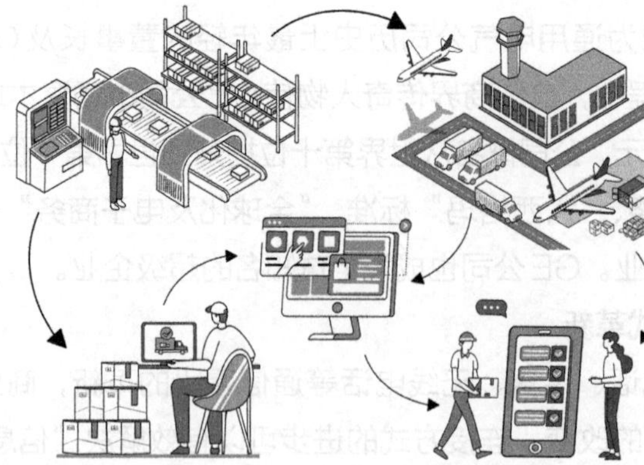

图 3-1　“节点型”商业网络

这一过程中，一些重要的关键“节点”开始繁荣。有的节点成为物流运输过程中的重要节点，逐渐发展成重要的商业城市（港口城市），掌控商业的运转；有的节点成为信息传递“链路”上的重要节点，逐渐发展成具有庞大影响力的营销公司，掌控商品的推广；有的节点成为商品分销“链路”上的重要节点，逐渐发展成庞大的贸易公司或物流公司，掌控商品的流通。

丝绸之路是“节点型”网络不断扩容的典型代表。随着丝绸之路商业网络的扩大，重要“节点”日益强大，变成“超级节点”或“关键节点”。很多城市成为商业城市甚至商业中心城市，很多商品经营商户成为通达各方的大商贾，很多货运商户成为确保货物流通的重要支撑力量。“商品生产者+商业中心+经营商户+货运商户”成为商业发展的必备结构，在结构的组合和交互过程中不断地进行商业模式的创新。

全球化是典型的高密度“节点型”网络。由于生产工具和生产方式的革新，高质量的产品和高技术集成度的产品推进了品牌产品的推广和跨国公司的崛起。超级跨国公司掌控一个或多个商品的品牌、商标、生产技术等工艺，成为优质商品和高端技术的掌控者，甚至成为产业链的掌控者，成为商品流通过程中的“超级节点”。由于传播方式的革新，一些重要的传播节点诞生了，其中有重要的电视台和广播电台，有享有盛名的广告公司。这些公司成为商品传播“链路”上的“超级节点”，成为品牌塑造和营销推广领域的超级公司。由于商品种类的增多、生活方式的变革以及商业模式的创新，一些围绕商品全流通过程的“关键节点”形成了，同时一批围绕商业全过程提供服务的专业公司诞生了。

第六节　现代商业的数字化变革与再造

第三次工业革命后期，信息通信技术取得了前所未有的发展。从20世纪90年代开始，由美国军用的ARPA网演变而来的国际互联网取得了空前的发展，国际互联网以前所未有的速度向全球扩张。互联网以及支撑互联网的各种信息技术取得了前所未有的大发展，从第一封电子邮件到WWW网页的浏览，从第一个购物中心上网到第一家网上银行，从第一家网上社区到第一家网上电台，互联网从军事领域走向教育科研领域，从商业领域走向千家万户，人类社会进入了一个时刻“互联”的崭新时代。互联网改变了人类社会传统的“交互模式”，对人类社会产生了深刻而深远的影响。

何为传统的“交互模式”？人类之间的传统沟通交流方式主要有面对面交流、书信交流、电报交流以及电话交流等，这些交流方式要么实时性差，要么受空间距离的影响比较大，要么专业化程度要求比较高。互联网的诞生改变了这一切。互联网催生了电子邮件，以及语音聊天、视频聊天等实时沟通工具，实现了不受时间、空间限制的随时随地的沟通交流。电子邮件广泛替代了传统的书信，实时聊天软件广泛替代了传统的电报和部分电话功能（例如短信、语音）。互联网的诞生为解决信息传递问题提供了一种崭新的模式，其在更大范围内有效解决了“信息不对称”问题。相较于传统的广播和电视，互联网使新闻的传播速度更快、传播范围更广。一个新闻通过互联网的传播和发酵，可以快速地传遍大江南北，甚至成为热点新闻或舆情事件，引起全社会的广泛关注和讨论。这种“交互模式”带来的改变是前所未有的。互联网对信息的传递和传播真正做到了“快、准、广”。

同样地，在商业领域，这种变化也是深远的。在互联网诞生之前，完成商业上的交互（谈判或协商）是需要付出很大的交互成本的，如一次次的电报或电话沟通、一次次的面对面沟通。完成一个商品的售卖，也需要有固定的场所或场地，需要顾客进行现场的尝试及沟通。无论是商人之间的商业沟通和业务沟通，还是商人与顾客之间的买卖沟通，其对“现场性”的要求都比较高，空间距离的限制带来了较大的时间成本、交通成本、营销成本。现在商人之间、商人与顾客之间的沟通摆脱了时空局限性，可以做到实时交互、及时反馈，快速完成商品展示、商品营销、沟通协商、业务达成等一系列环节或流程。这样一种变革或替代的影响是极为深刻、深远的。一方面，其带来的是空间藩篱的打破、时间效率的提升以及成本的显著降低；另一方面，其改变了传统的商业交互模式，使信息传递的范围和实效性产生了显著的扩大和提高。另外，互联网的诞生改变了传统的商业模式，最典型的实体店式的展示和售卖模式改变了。在互联网发展的早期，一种数字化（虚拟化）的基于某个网络平台的线上店铺出现了，这种基于网站的线上店铺，其所有商品都可以在网页中展示，包括商品名称、图片、生产厂商、价格等信息，不再需要花费大量的资金去建设或租赁房屋来打造一个实体店铺。这样的新兴商业模式被称为电子商务，阿里巴巴、京东、苏宁易购就是这其中的典型代表。它们依托强大的网络平台，为卖家提供虚拟店铺服务，帮助卖家实现商品展示、商品营销、商品售卖，并在此过程中提供数字金融服务、数据分析服务，同时为买家提供商品搜索、商品运输以及商品售后等服务。

说起构建在互联网之上的电子商务的发展，不得不说一下我国零售业的发展情况。我国改革开放四十多年来，彻底改变了“物资短缺”的局面，其中，零售业的发展变迁是最显著的、最具代表性的。改革开放之前，我国的局面是“物资短缺”“人有我无”。而如今，我们不仅能买到全世界的商品，而且全世界的许多商品都由我们制造，我国已然成为世界制造业第一大国。我国零售业也从主要解决“有没有”的问题，逐渐变为解决“多不多”“好不好”“是否便宜”的问题，直至今天又演化为“送得快不快”“服务是否到位”“定制够不够个性”“性价比高不高”的问题。

早在我国改革开放之前，世界零售业已发生了多次业态革命。1979 年，我国改革开放伊始，美国人山姆·沃尔顿创办的沃尔玛集团的总销售额首次突破 10 亿美元，把世界带入了超级市场（Super Market）时代。改革开放之前，“三尺柜台”将顾客与商品及售卖者分隔为两个阵营，顾客只能隔着柜台观看并挑选商品。1984 年 9 月，北京京华自选商场开业，引起巨大轰动，顾客可以在自选商场（超市）的商品区任意穿行，琳琅满目的商品近在咫尺，顾客可以自由挑选。我国开始进入了现代零售业时代。

1992 年，我国对外资放开服装和百货市场，外资开始大批来华兴办合资商场，北京燕莎友谊商城、赛特购物中心、上海第一八佰伴、广州天河广场、青岛第一百盛等商场相继开办。我国现代百货进入黄金时代。

1995 年，我国允许外资进入食品及连锁经营领域，零售业全面对外资开放。同年，家乐福第一家门店在北京开业。沃尔玛、麦德龙等国际零售巨头也接踵而至。外资的进入为我国消费者带来了更多的选择，也给我国零售业同行带来了巨大的压力。

与此同时，由于本土品牌很难在大型综合商超上与外资竞争，我国本土零售企业开始摸索新的路径——垂直领域专业的连锁商店，即在垂直的细分领域进行突破和尝试，家电领域成了第一个突破口。1987 年，国美电器成立并开始走上家电零售的道路。1990 年，南京的张近东创办苏宁电器，专营空调。国美电器和苏宁电器纷纷在“薄利多销”的基础上另辟蹊径，以国美电器与苏宁电器为代表的中国家电零售业迅速崛起。之后的 15 到 20 年间，国美电器和苏宁电器的店铺遍布大江南北，成为我国家电零售业的巨头。

从 20 世纪 90 年代中期开始，我国爆发了一场综合性的零售革命。西方国家 150 年以来经历了百货商店、一价商店、连锁商店、超级市场、购物中心、自动售货机、步行商业街 7 次零售革命，我国在短短的二十几年内就完成了商业零售领域的“补课”。基于互联网的电子商务带来了零售业领域的革命，在这场新的商业零售革命中，我国发展快速。就在美国的亚马逊诞生三四年后，1998 年，刘强东在北京创办京东，1999 年，马云在杭州创办阿里巴巴。

2008 年，当国美电器销售额达到 1200 亿元时，阿里巴巴的销售额才 30 亿元，京东的销售额才刚刚突破 10 亿元。但也许谁都没有想到，那或许是我国传统零售业最后的辉煌。2009 年 11 月 11 日，阿里巴巴的淘宝商城举办了一场特别的促销活动，尽管当时参与的商家数量和促销力度有限，但当天的线上营业额超过了 5000 万元，这预示了一个新时代的到来。在此后的十余年，原本平凡无奇的“双十一”，竟逐步成为国人生活中一个重要的“节日”。这二十多年间，电子商务的大潮以摧枯拉朽之势不断冲击和颠覆传统的零售业。除了阿里巴巴旗下的淘宝和天猫，电子商务领域还有以图书为特色的当当网、以家电为特色的苏宁易购、以自建物流著称的京东、以品牌特卖为特色的唯品会、以低价拼购为特色的拼多多、以生活团购为特色的美团、以餐饮点评为特色的大众点评。上述电子商务网站或平台此起彼伏，此消彼长，均取得了在各自领域的特色发展，推动了我国电子商务的创新发展，使得我国电子商务从模仿起步，经历创新、探索之后，走出了一条独特的中国电商发展之路，成为世界商业发展过程中的一道靓丽的风景线。美国是电子商务发展最早且最成熟的国家，但我国凭借强大的互联网网民优势和互联网电商领域的创新发展，稳居全球规模最大、最具活力的电子商务市场地位，我国 B2C 销售额和网购消费者人数均排名全球第一。

我国电子商务的发展引发了数字化时代商业模式的变革与再造。如前所述，我国在电子商务发展和崛起之前，才刚刚走完发达国家150多年走完的商业发展之路。基于互联网的商业数字化变革与再造改变了这一切。在生产环节，自动化、智能化的生产线不断替代人类进行重复性工作，生产的效率和质量显著提升。一条智能化生产线可以同时生产几个、几十个不同类型的产品，人类不再受到生产的束缚，而是更多地进行创新和设计。在销售环节，传统的“生产—销售”模式被“销售—生产”模式逐渐替代。传统的“生产—销售”模式不再能满足用户的个性化需求，互联网催生出了新变化——不是拿着生产出来的产品去寻找用户，而是主动发现用户的需求（发现商机），根据用户的需求设计商品。另外，互联网催生了“长尾效应”。从人们的需求视角来看，大多数的需求会相对集中，形成头部效应，这部分的需求我们可以称之为“流行”需求。但是人们的需求除了一般化的共性之外，总是会呈现出个性化的特点。这些个性化、少量的需求比较分散，主要集中在尾部，在需求曲线上形成一条长长的“尾巴”。所谓的“长尾效应”就是说，虽然这部分个性化、差异化的需求单独看来量比较少，但是如果把这些个性化、非流行的市场叠加起来，就会形成一个比流行市场还大的市场。互联网解决了“信息不对称”问题，使用户可以借助各大平台获取个性化产品的信息，满足了小众的个性化需求，从而推动了“长尾市场”的兴起，极大地促进了商业市场的繁荣。

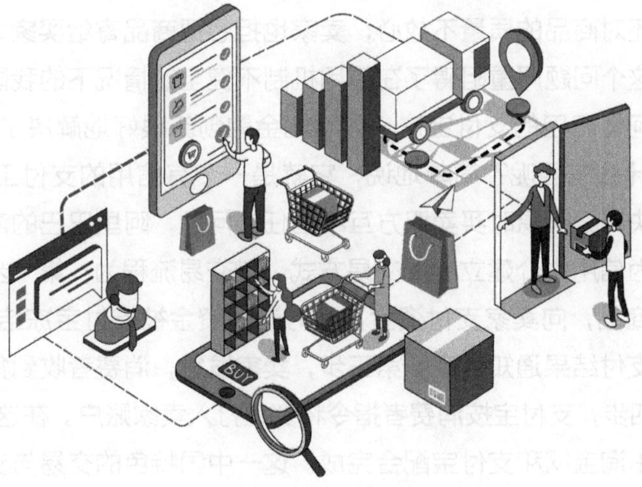

图3-2　个性化销售

基于互联网、数字化的新商业模式创新此起彼伏，举例如下。

1. **淘宝网**

淘宝网是阿里巴巴旗下的一家以“C2C”为主要运营模式的电子商务公司，它更像是传统线下批发市场的线上版本。淘宝网由阿里巴巴集团于2003年5月创立，当年全年成交总额达到3400万元。可不能小看这“3400万元”，在当时互联网发展尤其是电商发展的早期，这是具有划时代意义的突破。2005年，淘宝网就超过日本雅虎和沃尔玛，成为亚洲最大的网络购物平台。随后几年，在云计算、大数据等数字技术的影响下，以淘宝网为代表的阿里巴巴集团的电商“双十一”销售额逐年提升。2021年，阿里系电商平台的总交易额达到5403亿元，取得历史性突破。将传统线下批发市场的模式转换为基于数字平台支撑的线上批发和零售模式，这不但取得了巨大的成功，而且衍生出众多的创新之举：基于数字化平台的商品搜索，可以快速地找到用户想找的商品；基于大数据的支撑，可以准确地分析商品的热度、店铺的热度，甚至商品的需求趋势；基于人工智能的分析，可以更加精准地判断用户的需求以及用户的购买倾向，更好地“了解”和服务用户。

2. **支付宝**

传统的商业交易讲究的是“一手交钱，一手交货”。在电子商务发展初期，由于缺乏足够的信任，用户（买家）除了对商家（卖家）的信誉不确定之外，还对商品的质量不放心；卖家也担心把商品寄给买家之后，买家不给钱。这个问题严重阻碍了在信用机制不健全的情况下的我国电子商务的发展。阿里巴巴的支付宝这一数字化金融创新很好地解决了这个问题。支付宝是什么东西呢？简单地说，它就是一个有信用的支付工具。2003年，为解决网络交易时买卖双方互不信任的问题，阿里巴巴的淘宝网财务部尝试作为信用中介建立担保交易方式。其交易流程为：第一步，消费者拍下网络商品，向卖家支付资金，此时这笔资金被支付宝冻结；第二步，支付宝将支付结果通知卖家；第三步，卖家发货，消费者收到货物并确认支付；第四步，支付宝按消费者指令将资金打入卖家账户。在这一过程中，担保交易由淘宝网和支付宝配合完成。这一中国特色的交易与支付方式解决了网购（电子商务交易）时的信任问题，并由此推动了我国电子商务行业的发展进程，成为国内C2C行业的标准。这是中国人在商业数字化转型过程中的伟大创新。支付宝在创新方面为业内所称道，除了2003年推行的担保交易之外，它更有快捷支付、条码支付、声波支付等首创的技术方案，其中多数已成为业内标准。后来由支付宝衍生出来的“余额宝”“信用贷款”“蚂蚁森林”等数字化领域的金融创新都引发了巨大的轰动和引领效应。除此之外，支付宝还开设了数字化的本地生活服务，如免押金租赁移动充电宝、免押金租赁共享单车等基于支付宝信用评价体系的多场景信用服务，已成为服务现代互联网商业的强大数字化平台和工具。

3. 美团

美团创建于2010年，是一个以生活服务为核心的数字化电商平台。公司拥有美团、大众点评、美团外卖等消费者熟知的App，服务涵盖餐饮、外卖、生鲜零售、打车、共享单车、酒店旅游、电影、休闲娱乐等200多个品类，涵盖了人们日常生活的方方面面。美团很好地解决了商业过程中的“信息不对称”问题。其类似于传统的中间商或中介，但是数字化的中间商或中介有很大的不同。数字化平台在数据的支撑下带来了前所未有的变革，商业信息的传播更快、更精准，商业过程的达成更加便捷高效，最重要的是数字化平台几乎同时“了解”商家和用户，这在以前怎么可能呢?但是，数字化平台确实做到了，平台既是广告宣传平台，又是交易平台，既可以帮助商家推荐用户，也可以帮助用户推荐商家，形成了卓有成效的双向信息传递通道，这是生活类商业模式的重大突破。一个平台汇聚商品、营销、广告、支付、物流等商业链条的各个方面，这是商业领域的革命性变革。

4. 数字快递

大家都寄过邮件，传统的感受是寄出去不知道几天到、不知道物流到哪里了、不知道收件人收到了没有。更重要的是，对于快递公司来说，其对快递的精准管理是相当困难的。以顺丰、中通、申通等为代表的快递公司在发展过程中不断推进“数字快递”的发展，给快递业带来了深刻的变革。现在县域小型分拨中心和揽收端大多部署了自动化分拣中心，快递实现了全程数字化追踪，无人仓、无人车、无人机在多场景实现了常态化运营。例如，一个新型的数字化快递仓库（物流仓）也许有1000台机器人在进行繁忙的工作，存储区货品存放量是传统物流仓的 4~5 倍，数字化辅助的拣选工作的效率较传统人工模式提升了 3~4 倍，仓内工作人员的步行距离减少了 95%，仓库管理的智能化水平显著提升，管理压力与难度变得更低。在货物存储、分拣更加智能化的同时，货物运输环节也在整合资源、不断完善，快递运输可实现智能化部署和运营，大大节约物流成本。大数据、云计算、人工智能、物联网等数字技术有效支撑了快递业转型升级，助力行业实现数字化、可视化高效运营。

上述这些案例深刻地体现了数字化带来的商业模式的变革，商业的各个关键环节在数字技术的“赋能”下，发生了深刻的变化，实现了商业上的整个流程再造。商品生产从传统的手工生产或“手工+半自动化”生产方式转变为全自动化、智能化的生产方式；商品运输从传统的零散、割裂的运输方式变成了全程数字化、智能化的运输方式；商品销售从传统的线下批发、零售、超市等模式变成了数字化平台支撑的互联网销售和服务模式；商品的营销方式更加精准；商品的售后服务从传统的线下烦琐、耗时的方式转变为线上即时、高效的售后服务；信息交互变得更加迅捷、高效。商业更能够“理解”商家和用户，更能够依托数字化实现产业链各环节的整合和“透视”，由此带来了商业各个环节的流程再造。一个以数字化为“基座”、以数字化驱动的流程再造为关键过程、以商业的数字化转型为最终结果的崭新的商业正在加速演进。

第七节　商业的未来

几千年来，商业从最初的、简单的、淳朴的商品交换开始，历经千年演进，在数字化浪潮的“加持”下，正在加速变革和发展。但是，变化中也有不变，商业的核心要素从未改变。我们不禁要思考，商业的未来会怎样？

一、商品生产的未来

商品是个泛化的概念，一切被生产出来、可以被用于交换或交易的产品都可以被称作商品。商品的生产涉及 3 个核心要素，分别为以生产材料为核心的生产资料、以创意为核心的产品设计，以及产品的生产过程。在未来，这 3 个要素都会发生深刻的变革。

人类几千年来有很多吃、穿、用的商品本质上没有变很多，但是这些商品的生产材料、设计方式、生产方式以及生产工具等在不断更新和迭代。

在生产材料方面，新材料的研发给商品的生产带来了前所未有的改变，生产材料的变革带来商品质量和功能的变革。以人们日常穿的服装为例。目前已知，兽毛皮和树叶是人类最早使用的服装材料，后来人类陆续用麻、棉、蚕丝等材料制衣，现如今，逐渐演变为使用涤纶、锦纶等新的材料。服装生产材料的变革加上服装设计样式的变革，使服装这一类商品不断革新和变化，不断满足人类新的需求。另外，石墨烯带来生产资料领域深刻的变革。用石墨烯可以制作化学传感器。传感器大家都知道，例如声音传感器、红外传感器，但是很少有人听说过化学传感器。其主要是通过石墨烯的表面吸附性能来完成传感的，石墨烯独特的二维结构使它对周围的环境非常敏感。石墨烯是电化学生物传感器的理想材料，用它制成的传感器在医学上检测多巴胺、葡萄糖等具有良好的灵敏性。石墨烯可以用于制作晶体管。由于石墨烯结构具有高度稳定性，这种晶体管在接近单个原子的尺度上依然能稳定地工作，相对于传统的硅晶体管来说是巨大的变革，为晶体管的进一步变小起到了关键作用。石墨烯也是用来制造柔性显示屏的关键材料，其将为手机外形的变革带来关键的支撑。基于石墨烯的复合材料是石墨烯应用中的重要研究方向，其在能量存储、液晶器件、电子器件、生物材料、传感材料和催化剂载体等领域展现出了优良性能，具有广阔的应用前景。

未来，科技发展会不断驱动材料革命，基于新材料的产品日新月异，产业升级、应用更新换代步伐不断加快，加速推进商品的革新与换代。纳米材料、新能源材料、低碳材料、信息技术材料、生物材料等新材料领域将迎来广阔的发展空间。

在纳米材料领域，纳米金属有更高的硬度，例如，纳米铁比普通铁的强度提高了 12 倍，硬度提高了 2~3 个数量级。纳米金属可以做成更加耐高温的材料，用于下一代高速发动机的制造。纳米碳管是一种用于制造集成电路的关键材料，纳米碳管的直径只有 1.4nm，仅为计算机微处理器芯片上最细电路线宽的 1%，其质量是同体积钢的 1/6，强度却是钢的 100 倍。纳米碳管将成为未来高能纤维的首选材料，并广泛用于制造超微导线、开关及纳米级电子线路。“纳米球”润滑剂取得突破和使用。“纳米球”润滑剂的全称是“原子自组装纳米球固体润滑剂”，是使用具有二十面体原子团簇结构的铝基合金成分并采用独特的纳米制备工艺加工而成的纳米级润滑剂。该润滑剂采用高速气流粉碎技术，精确控制添加剂的颗粒粒度，可在摩擦表面形成新表面，对机车发动机产生修复作用，其成分设计及制备工艺具有创新性，填补了润滑油合金基添加剂的空白。另外，纳米医疗机器人是极具划时代意义的应用。纳米医疗机器人这项尖端技术还在实验研发阶段，而纳米机器人如何在血液中游走？目前的技术是纳米机器人依靠微小的电容器给尾巴（或四肢）提供能量，其体内装有有效载荷，头部为微型摄像机，用于发现目标，发现目标后向目标移动。还有一种纳米机器人利用纳米发动机来行走，在人体细胞内放置合成的纳米发动机，并通过超声波控制它们。纳米发动机在低超声功率下对细胞的影响不大，但在提高功率后，它们会在细胞内移动，撞击细胞结构，调和细胞的内容物，甚至刺破细胞壁。纳米发动机也可通过内部机械操纵细胞来治疗癌症、执行细胞内手术或直接将药物递送到活组织。我们可以看到，纳米材料的应用场景很多，其解决的都是制造业、医疗等领域的关键性问题。纳米技术在医学领域的任何一项运用都将引起一次医疗革命，甚至显著延长人类的寿命。纳米机器人的可能医疗应用包括：治疗动脉硬化、疏通血管栓塞、清除动脉内的脂肪沉积、精确杀死癌细胞、治疗身体肿块、去除寄生虫、治疗痛风、排除肾脏结石和清理伤口。类似于上述材料科学的革命将带来商品的革命，也必将引领未来更多、更新商品的诞生。

在产品设计方面，变化也很大。一方面是潮流的改变，设计师不断根据用户需求的变化设计更加新颖的产品，例如，衣服的样式和颜色不断地变化，手机的样式也在不断地变化，各种商品都需要不断创新设计，使得其更加贴近时代发展的潮流；另一方面，生产材料（生产资料）的革新也促使人们不断设计更加贴合时代要求的新产品。电视机显示方式的革新也在不断推动电视机大小的变化、样式的变化，设计师们需要设计更新样式的电视。当然，影响产品设计的因素还有很多，科技的发展不断催生新的产品，而新的产品要想更好地服务用户，也需要进行产品的结构设计、样式设计、外观设计等。生产设计过程中涉及的工具和方法也在不断革新。AutoCAD、SolidWorks、3Ds Max、MAYA等软件都是非常常用且强大的3D建模软件，这些先进的设计软件将来可能直接将设计出来的各种样式的产品通过3D打印、柔性生产等先进方式直接生产出来，大大节约生产成本，提高生产效率。

在产品生产方面，数字化将推动智能工厂的发展，智能生产、柔性生产可能成为普遍性的生产方式。目前，一些汽车或家电的生产线已经实现高度自动化和智能化，可以实现多种车型的柔性生产或多种型号家电的柔性生产（同时生产）。未来，相较于过去标准化、批量化的生产消费模式，消费者对于个性化、定制化产品的需求日益增强。在传统的规模化工业生产模式中，批量越大，生产效率越高，因此生产线相对固定单一，很难满足不同客户个性化、小批量的订单需求。随着“工业4.0”时代的到来，数字技术为制造业带来更多可能。工业互联网、人工智能、数字孪生、机器人等数字技术将不断改变传统工业的生产与管理方式，逐渐让“个性定制”“一件起订”的柔性化生产模式变为现实。

近年来，海尔集团的智能化柔性生产线是一个显著的进步。海尔成为全球首家引入用户全流程体验的工业互联网平台，其打通了供需两端，实现了“用户需要什么，企业就能够提供什么”的柔性制造。海尔集团充分践行了“以用户为中心”的商业模式。其过程是这样的：消费者通过移动客户终端选择厂商的相关家电产品以及产品的颜色、形状、规格，直接下单到海尔全球的供应链工厂；在智能化生产决策支撑系统的支撑下，在海尔智能互联工厂的自动化生产线上，零部件智能化分配供给，机器人自动抓取零部件组装制造产品，上万传感器实时传输各项生产数据进行智能化柔性生产。来自世界各地的个性化定制订单在此汇聚，传统的大规模制造变为以用户体验为中心的大规模定制。这是一种典型的“消费互联网”牵引“工业互联网”的全新“商业+制造”的模式。

未来，当工业互联网支撑的智能生产系统收到来自消费互联网的订单时，其就会驱动智能化的生产线进行商品的柔性生产，你需要的产品样式、大小、颜色、材料等，都可以进行个性化的选择和定制。生产线上布满了各式各样的传感器，还有一个个智能化的生产机器人，机器手臂可以完成一个又一个的生产过程或组装过程。

二、商品营销的未来

在经历了报纸广告营销、销售员地推式营销、电视广告营销、电话营销、互联网广告营销等方式之后，传统的营销模式已经悄无声息地向数字化支撑的混合营销模式转变，营销不再是简单的广告“轰炸”。这也许会是一种数字化支撑下的全新模式转变。

未来，商品营销应该是一个系统工程。商品设计师可以通过大数据等数字技术带来的“洞察力”精准地发现市场上（用户）的产品需求，从而设计出贴近用户需求的新产品。产品上市的时候，营销方可以通过用户经常使用的平台、终端等精准地将产品的广告推送给用户。这时候，用户接收商品广告或推送的媒介可能有很多：洗漱台上方的数字化镜面在用户洗漱的时候可以给用户推送商品，房间里的某个墙面上的柔性屏幕可以在用户走过的时候给用户推送相关的商品信息，汽车上的某个多媒体终端也可以实时给用户推送相关商品信息。数字化的终端可能会极大地延展了商品营销推送的手段，用户感觉到各类终端推送过来的商品就是自己需要的，是如此的“对心思”。数字平台依托庞大的数据汇聚和分析能力，可以做到“以用户为核心的商品生产”，智能化地把用户需要的产品、用户感兴趣的文章和内容等精准地推送给用户。

三、商品运输的未来

这些年，电子商务的迅猛发展极大地促进了物流运输领域的发展，物流运输领域的数字化水平也在不断提高。现在我们能够感受到的是方便、高效的物流配送，网上下单、智能仓储快速获取订单、智能分拣、智能配送、订单追溯等已成为现在数字物流的标配。

未来物流可能发展成如下模式：当物流平台收到某个购物平台的订单，并完成智能化生产或者从仓库调出商品之后，智能包装设备会自动地将商品包装完毕，并自动地在包装箱上面喷涂商品的寄送地址及相关条码；而后商品被智能化地装到某辆无人运输卡车上，在车联网的综合支撑保障下，商品会被配送到指定的用户所在地；再通过无人机或无人运输车配送到用户家里。

四、商业购物的未来

在数字化的加持下，商业的本质也许还是交换，但是其模式可能会变得越来越不同，数字化将改变购物的各个环节。未来，当你拿起虚拟数字镜像设备，进入某虚拟化购物界面选择商品时，你首先选择商品功能，而后通过App选择想要的样式，甚至可以在App上传照片或自定义样式。例如你在App上设计并购买一款有趣的玩具，对它进行配色，点击确认后，你选择的商品及其样式的设定就通过消费互联网被传送到工业互联网链接的生产工厂。这个生产工厂接到“订单”之后，在其智能化生产决策系统中进行“任务”分派，以工业互联网为“基座”的智能生产系统接到“任务”之后，根据排单（智能系统指定的加工次序）进行智能化柔性生产。在这个过程中，智能生产系统中的智能机器手臂精准地完成装备或生产任务。商品包装完毕之后，通过无人配送系统，被自动配送到用户的收件地址。从下单到收货也许只有一天的时间，用户就能收到自己通过App预订的货物了。多么美妙的购物体验！“没有中间商赚差价”，且商品充分地满足了用户的个性化需求。

对于商品生产商来说，数字化也带来了颠覆性的改变。商品的创意与设计将变得更重要，这需要生产商投入更多的经费用于新商品的开发和设计。但是，生产的过程将变得更加简单，生产过程中大量的甚至全部的人工可能会被替代掉，生产商可以更加专注于产品设计和创意，产品策划和设计部门变得更大，更加依赖于数据的分析和数字化工具的使用。生产商原有的生产部门和物料供应部门变得更小，更加依赖于智能设备。另外，生产商需要变革原有的营销部门，也许会外包给专业的销售企业或团队，也许会构建一个基于大数据的全数字化的“超级”营销部门。但不管怎样，一个强大的基于消费互联网的“营销机构”是必需的，因为在未来，任何一个生产企业都需要有一个跟用户“交互”的桥梁。只有通过数字化的“桥梁”才能精准了解用户的需求，才能设计出贴合用户心意的产品，才能把有价值的产品推送给用户。当然，商品的营销仍然需要全新的、基于各类数字化平台的营销手段和创新方式，使用户对商品产生有效认知和购买欲望。将来，平台营销、抖音小视频营销、“数字孪生”（镜像）购物中心等都可能会成为这个综合营销体系的一部分。戴上一款特殊的“眼镜”，用户可以进入一个完全复原线下购物中心的数字化镜像购物世界，用户的“虚拟化身”可以置身其中挑选自己喜欢的商品，甚至可以用自己的“虚拟化身”试穿虚拟样式的服装，从而完成一次有趣的、“身临其境”的线上购物体验。

参考文献

[1] 翟建宏. 略论商代的商业与货币[J]. 河南教育学院学报(哲学社会科学版), 2004, 23(6): 106-109.

[2] 朱红林. 论春秋时期的商人：“工商食官”制度与先秦时期商人发展形态研究之二[J]. 吉林大学社会科学学报, 2006, 46(1): 58-64.

[3] 沈立君. 金融经济的故事[M]. 北京: 中国经济出版社, 2013.

[4] 童贤彬. 唐代商业发展特点对当代经济发展的启示[J]. 商场现代化, 2005(17): 7-8.

[5] 韩华英, 兰峰. 国际贸易[M]. 上海: 上海财经大学出版社, 2016.

[6] 宁可. 中国经济通史-隋唐五代[M]. 2版. 北京: 经济日报出版社, 2007.

[7] 曼昆. 经济学原理-微观经济学分册[M]. 梁小民, 梁砾, 译. 北京: 北京大学出版社, 2009.

[8] 王水雄. 镶嵌式博弈: 从转型社会市场秩序的剖析[D]. 北京: 北京大学, 2004.

[9] 陈爱君. 第一次工业革命与英国城市化[J]. 上海青年管理干部学院学报, 2005(1): 52-54.

[10] 韩喜平, 邵彦敏, 杨艺. 欧盟社会经济结构与制度变迁[M]. 长春: 吉林大学出版社, 2008.

[11] 姜海川. 从世界强国崛起看金融革命对经济的引领作用[J]. 中国金融, 2006(9): 38-39.

[12] 黄志凌. 强国金融的内涵及路径选择[J]. 金融论坛, 2015, 20(12): 3-11.

[13] 周鹏. 金融结构、金融发展与开放经济增长[D]. 上海: 复旦大学, 2003.

[14] 余秀荣. 国际金融中心历史变迁与功能演进研究[D]. 沈阳: 辽宁大学, 2009.

[15] 韦仁. “工业4.0”，德国制造的未来[J]. 装备制造, 2014(7): 82-83.

[16] 刘戒骄, 燕雨林, 海柱. 通信产业现状与发展前景[M]. 广州: 广东经济出版社, 2015.
[17] 郭斌, 杜曙光. 新基建助力数字经济高质量发展：核心机理与政策创新[J]. 经济体制改革, 2021(3): 115-121.
[18] 伊斯·阿普尔比. 无情的革命: 资本主义的历史[M]. 宋非, 译. 北京: 社会科学文献出版社, 2014.
[19] 周军. 透视中国商业模式的演变[J]. 时代金融, 2019(7): 16-17.
[20] 吴鹏. 数据对比国内外家电零售市场[J]. 现代家电, 2011(33): 19-20.
[21] 闫吉祥. 互联网金融对中小企业融资影响分析[J]. 经济视角(上旬刊), 2015(4): 37-38, 41.
[22] 史鹤幸. 美团点评：一个互联网企业的商业版图[J]. 上海企业, 2020(9): 41-45.
[23] 匡达, 胡文彬. 石墨烯复合材料的研究进展[J]. 无机材料学报, 2013, 28(3): 235-246.
[24] 佚名. 纳米机器人, 未来的体内医生[J]. 微创医学, 2015, 10(1): 61.

第四章
人人皆是媒体

第一节　传统传媒的发展

传媒指传播媒体，是传播各种信息的媒体。传播媒体通常被简称为传媒、媒体或媒介，其是传播信息资讯的载体，即信息传播过程中从传播者到接收者携带和传递信息的一切形式的物质工具或技术手段。传媒通常包含两层含义，一层是承载信息的物体或载体，另一层是存储、呈现、处理、传递信息的实体。传媒通常包含传播者、接收者以及传播渠道。传媒的本质在于推进信息的有效传播。传播渠道可分为纸类、声类、视频类以及互联网类。

传媒的目的是解决信息的传播问题。一种思想如果只保留在创造它的人那里，则其毫无意义，也就不能称之为思想；一种文化如果只停留在原地，则其永远无法为外界所知晓，也就不会成为不断传承的文化；一件产品如果没有有效的宣传，则无法被更多的消费者所知，也就失去了市场价值；一条新闻或评论如果不能广泛地传播，就不会让更多的人知道，也就不能产生足够的新闻效应和舆论效果。所有这些的关键都是有效传播，传媒就是有效传播的重要手段，书籍、报纸、音频、视频等方式都是进行有效传播和宣传的载体。

从洞穴绘画到结绳记事，从口语传播到文字诞生，从青铜器记事到竹简记事，从造纸术到印刷术，从口碑相传到广告诞生，从报纸诞生到电报应用，从广播的兴起到电影、电视的广泛普及，从互联网的兴起到移动互联网的广泛应用，传媒不断成熟与发展，其内容、渠道、载体等方面不断革新。尤其是随着工业革命和信息革命的爆发，传媒在内容、渠道、载体等方面的变化相较于之前的几千年尤为显著，其变化及革新速度可谓前所未有。随着大数据时代的到来和数字技术的不断革新，传媒或许不再局限于以往的传播内容、渠道和载体，其正在产生革命性变化，以全新的方式影响人类社会。

在语言和文字诞生之前，人类主要通过洞穴绘画的方式记录生活中的重要事情，以此来向后人传递前人的生活场景、具体事件以及所思所想。“洞穴绘画”成为人类历史上最早的信息传播方式。文字诞生之后，其成为极为重要的传播媒介，开启了人类传播的新纪元。随着文字的演进及封建王朝的交替更迭，发挥着信息承载及记录作用的媒介不断改变，在某种程度上它是科学技术和社会生产力进步的象征。文字的传播媒介先后经历了殷商、西周、春秋、先秦、西汉、东汉 6 个时期的转变，它们分别是甲骨、青铜、竹简、帛书、麻纸、纸。如今，河南安阳殷墟出土的甲骨文、收藏在台北“故宫博物院”的散氏盘及毛公鼎、收藏在湖北省博物馆的曾侯乙墓竹简、收藏在湖南省博物馆的帛书等，都是我国传播媒介发展的强力佐证。虽然在不同的历史时期，媒介的表现形式不同，但究其根本，媒介传播都是围绕人展开的。一方面，伴随着人的迁徙，文化和风俗也不断得到传播和交融；另一方面，书籍作为重要的传播媒介，不断地在人类社会传播思想和文化。

封建社会时期的传媒主要服务于军事信息传递和封建统治宣传。传递军事信息主要用飞鸽、烽火、快马、暗号、手语、书信、旗帜等。随着造纸术和印刷术的发明和普及，统治阶级一般借助书籍宣传儒家思想和皇权以达到巩固统治的目的。封建社会时期，出现了一种被称为“邸报”的传播媒介（中国汉朝时期）。“邸报”又称“邸抄”（亦作邸钞），并有“朝报”“条报”“杂报”之称，四者皆用“报”字，可见它是用于通报的一种公告性新闻，是朝廷专门用来传知朝政的文书和政治情报的新闻文抄。据历史记载，汉代的郡国和唐代的藩镇都曾在京师设“邸”，其作用相当于现今的驻京新闻机构，重在传达朝政消息，皇帝谕旨、臣僚奏议以及有关官员任免调迁等都是邸吏们所需收集抄录的内容。“邸报”最初是由朝廷内部传抄的，后张贴于宫门，供多方传抄，故又称“宫门抄”“辕门抄”，这实际上就是最早的一种新闻发布方式，其使得官员能够及时地了解朝政信息。此外，伴随着“丝绸之路”“郑和下西洋”等对外交往的过程，穿梭于区域之间的商队成为传播、交流文化的重要传播媒介。史书，尤其是封建时期的“二十四史”，也是文化和文明传播传承的重要媒介。唐诗、宋词、戏曲、小说等也成为封建社会时期传播思想和文化的重要媒介。

不可否认的是，工业革命之前的这一时期，书籍是传播思想和文化的重要载体。思想和文化通过商队在各国之间传播，此时，书籍和人都是传播媒介。然而，随着工业革命的推进和科学技术的不断发展，传播媒介开始打破空间和时间的限制。相较于传统的以文化和知识传播为核心内容、以书籍为主要传播媒介的方式发生了重大的改变。传播渠道更加广泛，报纸、杂志、广播、电影、电视等新传播媒介不断出现与发展，出现了广告等新的传播形式。

第二节　工业革命引发的传媒变革

随着科学技术的不断发展以及大众观念的不断转变，传媒也得到了革新与发展。工业革命以后，广播、电影、电视等各类全新的传播媒介层出不穷，而此类媒介具有传播速度快、影响范围广、易被大众接受等特点，被称为大众媒介。大众媒介指机械印刷书籍、报刊、无线电广播、电影以及电视等。上述传播媒介都是向大众传播消息、传播知识和文化或影响大众意见的传播工具，都是传播信息的媒介。

一般来说，大众媒介分为两大类：印刷类和电子类。印刷类大众媒介主要包括书籍、报纸和杂志。工业革命的发展极大地促进了印刷类传播媒介（纸质媒体）的发展。

书籍的印刷模式有了新的变化，传统的活字手工印刷模式逐渐被机械印刷模式所取代。早在宋仁宗庆历年间（1041 年—1048 年），毕昇发明了胶泥活字印刷术，这是有记载的世界最早的活字印刷术。工业革命之后，西方国家的印刷方式取得显著发展与进步。1845 年，德国生产了世界上第一台快速机械式印刷机。此后，德国的转轮机、双色快速印刷机、印报纸用的轮转机，以及双色轮转机相继问世。经过一个世纪，各工业发达国家相继实现了印刷工业的机械化。印刷业的蓬勃发展为书籍的大规模普及创造了条件，承载文化和思想的书籍得到了更大范围的传播，其作为纸质传播媒介的作用更加凸显。

报纸的传播范围和渗透度更加广阔和深入；新闻的传播与辐射作用更加突出，传媒效应也更加明显。根据史料记载，我国应该有世界上最早的报纸，新闻出版业认为“邸报”是我国最早的报纸。现代意义上的报纸诞生于 1609 年，索恩在德国出版了《艾维苏事务报》，该报每周出版一次，这是西方最早定期出版的报纸。不久，报纸便在欧洲流行起来，那时，报纸消息的来源一般依赖于联系广泛的商人。作为大众传播的重要载体，报纸具有反映和引导社会舆论的功能。与书籍不同，新闻的实效性要求报纸要以更快的速度印刷和派送，报纸逐步演变为日发的模式。以报社为中心，星形的报纸配送网络逐步形成，极大地促进了报纸的传播范围和传播实效，报纸被越来越多的人所喜爱和接受。19 世纪末到 20 世纪初，报纸实现了从“小众”到“大众”的发展过程，经历了一次较大的“飞跃”。这一时期，报纸的发行量直线上升，读者的范围也不断扩大，由过去的政界、工商界等上层人士逐渐向中下层人士扩展，成为一种全社会广泛阅读的传媒。这种由量的积累而产生的质的飞跃，宣告了一个时代——大众传播时代的到来，报纸因其反映和引导社会舆论的特性变得越来越重要，逐渐成为一种引导舆论和控制舆论的工具。

作为一种与报纸相近但又不尽相同的媒介形式，杂志也产生了显著的变化，其种类越来越丰富。杂志最早是印刷术出现之后出版的大量小册子，用于传抄各种小说、故事或诗集等，后来逐渐演变为一种刊载故事、评论或人物传记的书籍。起初，杂志和报纸的形式差不多，极易混淆。工业革命之后，报纸逐渐趋向于刊载有时间性的新闻，杂志则专刊小说、游记、人物传记以及娱乐性文章，两者内容的区别越来越明显。杂志的种类也越来越丰富，以满足人们的不同需求。

工业革命的发展促进了城市的发展和商业的繁荣，促使现代意义的广告业开始蓬勃发展，一种崭新的传媒形式诞生了。

1841 年，伏尔尼·帕尔默在美国费城开办了第一家广告代理公司，从而宣告了广告代理业的诞生。广告代理工作受到报业的欢迎，有效解决了报业的广告营销渠道问题。1865 年，乔治·路维尔（George · Rowell）在波士顿成立了一个划时代的广告代理公司——广告批发代理。这种出卖版面的业务是今日广告公司的前身。路维尔更于 1869 年发行美国新闻年鉴，因此对版面价值有了评价的标准，广告成为助力商品推广的重要手段。1869 年，在美国的费城，N.W. 艾耶父子创立了具有真正专业宣传推广业务的广告公司——艾耶父子广告公司。该公司经营的重点从单纯的报纸版面转到为客户提供专业化广告服务上。在 20 世纪 20 年代末开始的经济大萧条时期，广告公司做了大量工作，为美国工商企业摆脱经济萧条起到了极其重要的作用。因此，世界上形成了以美国为核心的广告公司行业群体。

广告的诞生具有划时代的意义。其实，广告的“模式”早已有之，古代更多的是“口口相传”式的声誉传播。近现代以来，真正意义上依托各类传播媒介的广告展现出前所未有的发展潜力，作为一种跨传播媒介的传播模式展现出强大的生命力。依托不同的传播媒介，广告有不同的展现方式，在塑造品牌、推广商品、引导消费等方面发挥着关键作用。

随着电子信息技术的发展，电子类大众传媒开始蓬勃发展。电子类大众传播媒介主要包括广播、电视以及后期出现的互联网。

工业革命之后，随着科学技术的发展，一种通过有线或无线方式传播声音的传播媒介诞生了，人们称其为广播。广播是指通过无线电波或导线传送声音的新闻传播工具，分为有线及无线两种类型。作为电子类大众传播媒介的形式之一，最早的广播出现在 1906 年，美国人费森登和亚历山德逊在纽约附近设立了一个广播站，并进行了人类有史以来的第一次广播。广播具有一点播放、多点投递的优势，还具有声音播报、实时播报的优势，其通过一对多的实时方式完成信息共享及播报。其特点是收听观众范围广泛、传播速度迅速、功能多种多样且具有一定的感染力。当然，广播亦存在一定的缺陷。由于点对多点播报的局限性，广播存在一定的时效性、不可逆性及无法选择性等问题。无论如何，广播的出现是具有划时代意义的，堪称一次划时代的传媒革命，延续了几千年的纸质媒体独霸的时代终于终结了，一种以声音为载体的传播方式展现出强大的传播渗透力。相较于纸质传播时代，声音（声类）传媒带来了无与伦比的模式变革，主要体现在4个方面：一是传播载体的变革，声类媒体通过有线或无线方式进行传播；二是传播效率的变革，声类媒体的实时性、跨时空性显著增强，极大地缩短了消息传播的时间；三是传播模式的变革，有别于传统报纸的“报刊—分发站—售报点—受众”的传播模式，声类媒体采用的是“广播站—受众”直达式线性传播模式，其传播效率更高；四是传播范围的变革，传统的纸质媒介大多是面向政府人员、商人以及知识分子等人群的，但是声类媒体几乎可以覆盖所有人群，只要有一台收音机，人们就可以收听，哪怕他是文盲也不例外，其打破了传统的纸质媒介的局限。

紧接着，另一个划时代的产品诞生了。1924年，英国人贝尔德发明了最原始的电视机，成功用电传输了图像。电视的发明来源于人类长久以来远距离传输、观看图像的愿望。为了实现这一愿望，人们经过多次探索，找到了一种方法，即把组成画面的元素分解，然后用电传输，在接收端再恢复成原来的图像。1884年，德国工程师保罗·尼普科夫发明了一种机械式光电扫描圆盘，并取得专利。这种用机械式扫描盘进行的图像传送叫作机械传真，是电视的雏形。20世纪20年代，俄裔美籍物理学家弗拉基米尔·兹沃里金发明的光电发射管采用电子扫描技术摄取图像，为电视机的发明创造了条件。1925年10月，英国科学家约翰·洛吉·贝尔德利用尼普科发明的扫描盘成功地完成了播送和接收电视画面的实验，并第一次在电视上清晰地显现了一个人的头像。之后，他制造出了第一台真正实用的电视传播和接收设备，把电视画面从英国伦敦传送到美国纽约。这一重大成就证明图像是能够通过无线电远距离传送的。1936年，英国广播公司在伦敦以北的亚历山大宫建成了英国第一座公共电视台，并于同年11月2日开始正式播放电视节目。人们公认这是世界上第一次正式播出的电视节目。

自此以后，电视作为一种新型传播媒介开始进入并逐渐融入人们的生活。电视以其传播实时性、内容可回溯性、展现形式多样性等特点，成为一种“现象级”传媒。后来随着电视广告的融入，电视媒体逐渐成为一种颠覆性的传播媒介，被赋予“爆炸性媒体”之称。电视媒体融合了之前纸媒、声媒等传播媒介的特征，具有如下典型特点：一是信息传播及时、现场感和真实性强，使受众可以第一时间“还原”新闻事件或真实情况（真实的影像回放）；二是传播画面直观易懂、形象生动，电视媒体以其特有的图、文、声融合的方式进行传播和展现，带给受众直击心灵的接受度；三是传播覆盖面广，受众不受文化层次的限制，图、文、声多维度展示，适合不同知识层次、不同年龄层次的人群；四是具有超强互动性，观众可参与到节目中来，代入感和体验感强。但是电视媒体仍然是一种线性传播方式，受众“被动”地接收来自广播站或电视台的传播内容。作为现代信息社会中颇具影响力的媒体，电视媒体在传达公共政策、引导社会舆论、影响消费者决策等方面起着举足轻重的作用，其以独特的方式影响社情民意，影响人们的购物选择和生活习惯，引领社会潮流。

第三次工业革命期间，随着电脑和互联网的诞生，人类迎来了通信技术及传媒领域的又一次革命。互联网以其实时性、可交互性、信息融合性、个性化、共享等特点打破了传统的时空限制、交互限制、传播限制，不但解决了人类的实时、高效、可交互的通信问题，更开启了一种人类历史上前所未有的传媒形式——互联网媒体。互联网媒体又称“网络媒体”，就是借助国际互联网这个信息传播平台，以计算机、电视机以及移动电话等为终端，用文字、声音、图像等形式来传播信息的一种数字化、多媒体的传播媒介。相较于早已诞生的报纸、广播、电视等媒体而言，互联网媒体又被称为“第四媒体”。从严格意义上说，互联网媒体是指国际互联网被人们所利用的进行信息传播以及广告推广的那部分传播工具（传播媒介）的功能。

与传统的传播媒介相比，互联网媒体带来了根本性的变革。互联网媒体具有数字化、全球化、多样性、可存储、易复制，以及可回溯性、强可交互性、多元性、个性化、共享性等典型特点。

1. 数字化

不同于纸质媒体、声类媒体和电视媒体，网络媒体是真正的数字化媒体。数字化媒体自然具有数字化的特性，互联网上的文字、声音、图像、视频等数据信息归根到底都是通过“0”和“1”这两个数字信号的不同组合来表达的，它们之间既有差异性，又有同一性。数字化的革命意义不仅是便于复制和传送，更重要的是方便不同形式的信息之间进行相互转换，如可以将文字转换为语音，也可以将语音转换为文字。数字化实现了跨媒体聚合和跨媒体传播。数字化同时带来了网络媒体的可存储性和可追溯性。广播和电视在固定的时间播放完毕之后，往往不可回溯。但是数字化改变了这一点。

2. 全球化

传统媒体的传播通常聚焦一个区域，或者局限在某一个范围，例如报纸一般是地方的日报或晚报，虽然有全国性的报纸，但是其一般也是聚焦某一些人群或范围的。广播一般也分为地方广播和全国性广播，但其同样是聚焦特定的人群或范围的。网络媒体极大地延展了传播范围，互联网的泛在性助推了网络媒体传播的泛在性，使网络媒体具备了全球化属性。互联网媒体成为一种名副其实的全球化传播媒体，其全球化特征主要体现在传收双方的全球化，即信息传播的全球化和信息接收的全球化。互联网媒体打破了传统媒体的传播范围多限于本地、本国的束缚，其受众遍及全世界。互联网媒体的这一特征有利于地方性媒体与全国性媒体、弱势媒体与强势媒体的竞争，推进了信息的泛在传播，一个人可以成为一个传播源，互联网上的任意一个终端都可以成为一个传播源。其在某种意义上打破了信息传播的相对垄断性。

3. 多样性

与传统的传播媒体不同，互联网媒体颠覆了传统的纸质媒体、声类媒体、电视媒体等相对单一的传播模式。互联网可以汇聚和传播海量的信息，且信息的形态多样，涵盖文字、声音、图像、视频等多种多样的信息，且组合形式多样，展示形式多样。文字可以与声音、图像组合，图片可以与视频组合，其展示方式是多媒体化的，可以实现非常直观的观看体验。

4. 可存储、易复制及可回溯性

基于数字化的典型特点，互联网媒体具有可存储、易复制、可回溯的特点，适合永久保存和快速提取（检索）。我们可以将信息复制后发送，并在需要的时候，对相关信息进行回溯（检索）查询，且用户可以自主存储和回溯查询。这是传统媒体不具备的特性，极大地增强了用户选择的自主性，用户不再受到时间和空间的制约，可以自由选择观看（浏览）的时间和地点。

5. 强可交互性

传统的纸质媒体、声类媒体以及电视媒体等通常是一点对多点的传播模式，大多是广播式传播。简单地说就是一个节点主动进行传播，受众（接收节点）被动地接收信息，无法与传播节点进行实时交互。这在某种程度上影响了传播的效果。互联网媒体建立在一个可交互的网络之上，具有强可交互性特点，用户可以自主选择想要收看的传媒信息，而且可以评论和留言。此外，用户可以通过转发和分享参与传播的过程，这极大地增强了用户的参与感，使得互联网的传播范围更广、传播渗透度更强。这对于大众传媒来说是一种本质性的变革。

6. 多元性

互联网媒体带来了媒体的多元化发展。一是传播主体的多元化。传统传媒的传播主体一般是政府、社会机构或新闻机构，互联网媒体带来了传播主体的深刻变化。在互联网媒体世界，新闻传播或信息传播不再是新闻机构独有的行为，政府、企事业单位、个人通过互联网（平台）都可以成为信息的发布者和传播者，信息（新闻）的传播主体具备了多元属性。只要你愿意，你也可以成为互联网平台上的一个传播者。二是传播内容的多元性。来自全球各地、不同领域的各类信息通过互联网实现广泛汇聚，这使得互联网传播内容具有多元性。三是传播方式的多元性。互联网的“网状”特点使得互联网媒体的传播不再局限于一点对多点的传播方式，而是“点对点”“一点对多点”“多点对一点”“多点对多点”等多样化的传播方式。

7. 个性化

个性化是互联网媒体的一个显著特点。有别于传统媒体的“固定化”模式，互联网媒体蕴含着“个性”。一是个性化的传播者。新闻机构、政府机构、企业、社会中的某个人都可以是传播者，人人皆可成为信息的制造者，人人皆可传播信息。二是个性化的内容。传播内容不再千篇一律，而是融入了诸多元素，文字、图片、音视频可以融合在一起，以个性化的展现方式展现不同的内容。三是个性化的传播方式。网站、App、小程序等都成为传播信息的数字化载体，网页、论坛、微博、朋友圈等各类数字化形式均可传播信息，以满足不同受众的需求。

8. **共享性**

有别于传统媒体，互联网媒体可以实现跨空间的实时共享。信息可以跨越时空，快速地被更多的人获取。共享这一模式使信息像插上了“翅膀”一样快速地在人类社会广泛传播。这在过去是不可能的事情。

第三节　传媒发展与变革的特征

从纸质媒体、声类媒体、电视媒体、互联网传媒的发展历程来看，语言、文字、声音、图像是传媒的核心要素，传播媒介、传播模式、传播内容是传媒不断演进变革的关键所在。技术的变革推进了传媒的发展。

人类发展的早期，语言既是传播内容，又是传播媒介。文字诞生之后，承载文字的竹简、纸张、书籍成为传播媒介，这一过程伴随着造纸术的发明，造纸技术的进步推进了以书籍为主要基础的信息的传播。印刷术的发明促进了书籍的大规模普及和远距离传播，将信息的受众范围扩大，解决了以前信息面狭隘、受众群体小的问题。随着无线电技术的发展，广播推进了声类媒体的发展。随着图像传播技术的发展及电视机的发明，电视媒体成为主流媒体，极大地丰富了信息的传播媒介。计算机技术和互联网的发展更是促进了互联网媒体的诞生，创造了更具传播力的一种崭新传媒，进一步深刻改变了传媒的传播媒介、传播手段和传播范围。

传媒的发展和变革主要体现在以下几个方面。

1. **传播主体趋向多维**

传统的新闻传播主体一般是报纸、电台、电视台、通讯社等新闻传播机构，其大多是由政府机构或企业掌控的、相对单一的信息生产或传播主体。传播主体在传播过程中大多占据主导地位，其制造传播内容，并利用早已形成的传播渠道进行相对固定范围和受众的传播。在传统的大众传媒阶段，个人想要成为信息的制造者和发布者是很困难的，企业的信息发布和传播也大多借助于新闻传播机构。互联网媒体的诞生改变了长久以来的单维传播的局面。借助互联网，政府机构、新闻机构、大型企业、中小企业、行业组织甚至普通人，都可成为信息的制造者和传播者，传播主体趋向多维发展。

2. 传播内容的展现形式越发丰富

一首诗，展现一种心境或意境；一首词，展现一种胸怀或文化；一篇传记，展现一段场景或历史。这些丰富的文化或历史通过书籍得到了传播和传承，但是人们获取到的只是一段段的文字，所有的场景或意境都需要人们自己去想象。声类传媒的出现和发展丰富了传播内容的形式，人们可以用“听”来“阅读”各种各样的信息，传播的内容变得丰富起来。电视传媒更是极大丰富了传播内容的展现形式，在原来“可读”“可听”的基础上又增加了“可看”。媒体可以展现的信息内容更加丰富了，图片新闻、视频新闻等展现形式让受众可以身临其境地接收新闻信息。互联网媒体更是实现了“大融合”，依托互联网及其建构的各类数字化平台，文本、音频、图片、视频、3D 场景等各种多媒体形式都可以被融入信息内容之中。互联网媒体有效利用超链接、超文本等手段，运用数字技术实现多种展现形式的融合，带来了前所未有的视听体验。鉴于互联网媒体版面及空间的相对无限性，其可以在一个页面中展示的信息内容几乎是无限的。此外，众多的内容可以通过丰富多彩的组合形式进行创意展示，带给人们更大的震撼和吸引力，带来更好的传播效果。

3. 传播目标和传播范围显著扩展

从早期的纸质媒体到后期的声类媒体和电视媒体，其传播目标不断变化，传播范围不断拓展。书籍从早期的贵族、知识分子阶层进入寻常百姓家；广播使得信息从有一定的知识背景的人群向更加广泛的人群传播；电视媒体更是“老少皆宜”的大众化传媒，其传播目标几乎覆盖各个阶层、各个年龄段，传播范围有了前所未有的拓展。互联网媒体的出现进一步拓展了媒体传播的范围，理论上，只要有一台终端设备和相应的软件能够接入互联网，用户基本上可以接收各种各样的信息。这就使得互联网媒体拥有着极为广泛的传播范围（互联网覆盖之处）和极强的渗透传播能力。

4. 传播效率显著提升

受限于空间和载体，古代信息的传播通常效率很低。各类信息的传播往往以纸和书籍为载体，经由信鸽、驿站、信件等方式传递，区域之间大多经由商队进行传递。这种传统的信息传播方式往往需要跨越较长的空间距离，以耗费较长的时间为代价。近代以来，广播等声类媒体以及电视媒体通过无线电、电子信息等技术和设备极大地提升了信息的传播效率，通过广播站、电报站、电视台等，各类信息可以在最短的时间内传到任何具有接收设备的接收点，空间的距离限制被打破。无线电技术、电子技术、卫星通信技术带来的信息瞬时传递特性使声类媒体和电视媒体的传播效率更快，内容制作完成后，受众往往可以在最短的时间内获取各类信息。通过广播、电视快速地了解时事动态成为人们每天生活的一部分。互联网的实时性、泛在性、交互性等特性极大地提升了互联网媒体的传播效率，带来了传播领域的一场革命，各类信息快速生成、快速发布、快速传播。一个新闻事件在互联网上发布之后，会在极短的时间内向受众人群扩散，原来需要几天才能形成的热点事件或新闻，现在短短的几小时甚至几分钟就发酵完成。

5. 传播精准度前所未有

古代的信息传送大多是“点对点”的传播模式，其传播目标清晰，对应性强，但覆盖范围有限。近代以来，以声类媒体和电视媒体为代表，形成了以“广播式”传播为核心的传播方式。广播式传播方式虽然能够在信息传播时形成有效的人群覆盖，但是其无法区分受众的特点和需求，信息的传播是“广播式”的，信息的接受是“被动式”的。从传播者（传播主体）的视角来看，其希望传播的范围更广，覆盖的人群更多，传播效果更好；从受众的视角来看，其希望能够获取最有用的信息。可是这种无差别的广播式传播方式在方便受众获取信息的同时带来了信息的“冗余”，受众往往需要根据自身的需要进行信息筛选。互联网媒体的出现改变了这一传播模式，单一的线性、星形的广播式传播模式被打破了，取而代之的是网状的（泛在的）、非线性的传播模式。互联网媒体可以根据传播的需要实现“单点对单点”“单点对多点”“多点对单点”“多点对多点”的传播。更重要的是，互联网媒体可以依托数字化技术实现更加精准的传播。借助固定的平台和大数据分析技术的支撑，百度新闻、今日头条等互联网媒体可以根据用户的阅读习惯，更精准地为用户推送新闻；腾讯视频、爱奇艺视频等视频网站可以根据用户的习惯和喜好精准地为用户推送视频。同样地，这些平台通过数据分析可以有效地把握用户当前的需求，精准地推送广告。

第四节 传媒领域发展的整体影响

无论是古代传媒还是大众传媒，其都在特定的历史时间内对传媒阶段性的发展产生了一定的作用，在历史发展的进程中产生了不可磨灭的影响。并且相较于古代时期的传媒，大众传媒不仅在内容和形式上得到了进一步发展，而且在功能的扩充和延伸方面取得了重大进展，其深刻影响着当时的世界政治、经济格局以及人们生活的方方面面。

一、传媒对世界的影响

印刷术和造纸术使得文化知识得到大范围传播，进一步促进了知识的普及，为工业革命培养和准备了有知识的劳动力。同时，知识的普及促进了民众的权力意识觉醒，为新阶级的诞生奠定了基础，推进了世界资本主义进程。另外，文化知识的普及、识字人群的不断扩大、人们对信息的需求的极大提高，促进了信息生成和创新。进入工业革命后，电视、广播等大众传媒的普及使信息在世界上的传播更加迅速。但从深远影响来看，信息的加速传播和传播方式的改变是一把“双刃剑”。一方面，信息传播的迅速性缩短了人与人之间的距离，可以在短时间内使人们的认知达到同步，凝聚人们的力量，从而为人类的发展做出积极的贡献；另一方面，信息传播的迅速性可能为不法分子进行虚假信息宣传提供助力，干扰人们对事物的判断，使人们被虚假信息蒙蔽、误导，从而产生消极影响。

二、传媒对社会的影响

大众传媒能及时地给人们提供大量新信息，这些信息成为课题教学和社会教育的重要补充。及时有效的信息开拓了人们的眼界，活跃了人们的思维，在技术更新、文化交流方面具有重要意义，从而推动社会的发展。同时，参与社会活动是人们掌握社会行为规范、准则，并使之内化为个人行为方式的学习过程，大众传媒的更新迭代为人们独立意识的发展提供了良好基础，也有利于人们培养独立分析、解决问题的能力。大众传媒对经济、政治等同样会产生深远的影响。其中大众传媒对经济的影响是最明显的，主要表现在社会需求，以及建立、监督市场机制上。在当代社会政治日益生活化，人类的传播活动可能会反映政治、表达政治、服务政治与参与政治。当然大众传媒也会给政治带来负面影响。同样，大众传媒的普及也带来信息的污染。由于大众传媒上的信息真伪难辨，人们从中得到的信息可能较为片面、浅薄，甚至低级、庸俗，这极大地污染了“社会空气”，造成不良的社会影响。

三、传媒对我国的影响

在我国古代，纸质媒体的传播使得儒家思想、道家思想等空前繁荣，出现“百家争鸣、百花齐放”的现象，并且对文字创作、绘画和书法等的发展起到了重要的作用，产生大量经典之作。同时，统治阶级也利用纸质媒体传播自己的观念思想，以此来巩固统治地位。在军事情报方面，纸质媒体成为最重要的方式，古代所谓的“五百里加急”，就是用来形容情报信息传递过程的紧迫性，即纸质媒体传播的紧迫性的。新中国成立后，工业革命开始发展，电报、广播、电视等大众传媒开始进入人们的视野。自改革开放以来，大众传媒迅速发展，进入了兴旺时期，一经普及就赢得了广大人民群众的喜爱。它改变了人们的思想观念、生活方式，拓展了人们的视野，丰富了人们的生活。我国大众传媒的发展也促进着消费。由于当今消费人群数量庞大、消费内容多元化，通过大众传媒向消费者宣传商品也成为各大厂商必选的途径之一。通过大众传媒可以在最短的时间内让更多的人了解商品，并产生购买心理，从而带动GDP增长。同时，大众传媒的普及也产生了一定的负面影响，比如某些企业利用传媒平台进行虚假宣传，欺骗消费者。

四、传媒对不同阶层的影响

行政管理的有效实施依赖于政府对信息的有效掌控。对于政府来说，一方面要收集尽可能丰富的信息，另一方面要保证信息传递渠道的畅通。而纸质媒体正是实现这一目标的最有效的方式。纸质媒体的普及使公众在知识获取上变得更加容易，有利于提高公众的受教育程度。大众传媒影响着政府、消费者、商人的行为方式。政府的职责是为人民服务，大众传媒作为政府与公众的中介环节，为公众向政府提出诉求及监督政府提供了方便的途径。商家与大众传媒合作宣传自己的产品，吸引消费者购买消费，从而实现营利。但有时某些商家的虚假宣传等会误导消费者，导致消费者在不了解真相的情况下购买商品，造成一定的损失。当然也可通过大众媒体曝光商家的不法行为，从而让更多消费者及时止损。

第五节　数字化传媒的新发展

近年来，随着云计算、大数据、人工智能等数字技术的飞速发展，互联网媒体正在推进传媒的颠覆性变革与发展，引领传媒发展的新方向。另外，由于互联网和数字技术的持续发展和应用，新的数字化产品不断改变人们的交互方式和信息的传播方式。传统传媒的影响力和地位逐渐被削弱，传统的传播模式和业态也遇到了前所未有的挑战，报纸、广播、电视等媒体形式在数字化的冲击下也在产生颠覆性的变化。

一、数字化影响下的纸质媒体变革

在互联网媒体的冲击下，纸质媒体的市场逐渐萎缩，互联网新兴媒体的兴起给报纸带来了巨大压力，报纸、杂志的生存和发展越来越困难，出现了发行量下降、读者老龄化以及新闻时效性差等一系列问题。与互联网等新媒体相比，报纸等纸质媒体主要存在如下劣势。

- 受众友好度方面：互联网媒体可以通过各种终端为受众提供更加丰富、精彩的信息内容，且可以对信息内容进行检索、存储和分享，受众的阅读更加便捷。报纸本身就存在信息检索慢、携带不方便等缺点，且内容展示形式单一，导致报纸的受众越来越少，其发展也受到了一定的限制和阻碍。
- 新闻实效性方面：报纸作为传统纸质媒介，其在发行之前需要经过新闻收集、撰写、审核、排版、校对以及印刷等一系列烦琐的过程，而新媒体可以依托互联网平台以更快的速度进行采编和发布，大大缩短了新闻的发布时间，增强了实效性。

- 互动性方面：报纸作为平面媒体，可以看作“静态的”，受众在阅读的同时，只能进行自我思考，不能及时地分享自己的观点和感受。相较于互联网新媒体而言，报纸难以与受众产生有效的互动，不能有效提升用户的参与性。

在这样的背景下，一些报社开始了数字化转型之路，不少传统的报社开始探索报纸的网络化运营模式，建立了相应的网站，如新华社对应的新华网、人民日报对应的人民网、光明日报对应的光明网、环球时报对应的环球网等，它们在相当长的一段时间内保持既发行报纸又发布网络新闻的态势，二者相互补充，从而满足不同受众的信息获取需求。传统的报纸正在向网络报纸转化，在数字化的加持之下，不断探索纸质媒体的互联网创新和转型之路。

1. 内容制造之变

传统的报纸采编需要记者在新闻采访之后，根据采访的内容进行汇总梳理，整理成新闻报道，通常采用的是手写记录或录音等手段。传统上，新闻、评论等内容的组织展示形式相对单一，通常由简单的图片和文字组成。现如今，在数字化的支撑下，录音内容可以被直接转化为文字用于编辑过程。数字化可以支撑新闻素材和图片的快速处理，支撑新闻编辑需要的各种新闻资源的推荐推送，从而形成涵盖文字、图片、视频等各种元素的新闻内容。这些内容通过数字化技术可以实现有机融合，展现形式多种多样，全面提升受众的视听感受。这极大地弥补了传统报纸、杂志内容展现形式的不足，使“网络报纸”比起传统报纸有了更多的展示形式。

2. 传播模式之变

传统的报纸要经过报社的发行体系进行派送和分发，继而送到特定用户和部分随机用户的手中，这种典型的“线下传播”模式需要一定的传播过程和时间。到了互联网时代，这种新闻时效性的滞后已经远远不能满足用户的阅读需求。在数字化的加持下，基于互联网的网络报纸演变出了新的传播方式，依托网络端的数字化采编平台和新闻发布平台，可以实现新闻的实时采编和实时在线发布。网络报纸的呈现平台一般为依托数字化平台的新闻站点，新闻信息通过该站点发布后，任何接入互联网的终端都可以通过网站或App浏览发布的新闻信息。比起传统报纸分发渠道的构建，现在基于互联网的新闻站点更多的是推广其网站或App，受众自主选择、访问自己感兴趣的新闻网站或新闻App，这在某种程度上提升了新闻传播的便捷性。这时候各个新闻站点比拼的是谁能吸引并获取更多的终端用户。此外，基于互联网的新闻传播相较于传统的报纸分发多了一种特别的方式——分享。终端用户在浏览新闻信息时，可以将自己感兴趣的信息通过微博或微信朋友圈等方式进行分享，这在很大程度上促进了新闻的传播。互联网上的每一个人都能成为新闻的阅读者和传播者，在阅读的同时进行传播，在传播的过程中不断扩展阅读群体，二者交互，形成了崭新的数字化传播模式，推进了传媒领域的传播模式变革。

3. 传播载体之变

互联网媒体的典型传播载体是接入互联网的各种终端设备。在计算机上，人们可以通过网络浏览器阅读信息，此时信息的传播是借助于网络浏览器实现的；在手机上，人们可以通过安装某个新闻App（如新华网App）阅读信息，此时信息的传播是通过手机上的新闻App实现的；在互联网电视上，人们可以通过各个功能软件进行短视频以及各类信息的查看，此时信息的传播是通过不同的终端软件实现的；在户外广告设备上，人们可以通过定制化的播放设备进行广告的投放，此时信息的传播是通过遍布于商场、电梯、楼宇的各类广告定制终端实现的。值得一提的是，随着智能手机的普及，移动互联网成为网络新闻和信息传播的核心载体。从某种意义上说，谁占领了终端屏幕，谁就抢占了终端的用户群，谁就占据了新闻传播和信息传播的主动权。不断扩展传播载体的覆盖面是当前互联网新闻传播机构提升影响力的关键所在。

4. 传播业态创新

在以报纸、杂志为核心的纸质媒体时代，传播业态基本上是围绕报社、报纸的采编与发行展开的。有记者，有编辑，有专门的市场推广部门和广告部门，有印刷厂，有报刊亭，有物流和派送队伍，有零售点和零售体系，有庞大的零售队伍，它们形成了围绕报刊发行的庞大业态。现如今，在数字化的影响下，报纸的业态悄然发生变化，报社还在，只不过其变成了数字化平台（网站、App）加持下的网络报社。这是一种更强大的、一体化的数字化平台。围绕一体化的数字化平台，网络报纸的数字化业态形式形成了，其重塑了采编、发行、广告等传统业态，催生了数字化采编、数字化发行、数字化广告、数字化营销等新兴业态。

二、全媒体

近年来，随着数字技术的进一步发展和传媒的创新变革，我国传媒业在传媒数字化和媒体融合的发展趋势下诞生了一个全新的概念——全媒体。全媒体是指采用文字、声音、影像、网页等多种表现手段（多媒体），利用广播、电视、音像、电影、报纸、杂志、网站等不同媒介形态（业务融合），通过融合的广电网络、电信网络以及互联网络进行信息的传播（三网融合），最终用户从电视、计算机、手机等多种终端上完成信息的融合接收（三屏合一），实现任何人在任何时间、任何地点用任何终端获得任何想要的信息。全媒体整体表现为大而全，而对于个体则表现为超细分的服务，即个性化的服务，例如，对于同一条信息，全媒体平台可以有多种表现形式，同时，其可以针对不同受众的个性化需求，对采用的媒体形式进行取舍和调整。

图 4-1　全媒体

随着全媒体的发展，整个传媒的生态被彻底颠覆了。全媒体的“全”体现在3个方面：一是全面涵盖所有的传媒形式，包括报纸、杂志、广播、电视、音像、电影、网络、电信、卫星通信等各类传播工具；二是全面服务受众感官，包括视觉、听觉、触觉等人们接受资讯的全部感官；三是全面覆盖所有受众，针对受众的不同需求，选择最适合的形式和途径进行深度融合，提供超细分的服务，实现最佳传播效果。

全媒体对传媒基本架构的融合再造是深刻的，其正在全方位改变传媒的生态体系。

一是全媒体采编的融合再造。媒体形式及渠道的多样化使得媒体的采编不能再局限于之前的形式，在数字化及全媒体的双重影响下，全媒体采编需要彻底地对采编流程进行重构，针对不同传播渠道对信息内容进行调整，以满足不同渠道传播的需要，满足不同受众的需要。除了普通的新闻信息外，实用的、丰富的、互动的信息逐渐成为传播的主体。满足受众需求的内容制作变得越来越重要。

二是全媒体传播的融合再造。在全媒体时代，无论是传统媒体，还是新兴互联网媒体，它们都在积极构建多层次的传播渠道，以期能够传播更广的范围、覆盖更多的受众。在内容制作的过程中，根据报纸端、网站端、手机App端等接收终端的不同，人们会将新闻或消息用不同的形式呈现，以满足受众的需求。

三是全媒体运营的融合再造。传统传媒时代的媒体传播和运营带有一定的“垂直性”特点。进入全媒体时代之后，传统的运营模式需要进行聚合和再造。如纸媒的线上线下融合，声媒的电台和网络融合，电视媒体的视频和网络融合，文字、声音、视频等多种展现形式可依据不同的信息终端和受众进行个性化的组合。全媒体运营的融合再造主要聚焦在4个维度：第一是全媒体体系架构的再造，其由单一体系变为多元交互体系；第二是全媒体的渠道融合，网站、微博、微信、视频平台、电视终端等不同的发布渠道不断融合；第三是受众的融合，线下受众逐渐迁移到线上，线上用户也可以被引导到线下，受众的边界被打破了；第四是广告的融合创新，广告的传播需更加精准化和高效化，在数字化的加持下，广告的制作更加精致和新颖，广告的传播更加精准。

三、短视频异军突起

短视频是一种互联网内容传播方式，一般是指时长在 5 分钟以内的视频。很多短视频时长被控制在 2~3 分钟以内，以使受众可以快速“阅读”视频。自 2016 年以来，在 4G 网络普及和手机用户快速增长的基础上，短视频异军突起，快速抢占互联网的流量和用户的“眼球”。据 Grand View Research 2020 年的研究显示，全球视频流媒体服务市场价值达到 366.4 亿美元，预计到 2025 年将达到 1245.7 亿美元。截至 2021 年 12 月，我国短视频用户规模达到了 9.34 亿人，已经超过即时通信用户的数量，位居第一。短视频凭借其及时性、生动形象等特点，作为信息的载体被广泛认可，逐渐成为信息传播最流行的方式。

作为一种信息传播的新方式，短视频发布已经逐渐成为各大网络应用的基础功能。短视频与新闻、电商、旅游和乡村经济等不断融合，扩展了传播的场景。一是短视频创造了新闻报道的新方式，新闻报道不再局限于电视、网页。二是电商平台，现在电商平台已将短视频作为商品宣传推广的必需途径，其利用短视频实时展示商品的各种细节，以此来刺激消费者的购买欲望，从而提升商品的转换率。三是旅游市场将短视频作为吸引游客的重要手段，各大旅游景点积极制作短视频进行宣传，并鼓励游客利用短视频分享自己的所见所闻，借此达到宣传的目的。四是乡村经济依托短视频发力，短视频制作团队通过内容扶持、营销助力，解决农户生产、经营的困难。有别于微电影、直播的特定表达形式和团队配置要求，短视频具有生产流程简单、制作门槛低、成本低、参与性强、传播速度快等特点。短视频不受时间限制，比直播更具有传播价值，但超短的制作周期和趣味化的内容对短视频制作团队的文案以及策划功底提出了一定的挑战。优秀的短视频制作团队通常依托于成熟运营的自媒体，除了高频稳定的内容输出外，也有强大的粉丝渠道。短视频的出现丰富了新媒体原生广告的形式。

短视频之所以取得如此快的发展，主要得益于其 5 个典型优势。一是通俗易懂，传播快速。短视频以简短的视频形式展现信息内容，便于各类人群理解和接受，且可以通过各个视频平台或传播平台进行快速分享和广泛传播。二是风趣幽默，内容新颖。短视频将各类元素有效融合起来，表达形式幽默、夸张，展现形式多样，可以将所需传达的新闻或信息内容形象地展示在人们面前。三是碎片化“阅读”，便于快速理解消化。短视频通常时长短、节奏快、内容紧凑、趣味性强，可以作为日常休闲的一种方式，供人们在闲暇之余观看。四是技术门槛低，视频制作简单快速。短视频内容制作流程简单，对技术设备的要求也不高，只需满足网络、手机两个条件便能轻松完成内容生产与发布。五是互动性强，增加了受众黏性。短视频平台的兴起使新闻流通渠道得以扩充，使信息活跃程度得以提升，使传播者与受众间的互动得以加强。

品牌营销也进入了崭新的阶段。当前海量的信息中充斥着各种垃圾信息，人们很难分辨信息的真伪，人们的时间也被大量的媒体切割得支离破碎。海量的信息让用户练就了一双“火眼金睛”，简单粗暴的营销内容、没有经过精心策划的营销活动、没有亮点的视频宣传片越来越难以吸引用户。能洞察到用户习惯、有趣幽默以及有深度的内容越来越容易获得用户的关注和分享。对于品牌企业来讲，选择单一的媒体渠道、发布形式单一的内容已经很难获得消费者的青睐。语言优美的文字、华丽的图片、幽默搞笑的漫画动图、三维立体的图文音并茂的视频，都可以以多元化的形式承载品牌企业的营销活动内容。拥有众多用户的微信公众号、制造海量娱乐话题的微博和幽默搞笑的短视频平台，再加上各种工具类应用媒体平台，多样化的媒体渠道形成了传播多元化内容的阵地。随着内容多元化的形成，传播体系也呈现出新形态，以抖音、B站（哔哩哔哩）为首的短视频平台正塑造着新型传播体系，多元传播体系由此诞生。现阶段的传媒已不再局限于单一的传播渠道，而是有更加丰富的多元化传播体系。

四、付费订阅、电商直播成为传媒领域经济的新增长点

长期以来，广告一直是传统媒体的主要收入来源之一。但随着互联网媒体的崛起和普及，传统媒体不得不寻找新的营利模式，其中付费订阅成为媒体在广告收入之外探索的一种新的模式。在付费订阅方面，国内外传媒业都在积极探索，取得了不错的进展。在国外，波士顿环球报的数字订阅用户数一直在稳定增长；美国科技杂志《连线》的读者愿意为优质内容付费;《挪威日报》利用个性化付费墙增加数字营收；德国《商报》自推出

付费墙制度起，公司就推出了多项测试以优化付费墙。在我国，如《李翔商业内参》第一天的订阅数超过一万，当天的订阅金额超过 200 万元;《新京报》中的数字报一直是付费订阅模式，截至 2020 年年底，《新京报》的订阅用户已达三万人;《广州日报》除了免费的版块外，也开设付费订阅频道，支持用户一键阅读。这说明高质量的媒体内容是可以吸引用户进行付费阅读的，这促使不少媒体积极打造高质量、个性化的内容版块，以期获得更多的付费用户。

电商直播是一种全新的商业活动，严格意义上说其也是广告营销的一种方式。2016 年 3 月，作为直播电商首创者的蘑菇街在全行业率先上线视频直播功能，开启了电商直播的新时代。电商直播因其直观、真实、代入感强、交互性强等特点快速成为一种主流的商品营销推广模式。截至 2020 年 6 月，我国电商直播、短视频及网络购物用户规模较 2020 年 3 月增长均超过 5%；电商直播用户规模达到 3.09 亿人，较 2020 年 3 月增长 4430 万人，规模增速达到 16.7%，成为 2020 年上半年增长最快的个人互联网应用。电商直播的实质就是电商+内容，呈现出全新的展现形式。另外，直播中主播通过与粉丝互动，重塑商家、商品和消费者之间的关系。相较于图片和短视频等方式，电商直播更具有互动性和实时性。再加上人气主播的渲染和引领，能够极大地催动用户的购买欲望。招商证券的调研报告指出，直播电商本质是品牌方对私域流量的执着渴望，直播电商重塑了“人货场”的关系：从人方面看，消费方式变主动消费为被动消费；从货方面看，电商直播没有中间商，拉近了产品与消费者的距离；从场方面看，电商直播实现了“千里眼+顺风耳”的功能。电商直播很好地实现了“人货场”的资源整合和关系再造。

五、5G引领下的传媒数字化

近年来，5G在各类场景下的应用和创新持续发展，5G+直播、5G+医疗、5G+无人机等应用场景层出不穷，并且在 5G的引领下，围绕大数据、人工智能等技术革新与发展的“新基建”得以落地。在数字基础设施的提升和支撑下，短视频和直播成为现今信息传播的重要方式，再加上各类数字化场景的应用，一个以 5G为引领的数字化生态体系逐渐形成。在以5G为引领的新的数字化发展背景下，数字技术不断地颠覆传媒的生态体系。

人们无时无刻不进行着信息的传播，这打破了信息传播的空间限制和时间限制。伴随式媒介、碎片化时间和多任务操作的信息消费行为构成了所谓的“全时空传播”的场景化生态。近年来，以VR和AR等为代表的全息沉浸式技术得到快速发展，让人类穿梭于现实世界与虚拟世界之间，感受无与伦比的体验。在某种意义上它正在打破人类现实世界与虚拟世界的界限，实现完全意义上的“虚实融合”，逐渐构建起“全现实传播”的场景化生态。在云计算、大数据、人工智能、5G等数字技术的驱动下，人、机、物等都将连接到一起，人类生存的现实世界中的万事万物正在被抽象到一个数字化的虚拟世界中，万千现实正在变为万千数据，互联网正在支撑起人类社会的所有传播，各类终端和要素正在构筑形成“全连接传播”。这是一个“万物皆可媒”的时代，在万物互联的场景下，人、机、物都可以成为传播节点，成为“全媒体传播”的关键支撑。

◎经典案例：数字化传媒发展下红色文化的传播

红色文化是在革命战争年代，由中国共产党人、先进分子和人民群众共同创造的极具中国特色的先进文化，蕴含着丰富的革命精神和厚重的历史文化内涵。在数字化发展背景下，传统的字符文化传播作用被削弱，视觉符号组成的传播机制被数字化赋予了新生命，进而影响了人们的阅读方式和思维模式。以视觉重构理论为例，其正是借助于视觉元素来激活传播内容蕴藏的特征，从而以独特的方式解读和诠释革命传统文化。视觉重构理论通过富有冲击力的数字化视觉元素，让受众产生从字符到图像的范式重构解读。这种新范式的转换与红色革命传统文化的结合能够直接提升受众的感官体验，从而引发其进一步的情感共振。这种带有实践互动体验的传播方式更容易产生沉浸式效果，激发视觉元素带来的现场真实感，真正实现红色文化传播效果由表及里的提升，将中国革命传统文化承载着的波澜壮阔的革命史、艰苦卓绝的奋斗史以视觉重构的方式展现出来，增强中华民族的道路自信、理论自信、制度自信、文化自信以及民族凝聚力。为了使红色革命传统文化在智能媒体时代重新找回曾经的激情燃烧的岁月体验，彰显新时代的传播优势和特点，就需要将其与数字化传媒的具体语境相结合，通过视觉重构的智能传播方式，以鲜活、真实的数字化体验带领受众进入红色历史文化的情境中，激发受众思想和感情上的共鸣。

随着AR、VR技术的发展，多地陆续探索建立了众多的红色革命传统文化虚拟现实体验馆。

六、广告业的数字化转型

在数字化时代背景下，广告业也迎来了翻天覆地的变化。大数据技术可以帮助广告商基于平台的数据分析每一位客户的特点和喜好，发现客户的真实需求或潜在需求。在数据的支撑下，广告商可以根据用户特点设计广告，并有效送达广告，广告商开始尝试数字化支撑下的全新广告营销策略，个性化及定向化广告成为平台广告的主要形式。广告形式不断创新，传播手段不断创新，计费方式不断创新。一是传统广告户外展示形式的数字化创新。LED、LCD等技术的成熟使视频媒体的布放更加容易，传统的户外大牌广告、公交站台广告等被逐渐变成多媒体屏幕，有些广告还增加了二维码、NFC、Wi-Fi/Beacon等数字化互动手段，这有效提升了广告的展示效果，拓展了其影响范围和边界。二是数字化的全新展示方式。随着AR、VR、3D全息等技术的成熟，户外广告在原来直告式模式的基础上逐渐出现增强/虚拟现实、游戏互动等新型互动式广告展示模式。三是广告内容制造的数字化。如今，绝大多数的广告是依托数字化的工具进行制作和展现的。四是广告送达方式的数字化。依托数据分析，广告的推送更加精准。

随着数字技术的影响与发展，未来广告渠道多元化和渠道自主化、线上线下融合、公域私域融合将迎来新的发展。构建私域流量广告数字化新业态的核心话题也会成为未来的常态。其中一环（去中心化的商业闭环）和一纵（互联互通程度层层递进）的发展可能成为广告业新趋势。

◎经典案例：人工智能（AI）虚拟主播的尝试

AI虚拟主播是科大讯飞股份有限公司（以下简称科大讯飞）利用语音合成、图像处理、机器翻译等人工智能技术，实现多语言新闻播报，并支持文本到视频自动输出的虚拟主播。科大讯飞的AI虚拟主播是全球首个人工智能多语种虚拟主播。

当前AI虚拟主播的尝试已经取得了显著的成效。从形式上看，其主要包含AI合成主播、虚拟形象、合成声音、直播系统、效果定制、AI技能定制等功能。随着人工智能技术与媒体的深度融合，媒体的AI应用将出现大爆发，AI虚拟主播或者AI虚拟解说等有非常广泛的应用场景，未来新闻播报、主持、二次元虚拟主播等都是很好的创新应用和技术发展方向。

清华大学推出的虚拟数字人“华智冰”可以弹吉他，可以唱歌，可以和同学们一起学习。她的外形模拟真人，研究人员利用AI技术进行了换脸、换声音，这使其看起来更逼真。华智冰其实是一个由三方合作开发的项目，北京智源人工智能研究院领衔开发的超大规模智能模型“悟道 2.0”为其提供了人工智能完备的框架、声音、形象的设计开发。

如今，数字化革命风起云涌，传媒的数字化变革与再造也在不断探索和推进。传媒数字化不但影响传媒未来的发展，也必然给世界带来深远的影响。数字化正在重塑传媒行业的运营模式，从线下到线上，从纸质到数字化，从现实世界到虚拟世界，媒体制作、传播、运营等的方式都在发生变革。从传统媒介到现在的全媒体聚合，从简单的平面阅读到现在的多维“阅读”，传媒数字化带来的改变前所未有。元宇宙的诞生与发展正在带来另一种崭新的变化。在经济全球化的背景下，传媒数字化必将成为世界各国竞相发展的主流方向之一。

第六节　传媒数字化的未来

传媒领域的数字化正在深刻地影响整个传媒的生态体系和发展趋势，推动传媒内容、传播媒介、传播业态等发生巨大改变。数字化正在改变媒体内容的生产方式，媒体内容的纵深感、立体感得到凸显，数字化、互动化、全景化的媒体形态逐步构建。数字化正在改变媒体的传播方式，需求分析、传播路径、覆盖人群、内容推送都更加精准，传媒正在构建基于数据支撑的相对可控的媒体传播形态。数字化同样在变革传媒的生态体系，传统的传媒支撑体系有消亡也有衰退，一些围绕数字化支撑体系的传媒新业态正在悄然形成。数字化给未来传媒发展带来无限可能。

一、数字化硬件设施的革新带来的可能性

柔性屏（柔性屏幕）指的是柔性OLED（Organic Light-Emitting Diode），又被称为有机电激光显示、有机发光半导体屏幕。OLED是一种利用多层有机薄膜结构产生电致发光的器件。它很容易制作，而且只需要低驱动电压。这些主要特征使得OLED在满足平面显示器的应用方面表现非常突出。OLED采用塑料基板，而非常见的玻璃基板，其借助薄膜封装技术，并在面板背面粘贴保护膜，从而让面板变得可弯曲、不易折断。柔性屏可以卷曲，但不能折叠。未来的产品可能可以折叠，外形可能会更多变。

相比LCD，OLED显示屏具有更轻薄、亮度高、功耗低、响应快、清晰度高、柔性好、发光效率高的特点，能满足消费者对显示技术的新需求。柔性屏幕的成功量产不仅有利于未来新一代高端智能手机的制造，也因其低功耗、可弯曲的特性给可穿戴式设备的应用带来深远的影响。未来柔性屏幕可能随着个人智能终端的不断渗透而广泛应用。最可能产生颠覆性影响的环节应该是传媒的传播终端和传播场景。

1．户外显示设备的革命

柔性屏的特点极大地契合了户外广告显示的需求。楼宇外的圆柱、长方体等形体可以实现柔性显示屏的全覆盖，带来精彩炫丽的装饰和展示效果；原本用静态图影装饰的楼宇外的支撑圆柱都可能被动态影像的柔性显示屏包裹；原本地下停车场的各类形状各异的墙体也可能被动态影像变换的柔性显示屏包裹。传统的以静态图文为主要手段的户外广告可能将迎来动态展示的新浪潮。未来，穿梭漫步于城市的楼宇和街道上，人们可能随处可见动态变化、丰富多彩的各类柔性屏，城市将被装点得多彩绚烂，各种信息和广告不时地映入人们的眼帘，新闻、公益短片、广告等交替扑面而来，带给人们无缝的视听体验。也许有一天，当人们靠近每一个柔性屏时，它会智能地感知人们的身份和特点，智能地给人们推送信息内容。

2. 泛在的传播场景革命

各种信息传播的场景一直是传媒界抢占的关键“地盘”。可以说，谁抢占了终端场景，谁就抢占了传播的受众，谁就获得了传播的主动权。未来，柔性屏可能被嵌入家庭装饰墙、装饰品、试衣间、餐馆、旅游场所、各类交通工具、家用电器、衣服、手提包等众多载体之上，覆盖人类生活的方方面面，带来传媒传播场景的一次深刻变革。当你早晨起床，对着镜子刷牙洗脸的时候，镜面上的柔性屏会告诉你当天的天气和重要新闻，也许还可以告诉你你当前的皮肤情况；当你走在大街上时，可能你对面过来的人的衣服上正在播放着动态影像，请不要觉得“可怕”，因为这可能成为现实；当你背着书包外出的时候，你的书包上不断地闪现动态影像，其可能是你自己想要播放的影像，也可能是你连接互联网自动传输过来的动态视频；未来的智能家居可能会连接起每一户家庭中的装饰墙、装饰品、家用电器等载体上嵌入的每一个终端柔性屏，为受众提供无缝切换的信息传送和信息服务。

二、元宇宙激发新的传媒变革

元宇宙是利用虚拟现实、大数据、区块链等数字技术进行链接和创造的与现实世界映射和交互的虚拟世界。元宇宙既可以实现与现实世界的一一对应，也可以创造一个全新的具备新型社会体系的数字生活空间。其将是人类创造出的一种崭新的可以与当今社会交互的社会形态。

“元宇宙”一词最早出现在 1992 年的科幻小说《雪崩》中。小说描绘了一个庞大的虚拟世界，在这个虚拟世界里，人们用数字化身来参与这个世界中的一切事务。公认的“元宇宙”的思想源头是美国数学家和计算机专家弗诺·文奇教授，在其 1981 年出版的小说《真名实姓》中，他创造性地构思了一个通过脑机接口进入并获得感官体验的虚拟世界。在此之后，人类对于虚拟世界的探索从未停止过。2020 年，美国说唱歌手特拉维斯·斯科特（Travis Scott）在游戏《堡垒之夜》中，以虚拟形象举办了一场虚拟演唱会，吸引了全球超过 1200 万名玩家参与其中；AI 学术会议之一的 ACAI 把 2020 年研讨会放在了任天堂的《动物森友会》上举行。上述应用场景尽管没有让人们真正进入元宇宙的虚拟世界，但已经有了元宇宙的雏形。

2021年是元宇宙元年。这一年，产业界开始为这一概念而“疯狂”。2021年年初，Soul App在行业内首次提出构建“社交元宇宙”。2021年5月，微软首席执行官萨蒂亚·纳德拉表示公司正在努力打造一个“企业元宇宙”。2021年8月，海尔率先发布了制造行业的首个智造元宇宙平台，涵盖工业互联网、人工智能、增强现实、虚拟现实及区块链技术，实现了智能制造物理和虚拟融合。2021年8月，英伟达宣布推出全球首个为元宇宙的建立提供基础的模拟和协作平台。2021年10月28日，美国社交媒体巨头脸书（Facebook）宣布更名为“元”（Meta），并宣布大举进军元宇宙产业。2021年12月，百度AI开发者大会发布了首个国产元宇宙产品“希壤”，大会在“希壤”App里举办，这是国内首次在元宇宙中举办的大会，可同时容纳10万人同屏互动。全世界的资本界和工商界竞相追捧元宇宙，都在积极抢占元宇宙产业发展的制高点。

元宇宙本质上是对现实世界的虚拟化、数字化，是一个虚实结合的概念体，其实现需要各种技术的融合，需要对内容生产、经济系统、用户体验以及实体世界内容等进行大量改造。但元宇宙的发展是循序渐进的，是在共享的基础设施、标准及协议的支撑下，由众多工具、平台不断融合、进化而最终形成的。它基于扩展现实技术提供沉浸式体验，基于数字孪生技术生成现实世界的镜像，基于区块链技术搭建经济体系，将虚拟世界与现实世界在经济系统、社交系统、身份系统方面密切融合，并且允许每个用户进行内容生产和世界编辑。

元宇宙将成为一种全新的传媒，其本身集内容创作、传播介质和传播场景于一身，这在传媒发展历史上还是第一次，传媒迎来了新的革命性发展浪潮。元宇宙代表了未来传媒的一种崭新的可能性，用户在若干年后可能会将很长时间放在虚拟世界中，如电影《头号玩家》和《失控玩家》展现出来的人类的生活场景，大部分是在类似于元宇宙的场景下完成的。在此趋势下，未来的媒体如何在元宇宙（虚拟世界）中构建传媒体系将成为一个重要研究方向。元宇宙还将支撑传媒的各个环节发生变革，在内容制作方面，虚拟主播、虚拟偶像、虚拟店员会成为内容制作的核心，这些虚拟形象（虚拟个体）会成为传播内容的载体，也是信息内容的一部分。例如，AI数字虚拟偶像美妆博主柳叶熙一条2分钟多的短视频融合了悬疑、美妆、剧情加后期特效技术，用了不到两天的时间，吸引的粉丝达到150多万人，播放量快速突破5000万次。一个虚拟形象是可以像现实世界的偶像一样获取粉丝和关注的，因此，未来的传媒围绕虚拟形象的制作和传播可能是传媒内容制作的关键和核心。在传播媒介方面，传媒业未来要抢占的是无数的硬件终端和虚拟终端，每一个人必然也对应多个不同的硬件终端或虚拟终端，终端仍旧是传媒抢占的主战场。但是未来的终端可能是围绕元宇宙展开的，谁的内容好、谁的场景好，谁就能抢占更多的终端及其背后的受众。

三、去中心化的泛在传播

无论是柔性屏可能带来的未来传播革命，还是元宇宙可能引发的未来传播革命，我们都可以看到，在以数字技术为核心的科学技术的加持下，传媒的发展必然进入一个“泛在传播”发展的新阶段。

“泛在传播”需要传媒企业打造数字化的全媒体平台。数字化全媒体平台是一个宽泛的概念，其涵盖新闻信息的态势感知平台、新闻采编平台、新闻传播平台、各类新闻传播终端软件等。这些平台和软件既可以作为独立的单元发挥作用，也可以整合在一起发挥作用。然而，未来面对“泛在传播”的需求和特点，传媒需要打造的传播平台应该是一个开放式的、可泛在接入的崭新平台。首先是新闻和信息素材的数据积累，数据积累是未来传媒业安身立命和发展的重要基石。围绕各类有价值的传媒数据，充分利用大数据、人工智能等数字技术可以有效地支撑新闻采编、受众用户画像（分析）、内容构建、传播渠道选择等相关工作或决策。其次是基于数据支撑的以受众特点为区分的内容制作。“泛在传播”需要根据不同的传播媒介或渠道制作不同的新闻或信息内容，以满足不同传播终端受众的需求。最后是开放性的泛在接入。作为内容提供商，很多传媒企业可以通过平台提供开放性的终端接入，构建开放性的接入、分享和分成标准，任何终端都可以选择性传播平台提供的内容和广告，平台会自动按照标准进行结算。一个以平台和数据为基础，以云计算、大数据、区块链等数字技术为支撑的泛在传播生态体系将被构建起来。

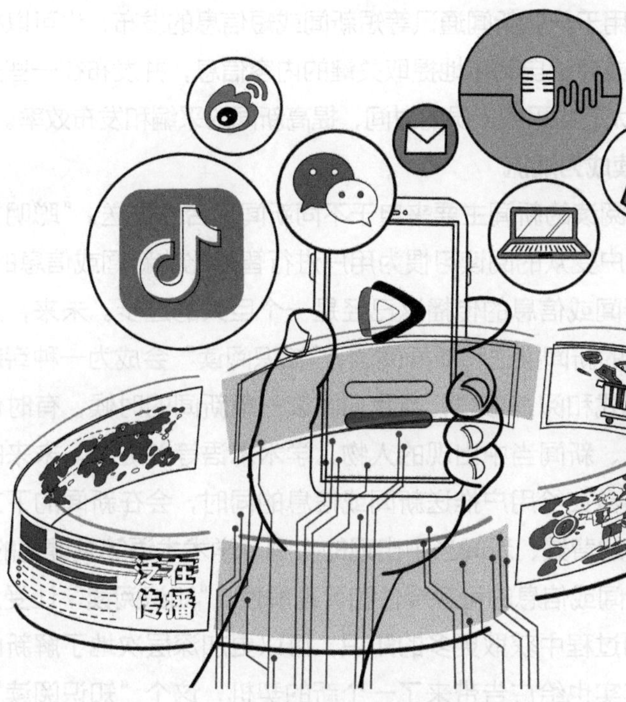

图 4-2　泛在传播

未来，新闻或信息的传播将是泛在的，受众可以通过不同的终端平台获取有价值的新闻或信息。但是也许受众并不知道或并不关心这则新闻或信息的内容是谁提供的，或者说不同的终端也可以无差别地接入来自不同内容提供商的各类新闻或信息。传播终端相对于内容提供商是泛在的，内容提供商相对于传播终端也是泛在的。

四、新的传播内容革命

在云计算、大数据、人工智能等数字技术的加持下，传媒业的内容制作方式和内容呈现也会迎来一场变革。

1. 传播内容制作半自动化或全自动化

所谓的半自动化主要指利用数字技术手段支撑新闻编辑的内容素材提供、音视频处理等工作，也可以指通过数字技术实现新闻内容的初步编辑成稿，然后经过新闻编辑修改完善后进行发布；所谓的全自动化主要指利用数字技术手段自动感知新闻态势、自动编辑并发布新闻的一种全新的采编发布模式，适用于一些新闻通讯等短新闻或短信息的发布，也可以根据已有的长新闻内容或评论自动化地提取关键的内容信息，并发布在一些短消息平台上。这将大大节约采编人员的时间，提高新闻的采编和发布效率。

2. 知识阅读成为潮流

当前，人们阅读的新闻主要来自于不同新闻平台的推送。“聪明”的新闻平台会根据用户受众的阅读习惯为用户进行智能化的新闻或信息的推送，相较于以往的新闻或信息的传播这已经是一个巨大的进步。未来，人们将不再满足于简单的新闻推送和新闻阅读，“知识阅读”会成为一种崭新的新闻或信息传播形式和阅读形式，当我们阅读一篇新闻的时候，有时候并不了解新闻的背景、新闻当中出现的人物、学术术语等关键词。未来的新闻或信息的推送平台在给用户推送新闻或信息的同时，会在新闻的下方或内容中增加对新闻的背景、新闻当中出现的人物、学术术语等关键词的解释，这将大大增加新闻或信息的可解释性和可理解性。“知识阅读”让受众在了解新闻或信息的过程中获取更多的知识，可以更加深层次地了解新闻或信息的背景。这其实也给广告带来了一个新的契机，这个“知识阅读”的场景可以增加视频学习的场景，当受众想更深入地了解某一个知识或领域的时候，平台也可以给受众提供付费学习的渠道。

五、传媒业态的变革

传媒领域的数字化转型除了带来技术的革新以及效率和效益的提升之外，必然会引发传媒业态的深刻变革。

1. 传媒产业链的洗牌和重构

围绕传统纸质媒体的产业链正在逐渐消失，围绕传统声类媒体和电视媒体的产业链也正在洗牌和重构，围绕互联网媒体的产业链正在形成和创新变革。传统的印刷工岗位也可能逐渐退出历史舞台，取而代之的是基于数字化平台的版面设计人员，传统的线下传播渠道也可能逐步被互联网支撑的线上渠道所取代，告别“纸质媒体”时代几乎成为历史的必然。传统的印刷厂可能会逐渐消失，取而代之的应该是数字化的设计公司或个人；传统的广播电台也可能改变以往的纯粹电台模式，转变为以“声音”为主要纽带和载体的全新传播媒体，声音内容的创新制作将成为其业务的核心和主流；广告业务也将发生迁移，更有终端投放能力以及更能吸引用户的平台必然受到青睐，一些难以吸引足够受众的媒体将被淘汰出局。

2. 共享与融合

传媒产业将变成一个集艺术设计、美术设计、新闻、文学、营销策划、广告、数字技术等于一体的融合型产业，不同的团队对应产业链上的不同环节，实现围绕传媒产业的技术共享、能力共享，最终实现传媒产业链的深度融合。

3. 传媒从业人员面临转型

未来，传媒数字化的发展将对从业人员提出更高的要求。互联网媒体中充斥着各种虚假信息，虚假信息的广泛传播会带来不可预知的负面影响。这对新闻从业人员提出了挑战：要求新闻从业人员提高自身职业素养，对信息进行严格筛选，做好信息传播过程中的“把关人”。未来传媒也对新闻从业者的创新能力提出了挑战，现阶段新闻缺少的是对信息的选择、整合、追踪报道以及深度解读，需要新闻从业人员打造高质量、有深度的精品新闻。总体来说，未来数字化传媒发展需要新闻从业人员坚持事件真实性，并充分融合不同媒介；坚守新闻职业道德，合理甄别新闻事件；坚持学习新闻专业知识，不断提升自身工作技能；不断增强新闻互动性，提升自身创新思维能力。

六、数字化引发的传媒危机

1. 虚假新闻

虚假新闻（或信息）是指某些人为了达到某一目的发布的假信息。虚假新闻（或信息）不能真实反映客观事物的本来面貌，造假者通过数据造假、内容造假、图像造假、视频造假等多种手段进行带有虚假内容的报道或宣传。

随着现代传媒业的飞速发展，被称为传媒“痼疾”的虚假新闻不时出现，且造假的手段多种多样。虽然有识之士提出对假新闻采取“零容忍”态度，但是造假者不理这一套，照“假”不误，因为他们有利益驱动，有不良诉求，有鲜明目的：或为点击量，或为造星，或为不当竞争，或为挑拨关系。

未来传媒业会进入互联融合阶段，去中心化的泛在传播和多元化的消息来源必然导致监管困难。造假的成本降低、造假带来的利益诱惑也会促使不法分子铤而走险。

虚假新闻在数字技术的背景下会越来越难以辨别和监管，这也是传媒行业需要解决的棘手问题之一。

2. 虚假人物

虚拟主播、合成声音等的出现使人们看到了不一样的传播方式，同时可能带来一些潜在的隐患。未来利用人工智能技术可以合成不同人的形象和声音，不法分子可能会滥用数字技术，利用合成的数字化形象或声音获取不法利益，这给传媒领域与数字化“元宇宙”的融合带来了不少挑战。如何在法律上规范数字化形象的使用，如何在法律上界定“元宇宙”中的数字化“财产”，都是未来值得探索研究的问题。

参考文献

[1] 康少膑. 中国印刷术发展对世界文化传播的影响[J]. 传播与版权, 2019(11): 103-104.

[2] 谢霄凌. 传统纸质媒体发展策略探析[J]. 采写编, 2020(1): 12-13.

[3] 张雯嘉. 传媒数字化背景下的媒介融合与全媒体传播[J]. 传媒论坛, 2020, 3(23): 23-24.

[4] 叶欣, 吴飞. 数字化语境下的传媒业生态重构[J]. 新闻与写作, 2020(12): 14-21.

[5] 丁敏玲. 数字化时代传媒经济的新转向[J]. 科学决策, 2020(7): 103-104.

[6] 付小颖, 王志立. 视觉重构：数字化传媒时代红色文化传播的困境与突破[J]. 新闻爱好者, 2020(7): 75-77.

[7] 叶青苗. 浅谈传媒数字化背景下的媒体融合与全媒体传播[J]. 新闻文化建设, 2021(11): 89-90.

[8] 孙利军, 孙文瑾. 内生 · 并购 · 联合: 三大出版传媒集团数字化转型路径研究[J]. 新闻爱好者, 2021(5): 69-73.

[9] 魏瑞. 龙源数字传媒集团数字化转型发展的探索[J]. 出版广角, 2020(6): 47-49.

[10] 魏媛媛. 当前中国传媒市场具有发展前景的盈利模式: 从数字化线下媒体品牌广告浅谈新媒体技术与传统媒介融合价值[J]. 山西青年, 2020(10): 137-138.

[11] 胡洋. 从分众传媒看户外媒体的数字化转型路径[J]. 传媒, 2021(13): 64-66.

[12] 高宇巍, 车颖. 现代传媒下AI新闻及数字传媒技术的发展[J]. 电子技术与软件工程, 2021(15): 133-135.

[13] 冉凌宇. “物联网+人工智能”：Web3.0时代的数字传媒发展初探[J]. 出版广角, 2021(7): 70-72.

[14] 文国友. 人工智能下新闻媒体的转型发展思考[J]. 中国传媒科技, 2019(12): 23-25.

[15] 葛红霞. 大数据时代新闻媒体的智能发展之路[J]. 智慧中国, 2021(6): 88-89.

[16] 吴子亮. 新媒体环境下新闻记者的机遇与挑战[J]. 声屏世界, 2018(10): 56-57.

[17] 周恒发. 新媒体环境下书法报刊的发展机遇[J]. 今古文创, 2021(47): 100-102.

[18] 方玮. 新媒体时代新闻从业人员面临的挑战与发展研究[J]. 西部广播电视, 2019(21): 174-175.

[19] 总政治部宣传部. 网络新词语选编 (修订本) [M]. 北京: 解放军出版社, 2014.

第五章
数字政府与未来政务

第一节　政府与政务服务

一、政府

政府是国家进行统治和社会管理的机关，是国家表示意志、发布命令和处理事务的机关。政府的概念一般有广义和狭义之分，广义的政府是指行使国家权力的所有机关，包括立法、行政和司法机关；狭义的政府是指国家权力的执行机关，即国家行政机关。

政府是人类文明发展的产物，其随着国家的产生而产生。传统上，政府更多地体现的是权威性、强制性，服务于阶级利益和社会管理。因此，早期政府的职能更多的是管理、协调社会内部事务和矛盾。近代以来，随着科学技术的进步和经济社会的发展，政府的职能日趋丰富和多样化，政府职能的重心也逐渐由阶级统治性职能转变为社会管理性职能。政府的经济、文化、社会职能不断扩大，政府的管理职能也逐渐向管理服务型职能转变。

二、政务服务

政务服务是指各级政府、各相关部门及事业单位，根据法律法规，为社会团体、企事业单位和个人提供的许可、确认、裁决、奖励、处罚等行政服务。政务服务事项包括行政权力事项和公共服务事项。政务服务是政府管理职能和公共服务职能在面向社会团体、企事业单位、自然人、法人等对象时的一种职能延展。

我国的政务服务有其独特性。我国是中国共产党领导下的人民民主专政的社会主义国家，中国共产党的根本宗旨是全心全意为人民服务，这就代表中国共产党领导下的人民政府始终坚持全心全意为人民服务的根本宗旨，政府坚持以人为本，尊重人民主体地位，把人民利益作为一切工作出发点和落脚点，不断满足人民多方面需求和促进人的全面发展。因此，我国的政务服务更多体现的是便民惠民。

第二节　政务服务领域的数字化革新

我国的政务服务实际上是伴随着改革开放逐渐发展变革的，并逐步发展为数字化的政务服务。

“六五”时期（1981 年—1985 年），我国以中央政府部门为主开始探索在政府管理中使用计算机。“七五”时期（1986 年—1990 年）中央政府开始使用和普及大中型计算机及微型计算机。1994 年，我国正式接入国际互联网。这为我国电子政务发展创造了良好的客观条件，开启了探索以互联网为支撑的政务服务的探索。第一阶段（1994 年—2000 年），以政府基本信息系统的建设为核心，主要目的是解决政府日常办公信息化和管理信息化的问题，主要通过计算机、各类信息系统提升办公和管理效率。第二阶段（2001 年—2010 年），以政府网站的建设和各类互联网化的信息系统建设为核心，主要目的是解决政务信息发布和信息公开等问题，解决基于互联网的各类政务信息系统的改造和建设问题。第三阶段（2011 年—2020 年），以政府网站集约化建设和基于互联网的政务服务融合为核心，主要目的是面向互联网深入发展，推进云计算、大数据、人工智能、区块链等数字技术与政务服务的融合应用，打造更加高效的政务服务体系，推进硬件基础设施集成，推进政务数据集成，推进应用系统集成，以数据融通、业务融通推进政务服务的一站式协同，以数字化提升政务服务效能。一是推进业务融合，各级政府以“一站式”网上政务服务的建设为牵引，开展面向公众的各类审批和证照办理等业务的一站式服务整合，提升了各类业务办理的效率；二是推进数据融合，业务的融合需要打通业务系统之间的数据接口，实现跨层次、跨部门、跨系统的数据共享与融通，继而集成业务融合；三是推进以数字化为支撑的业务流程再造，各级政府在传统的业务办理流程的基础上，以数字化为依托，积极探索政务服务的业务流程精简和变革，以“让百姓少跑腿、信息多跑路”为原则，聚焦解决办事难、办事慢、办事繁等问题。

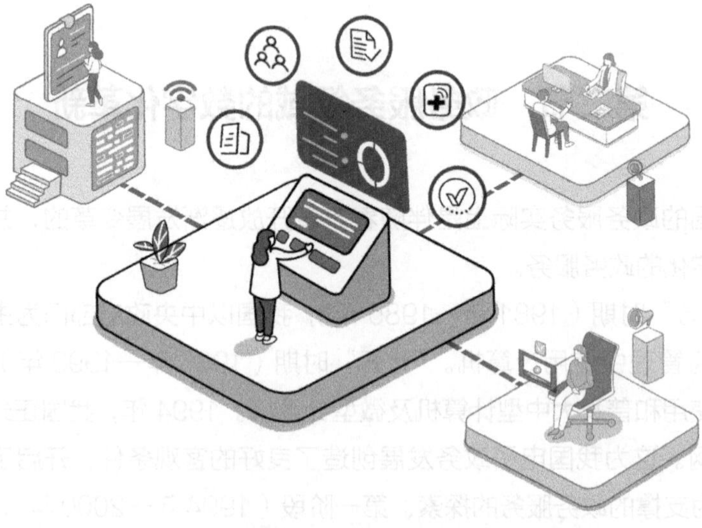

图 5-1　一站式办理

从国家层面来看，国家层面的政策引导以数据共享化和应用集成化为主要特征，以解决社会问题、提升信息能力、构建整体系统为原则，引导政务服务转向更加注重支撑部门提高政务效能、有效解决社会问题，转向支持跨部门跨区域的协同互动和资源共享，转向实现集约化、整体化可持续发展。

从公众层面来看，经过十几年的积累和沉淀，我国互联网领域的创新和应用达到了国际领衔水平，互联网在我国的发展进入下半场，公众对互联网的各种创新应用越来越习惯，“交互”“互动”“自助”“自主”等成为互联网应用的关键主题。

鉴于政府层面的数字化认知和政策保障及公众对政务服务的期待，2015 年以来，中央政府和各级政府不断推进政务服务领域数字化创新。从早期对局域网内使用的政务管理系统的探索，到后来的政府网站的建设，再到后来的政府网站与政务服务的融合发展，我国电子政务的发展可以归纳为信息化阶段、网络化阶段、数字化阶段、智慧化阶段 4 个发展阶段。一系列的政策和部署不断推动中央和各级政府部门开展政务服务领域数字化应用创新和探索。贵州、广东、浙江、上海等省市，围绕大数据的创新应用积极开展“互联网+政务服务”的先行先试和创新探索，形成了一系列国内首创的政务服务数字化典型应用。

“互联网+政务服务”的本质是以政务服务平台为基础，以公共服务普惠化为主要内容，以实现智慧政府为目标，运用互联网技术、互联网思维与互联网精神，连接网络社会与现实社会，实现政府组织结构和办事流程的优化重组，构建集约化、高效化、透明化的政府治理与运行模式，向社会提供新模式、新境界、新治理结构下的管理和政务服务产品。

“互联网+政务服务”呈现出在线化、云端化、移动化、数据“活化”、智能化、O2O 化和简约化 7 个典型特征。

1. 在线化

在线化主要解决政府的全方位服务问题。在线化体现的其实是一种状态，带有及时、实时的意味。从政府侧看，在线化表现为业务在线化，其特点为时时在线、即时服务；从公众侧看，在线化表现为服务在线化，其特点为及时响应、便捷服务。在线化充分体现了互联网支撑下的政务服务应该具备的基本特性。

2. 云端化

云端化旨在构建集群、集约、安全和高效的政府服务。云端化的核心在于基于云计算的存储集约、算力集约和服务集约，集约化建设的最大好处是可以减少政府硬件建设的重复投入和服务器的“空转”，减少运行维护的费用，有效降低电子政务建设和运行成本，提升设备的使用效率和效能。另外，基于算力的保障，利用云计算平台可以有效地提升政务服务的可靠性、稳定性和高效性。

3. 移动化

移动化旨在为公众打造无所不在的掌上政府服务。移动互联网带来了泛在化的互联网应用，移动化的本质是提供随时随地、每时每刻的泛在服务。这是智能手机快速普及、移动互联网飞速发展带来的深刻变化，传统的基于Web的网站式服务正在快速地向基于智能手机的App或应用终端迁移。有效运用移动终端服务，使公众可通过各类政务服务应用随时随地进行预约申请、事项办理、事项提交、进度查询、意见反馈等操作。移动化带来的是面向公众泛在的、全天候、无差别政务服务，其带给公众极大的便利性和体验感。

4. 数据“活化”

数据“活化”主要是指实现公共数据的融通应用，发挥数据价值，支撑政务服务。数据“活化”的支撑点是政府各个部门掌握并积累的大量数据，数据“活化”的支撑技术是大数据。数据“活化”旨在通过数据的集约化来打通政府部门之间的“数据壁垒”，构建统一的数据共享交换平台，实现来自不同政府业务系统的数据的汇聚、融通和共享，统筹建立自然人、法人、电子证照、社会信用等基础数据库，汇聚来自不同部门、不同业务系统的主题数据库，从而推进政务信息资源的跨界互联互通、协同共享，实现政务服务的业务协同。数据“活化”可辅助政府决策更加精细化、高效化，辅助政务服务更加精准、高效、便捷，为政务服务以及公共事件预防与应对提供强力的数据支撑。

5. 智能化

智能化主要指为公众提供简单、便捷、无技术与操作障碍的服务，实现服务的普惠化。在互联网时代，公众对数字化应用最鲜明的要求是简单方便，公众都想得到近乎“傻瓜式”的操作体验。智能化其实更多的是一种理想，智能化的本质是为了提升服务的友好度和体验感，如通过更加精准的感知和分析，减少办理的环节，进行科学的比对，进行自动问答和自动服务，简化公众的操作环节，自动处理后台数据，实现业务流转自动化，等等，大大提升政务服务效率。

6. O2O化

O2O化主要指实现线上服务与线下服务的无缝对接。传统的政务服务以线下服务为主，公众办理各种事项一般要去办事点或办事大厅排队办理。随着“互联网+政务服务”的推进，线上政务服务从一个业务扩展到多个业务，从“一点”扩展到“多点”，线上政务服务与线下政务服务相互补充，逐步替代了线下办理的诸多业务。目前，很多业务既可以线下办理又可以线上办理，这种线上服务与线下服务的无缝衔接使政务服务能够契合公众办理业务的不同需求。业务线上办理和“一网通办”已经成为政务服务的变革趋势和方向。

7. **简约化**

简约化指“互联网+政务服务”极大地精简了传统政务服务的流程，使业务流程变得更加简单，极大地节约了公众办理各类业务的时间，提升了政务服务的效率。简约化的本质在于数字化带来的政务服务领域的流程再造。传统的政务服务往往需要多部门协同，且需要层层审批，但是公众追求的永远是简单快捷，公众对政府能够提供更加简单、更加方便的政务服务充满期待。

围绕“互联网+政务服务”的7个典型特征，自2015年起，各级政府都在积极探索政务服务领域的数字化转型和创新。贵州、广东、浙江、上海的政务服务的数字化转型探索是第一梯队，全国各级政府部门掀起了政务服务数字化转型和创新的探索之路，各地各级政府部门做了诸多探索和改革创新，也出现了一些典型案例和模式，有效推动了政务服务的提质升级。如贵州推行“一体化、一站式、一网通办、一窗通办”改革，广东推行“数字政府”改革，浙江推行“最多跑一次”改革，上海推行“一网通办”改革，江苏推行“不见面审批”改革等。

一、贵州省探索

早在2014年，贵州省就启动了大数据发展战略，积极推进政务大数据的发展，率先推出了全国首个省级政府和企业数据统筹存储、共享开放和开发利用的云服务平台——“云上贵州”。通过“云上贵州”系统平台建设，要求省级政府部门及相关事业单位等优先将自身拥有的数据迁上“云上贵州”系统平台，利用“云上贵州”云资源，建成全省统一政务云平台，面向全省提供统一云服务，承载贵州省各级各类政务数据和应用，实现数据的互联互通。2015 年，作为西部欠发达省份，考虑到经济财力有限、信息化基础薄弱等问题，为了将“互联网＋政务服务”推向更高水平，贵州省结合实际，按照“全省一盘棋、平台一体化、办事一张网”进行谋划，以“云上贵州”为支撑，于 6 月 23 日正式建成运行贵州政务服务网。该网站覆盖省市县三级，形成省级集约化建设、各级各部门共享共用的一体化政务服务格局。自此，贵州省开始探索“进一张网办全省事”的政务服务新路径。2016 年，贵州省重点构建全省一体化在线政务服务平台，开始探索打造线上一站式通办的政务服务。2017 年，贵州省重点实现政务服务平台线上线下融合，提升标准化水平。2018 年，贵州省建成省级统筹、上下联动、部门协同、一网办理的“互联网＋政务服务”体系，实现省市县乡村“五级覆盖”。2019 年，贵州政务服务网与国家政务服务平台同期上线运行，实现“六级联动”。2020 年，贵州省积极推进跨层级、跨系统、跨业务数据互联互通，实现“全省通办、一次办成”。2021 年，贵州省实现“一窗通办”，全力推行“2+2”服务模式，强化“一窗通办”数据共享、业务协同和系统支撑，实现同标准、无差别综合受理。按照“前台综合受理、后台分类审批、综合窗口出件”的服务模式，以“自然人＋法人（含非法人组织）、咨询＋投诉”的“2+2”形式设置窗口，科学分区分类、规范服务管理、打造职业化辅助团队，形成部门间数据通、系统通、业务通的政务服务协同联动机制，实现“咨询、辅导、审批、评价”的闭环管理。从分散性建设、全省一体化到全国一体化，贵州省跨出的每一步都有敢为人先的勇气、刀刃向内的决心，为优化营商环境、便利企业和群众办事、激发市场活力和社会创造力、建设人民满意的服务型政府提供了有力支撑。

在国务院办公厅委托国家行政学院开展的省级政府网上政务服务能力第三方评估中，2016 年至 2021 年，贵州省连续 6 年排名全国前三，被国务院办公厅概括为符合西部地区经济社会和电子政务发展的政务服务“贵州模式”。

◎“贵州模式”的典型特点

贵州省在推进政务服务数字化建设过程中形成了独具特色的“贵州模式”，形成了全国样板，集约化、一站式、便捷化是“贵州模式”的典型特点，并以此支撑了贵州省政务服务的全面改革和突破引领。

1. 集约化

集约化本是一个经济名词。集约化指在社会经济活动中，通过经营要素质量的提高、要素含量的增加、要素投入的集中及要素组合方式的调整增进效益的经营方式。“云上贵州”实现的是基础设施的集约化、数据的集约化、平台的集约化及信息与服务的集约化。所谓基础设施的集约化主要以云平台为牵引，实现存储和计算资源的统筹建设。传统政府信息化基础设施的建设都是各部门自建机房，可到了访问高峰期又常常捉襟见肘。政务信息化基础设施的集约化有利于提高资源利用效率，以及对政府网站的综合管理能力和政府信息安全水平。依托“云上贵州”系统平台，基于云计算的数据存储与处理能力，可以开展相关设施资源的共享服务和集约化管理。所谓数据的集约化就是通过云平台实现政府各部门数据的汇聚。以往，政府各部门之间大多是垂直管理的，存在严重的“数据孤岛”问题。依托“云上贵州”系统平台，政府可开展数据集约化建设，实现各部门政务数据的“汇聚、融通、应用”，实现政府数据的互联互通和开放共享。数据集约化建设带来的是政务服务协同效率的提升及精准性的提升，政府以数据为支撑，不断提升服务效能和用户体验。所谓平台的集约化主要指构建一体化服务支撑平台。在传统建设模式下，不同政府部门为了支撑本部门的业务系统运转，通常需要建设各类支撑平台，通过平台的集约化建设实现政务系统技术支撑体系的复用，节约技术成本和维护成本。所谓信息与服务的集约化主要指通过一个平台实现一站式政务服务。以往政务服务多数是以办事部门为单位进行申办的，网上跨部门办事服务相互之间并未互联互通，需要办事人员跑多个部门进行办理，极大地影响政务服务的效率和效果。本着“以公众为中心”的指导思想，通过信息和服务的集约化建设，政务服务由分散服务向“一站式”服务转变，真正实现“让数据多跑路，群众少跑腿”。

2. 一站式

“一站式”诞生于互联网电商，是指通过互联网为顾客提供更多的产品及服务，让顾客在家里就能实现一站式选购，这种全新的经营模式为用户带来了诸多便利和实惠。“一站式服务”指的是顾客进入某个服务站点之后所有的问题都可以解决，没有必要再找第二家，其本质是服务的集成和整合。一站式政务服务是通过互联网实现各类政务服务的一站式集成的，其类似于互联网电商的服务理念，让公众能够在一个网站办理所有的政务服务。“贵州模式”一站式特点的初衷是提升政务服务的便捷性，提升公众办事（公共事务）的效率。围绕这一初衷，以“云上贵州”系统平台为支撑，贵州省构建了全省统一的政务服务网站，实现各类政务服务的线上汇聚，公众登录政务服务网站就可以“一站式”地办理各类事项。此后，贵州省在“一站式”基础上，又相继探索了“一网通办”“全省通办”“一次办成”“一窗通办”等政务服务数字化改革与创新。最终，“贵州模式”的“一站式”实际上聚焦的是一次性解决问题，在面向公众的政务服务网站上实现这些数字化服务创新，实际上是需要进行政务管理和服务的流程再造和过程改革的。“前台”看似一个小小的变化和调整，其实“后台”需要进行大范围的调整和协同。

3. 便捷化

便捷化其实不是一个技术问题，而是一个最终结果。便捷化体现的是“贵州模式”在政务服务的数字化转型和探索过程中，始终坚持“以人民为中心”的数字化建设原则，力求实现“标准化、规范化、便利化”的目标，政务服务数字化力求支撑优化办理流程、精简办事材料、缩短办理时限、降低办事成本，推进政务服务便利化。“贵州模式”的便捷化主要体现在两个方面：一是通过数据集成和业务集成，致力于实现“让数据多跑路，群众少跑腿”，能用数字化替代或实现的，坚决用数字化去解决；二是积极开展流程再造和过程改革，简化政务服务流程，提升政务服务效能，提升公众的满意度和获得感。

二、上海市探索

上海市也是全国较早开始探索政务服务数字化转型的城市之一。2018 年 3 月，上海市委、市政府印发《全面推进“一网通办”加快建设智慧政府工作方案》，提出了“智慧政府”建设的总目标。该方案提出应用大数据、人工智能、物联网等新技术，提升政府管理科学化、精细化、智能化水平。上海市政务服务推行的“一网通办”改革旨在践行和落实“以人民为中心”的发展理念，在提供政务服务的过程中融入互联网思维，推进政务服务的线上汇聚，推进政务服务的数字化，通过整合办事部门、优化政府办事流程、推进政务服务流程再造等方式构建统一整合的一体化在线政务服务平台，推动政府公共信息的互联互通、互享互助，促进线上线下政务服务融通，在线下整合公共服务的同时为民众提供线上政务服务新路径，促进不同区域不同政府部门在相同事项上无差别受理、零差别办理，努力做到让民众办事减材料、减证明、减时间、减跑动次数，实现在一定区域内跨区域、跨部门通办，推进政府在理念、结构、流程、效能、监督等方面的全面再造，优化营商环境，打造整体性政府。在此改革与探索过程中，“上海模式”形成了。

◎“上海模式”的典型特点

“上海模式”聚焦“一网通办”。其中“一网”充分体现了以互联网为依托，融合互联网价值和思维，依托互联网和数字化实现政务服务的整合性与整体性，努力打造整体性政府的思想；“通办”充分彰显了“以人民为中心”的价值取向和建设服务型政府的本质要求。“一网通办”充分体现了以智慧政府建设构筑服务型政府的新路径。从目标取向看，“一网通办”并非简单地减跑动次数，而是努力集成多个价值目标，通过电子政府的建设倒逼政务服务流程再造，推动政府部门信息共享和业务协同。“上海模式”的典型特点体现在整体性、协同性和服务性 3 个方面。

1. 整体性

“上海模式”的整体性主要体现在结构再造和流程再造。一是依托结构再造，实现政务服务从金字塔形向扁平化转变，整合部门政务服务，体现政务服务的整体性，“一网通办”通过一体化在线政务服务平台的构建促进政府部门的结构再造。线上明确规定除法律规定或涉密的事项以外，政务服务均应纳入统一的政务服务平台，促进政府在结构上的再造。线下提出“四个集中”，即在一个政府部门内部将与行政相对人密切相关的行政审批事项集中到单一处室，将各个部门的审批处室向统一的行政服务中心集中，将涉及企业的行政审批事项向行政服务中心集中，将重点审批事项和建设审批项目向单一窗口集中。通过事项集中，推进政府部门在结构上的扁平化，继而实现在政务服务上的整体性。二是通过政务流程再造，实现政务服务从碎片化向整体性转变，上海市充分认识到，“一网通办”改革的痛点和堵点主要体现在线下政府各部门的职能整合和机制调整，根子在于政府管理和政务服务流程的优化和完善。

2. 协同性

“上海模式”的协同性是整体性的延伸。想要打造整体性政府，就需要实现政府各部门的线下协同和线上协同。上海市在推进“一网通办”的过程中积极推进信息协同、材料协同、信用协同，继而实现部门协同和事项办理协同。第一，强调政府部门之间数据与信息共享，推进政府部门间的信息协同；第二，推进电子证照的应用实施和电子证照的互通互认，明确政府部门可以共享的材料不再重复提交，促进事项办理过程中的材料协同；第三，促进信用信息的互联互通互认，为信用管理基础上的事中事后监管提供支撑，实现事项办理过程中的信用协同，最终实现“减环节、减证明、减材料、减跑动次数”的目标，促进政务服务效能的全面提升，提升公众的满意度。“一网通办”可最大限度发挥出数据和信息本身的价值，使整个结构朝着扁平化的方向发展，以用户满意为中心，减少部门办公事务的各类瓶颈问题，实现传统政务资源的合理配置，确保政务事项办理的协同性和高效化。

3. 服务性

“上海模式”的服务性主要体现在上海充分贯彻“以人民为中心”的发展理念，全方位推进政务服务改革的新探索，有效实施理念再造，推进政务服务从政府本位向服务本位转变。“一网通办”改革强调不是从政府部门管理的角度出发，而是从行政相对人的角度出发，对政府如何提供公共管理和公共服务进行整体谋划和思考，实现民众办事从找部门到找政府的转变，实现从政府导向到公民导向的转变。同时在各个行政服务中心推进“一窗通办”，前台负责综合受理，后台负责分类审批，最终以窗口出件的方式，实现“一窗通办”。这些方式都极大地提升了线上/线下服务的协同性，提升了政务服务的服务性及公众的满意度。“上海模式”将民众和服务结果反馈作为政府开展公共服务的核心，根据民众要求，为他们提供更加便捷的政务服务，实现从“我能提供什么服务”到“公众需要什么样的服务”的转变。以数字化推进政务服务效能提升顺应了技术发展趋势，符合现阶段我国的基本国情，能够把群众对政府服务的需求紧密结合起来，同建设服务型政府要求一致。

三、广东省探索

广东省将数字政府改革建设列为全省全面深化改革的 18 项重点任务之首。广东省的“数字政府”建设采取“省级统筹统建，地区分类协同”的建设模式，“数字政府”改革不断完善数据共享平台架构与功能。在省级层面，全面推行统建模式，建设统一的政务云平台、统一的数据中心，对部门系统施行统一接管，为公众提供统一服务入口；在地市层面，按照经济发展水平和信息化基础实行分类推进，做好应用系统与省级平台对接和数据共享。在推进“数字政府”建设过程中，广东省致力于从优化营商环境、推进粤港澳大湾区建设、解决形式主义等方面着手，积极探索政府数字化转型的创新办法，形成了政务服务数字化转型的“广东模式”。“广东模式”聚焦以市场化改革推进“数字政府”建设，更多从整体性层面进行统筹和改革，自上而下统筹建设，借助系统性思维从管理、业务和技术 3 个层面对数字政府的构建进行顶层设计，推进管理改革、数据融合、业务融合和技术融合，全方位推进跨层级、跨地域、跨系统、跨部门、跨业务的协同管理和服务，促进部门业务协同融合、数据资源流转通畅、决策支撑科学智慧、社会治理精准有效、公共服务便捷高效、安全保障可管可控，以“理念创新+制度创新+技术创新”推动广东省“放管服”改革纵深发展，促进政府职能转变，以集约化、一体化建设模式降低行政成本，提高行政效率，以数据开放释放“数字红利”，提升政府治理体系和治理能力现代化水平。

◎“广东模式”的典型特点

“广东模式”以解决政务服务的突出问题为核心，其典型特点主要体现为管运分离、整体协同及多元协作。

1. 管运分离

“广东模式”的管运分离主要体现在分设数字政府的管理机构与运营机构，数字政府建设进入企业和社会组织，开展政企合作。其中，“管理者”为改组后的政务服务数据管理局，“运营者”为“数字广东”公司。管运分离是广东省数字政府建设的重要模式，其体现的是市场化的“数字政府”建设思维，管运分离作为广东省政府数字化改革的一部分，着力于实现数字政府建设中政府与市场间的合作。广东省“数字政府”运营中心（即数字广东网络建设有限公司）由腾讯公司和三大运营商共同出资组建，并与华为签订战略合作协议，形成“1+3+1”的“政企合作”模式。该模式既强调政府在规划引导、业务协调、监督管理等方面的重要作用，又充分发挥互联网企业和基础电信运营商的技术优势，改变了以往政府部门既是使用者又是建设者的双重角色的情况，将部门变成服务的使用者、评价者，把原来分布在各个部门的建设能力集中起来，统一建设、统一运营、统一调度，形成建设能力的集约效应。

2. 整体协同

“广东模式”的整体协同主要体现在广东省积极推进部门协同、数据协同、业务协同乃至服务协同；推进政府部门间协同，打破“信息孤岛”，整合资源，打造整体政府；构造“1+N+M”政务云平台，政务云平台力求最大限度实现广东省全省信息基础设施和公共数据的互联互通，构建广东省政务服务的人口、法人、电子证照、信用信息、地理信息系统（Geographic Information System，GIS）信息五大基础信息库，实现公安、民政、人社、卫生等 55 个部门 1.4 万个信息项数据互联互通，实现数据整合，建立统一的在线政务服务平台“广东政务服务网”以及“粤省事”“粤商通”“粤政易”移动政务服务平台，实现服务融合。以数据融合支撑系统和协同的办公平台为依托，广东省撤并调整省信息中心和省直各部门 44 个内设信息化机构，将其统一到政务数据管理局一个部门，实现部门整合。以上述不同维度的整合为基础，积极搭建“整体协同”的业务架构，“整体协同”的业务架构突破了传统业务条线垂直运作、单部门内循环模式，以数据整合、应用集成、服务融合及部门整合为目标，以服务对象为中心，以业务协同为主线，以数据共享交换为核心，构建“纵向到底、横向到边”的整体型“数字政府”业务体系，聚焦各地各部门核心业务职能，不断推动业务创新和改革，充分彰显了政务服务的整体协同。

3. 多元协作

“广东模式”的多元协作主要体现为推进运营多元化、技术多元化、服务多元化、评价多元化，推进打造多元协作体系，积极探索构建“政府主导、政企合作、社会参与、法治保障”的共建共享“数字政府”改革新格局。在运营多元化方面，广东省充分发挥企业的技术优势和专业运营服务能力，由腾讯、三大运营商和华为合作，形成“1+3+1”的“政企合作”模式，实现政务服务运营的企业多元协作。在技术多元化方面，广东省通过App、政务网和协调办公平台，实现数据的集约化和平台的集约化，避免材料重复提交、审核，节约了大量的时间成本，实现了“只进一扇门”“最多跑一次”的政务服务目标。在服务多元化方面，政务服务平台汇聚各类服务，极大地满足了公众的政务服务需求，还激励政府相关职能部门进一步拓展和创新服务，促进政府服务的多样化。在评价多元化方面，广东省大力推动政务服务“好差评”管理工作，让更多的社会公众参与到“数字政府”改革建设中去，实现了政府、企业、公众之间的良性互动，使得公共权力更加公开透明；将差评形成工单，要求政府部门限期回访整改，评价结果定期通报，并纳入各级政府年度目标考核和绩效考核，促使各部门不断改善和提升政务服务质量。同时，公众通过“用户体验”也可以就平台在使用方面存在的不足及改进措施提出意见和建议，通过反馈，优化平台建设。无论是运营主体的多元协作，还是信息技术的广泛运用，无论是政府组织机构的优化重组，还是对多元治理主体的吸纳，这些措施仅仅是推进“数字政府”改革建设的一个手段，其最终目的是通过多重因素的协同作用形成治理合力，有效提升公共服务的效能和水平。

四、浙江省探索

浙江省于 2014 年开始探索政务服务领域的数字化改革，在之前“数字浙江”建设的基础上，浙江省围绕“放管服”改革，梳理政府的权力清单，重新认识和厘清政府与市场、社会的关系，重点对行政审批领域进行了一次自我革命和重新设计，提出和开展“四张清单一张网”改革。“四张清单”指政府权力清单、政府责任清单、企业投资项目负面清单、政府部门专项资金管理清单；“一张网”指浙江政务服务网。2017 年至 2018 年期间，浙江省提出“最多跑一次”改革，这一改革强调以数据为中心，从企业和群众的需求出发，探索和收集各类不同数据，在数据汇聚的基础上创新服务流程，以数据驱动推进政务服务改革，不断改进和完善政务服务。浙江省坚持“以人民为中心”的理念，以企业和群众办事“最多跑一次”为目标，主要围绕省级 100 个高频事项，通过标准化、数字化、资源共享化等机制真正解决企业和群众办事“最后一公里”问题，积极推进“一证通办”“一窗受理”“一网通办”等改革创新，取得显著成效，形成了政务服务数字化转型的“浙江模式”。“浙江模式”的落脚点是“最多跑一次”政务服务改革，其政务服务的数字化转型与改革由群众的需求引发，从优化审批流程切入，以数字化推进透明化和规范化，积极建设人民满意的服务型政府，促进治理体系和治理能力现代化。

◎“浙江模式”的典型特点

“浙江模式”以实现政务服务数字化为核心，其典型特点主要体现为场景化、数据驱动及移动化和智慧化。

1. 场景化

浙江省在推进政务服务数字化转型过程中的一个突出特点就是以便民服务场景化为牵引，以实施服务渠道平台基础设施创新为起点，全面撬动政府组织架构、运行体制和权力使用规范化改革，以便民服务和优化审批流程为切入点，优选商事登记、投资审批、不动产登记、社会事务4个方面的100个高频政务服务事项为突破口，实现围绕这些高频政务服务事项的数据全归集、全打通、全共享、全对接。后续过程中，浙江省不断地拓展事项、层次和机构，逐步实现政务服务数字化场景全覆盖，通过事项拓展全面覆盖所有行政权力事项；通过层级拓展，全面加强基层治理体系“四个平台”建设，全面推行村（社区）代办制，实现省市县乡村五级“最多跑一次”改革全覆盖；通过机构拓展，向涉政中介机构、各类公共服务机构延伸，提高全社会运行效率和服务质量。由此，浙江省以场景带动政务服务数字化变革，由重点事项、重点区域、重点领域逐步变革为全部事项、全部区域、全部领域，最终实现围绕政务服务、流程、组织的一系列改革创新，有效落实“以人民为中心”的理念，有效达成让企业和群众办事“最多跑一次”的政务服务目标。

2. 数据驱动

浙江省在推进政务服务数字化的过程中坚持以数据驱动服务的建设原则，围绕政务服务的应用需求，着力打破“信息孤岛”，推进部门间数据共享，推动信息系统全面整合和公共数据共享开放，让数据多跑路，让群众少跑腿或不跑腿，从企业和群众的需求出发，融合和汇聚各类数据，实现政务数据的自由流动和融通共享，最终实现数据赋能政务服务，以数据驱动实现“最多跑一次”的政务服务改革。

3. 移动化和智慧化

浙江省充分发挥移动支付、移动商务的基础力量，加快推进政务服务事项“网上办”“移动办”，全面提升“一网通办”水平，探索“移动办事之城”，打造移动办事（移动政务服务）省份。充分发挥技术平台赋能，推动“找部门”转向“找政府”。一是实现场景导服智能化，二是实现服务路由精准化，三是实现部门协同敏捷化。把移动办事原理扩展到企业投资项目审批“最多跑一次”改革，建设投资项目在线审批监管平台，努力实现竣工验收前“最多跑一次”的目标；商事制度改革则全面推行“证照分离”“多证合一”“证照联办”，最终实现工商登记全程电子化。开发智慧化服务功能，为群众和企业提供更友好的导引服务、更精准的搜索服务与更贴心的推荐服务，加快推动“一证通办”，从老百姓最关心、最常办的民生事项入手，梳理每个事项的办事材料，通过数据共享免交其他材料，实现凭一张身份证明即可查房产、办驾照、提公积金、办出生证明等。大力推进“一件事”，围绕群众与企业两个生命周期，通过数据共享简化材料表单，推进业务流程优化，提升群众和企业的办事体验，在浙江政务服务网、“浙里办”App上线运行40件“一件事”，包括企业开办、用水报装、转外就医等高频群众和企业的“一件事”。

从全国政务服务数字化建设来看，贵州省、上海市、广东省、浙江省的政务服务数字化探索各具特色，尽管4个省市经济发展水平不同，地方治理创新的传统也存在差别，但是其在推进政务数字化的过程中却表现出诸多的一致性。

1. 落脚点一致性：落实“以人民为中心”的政务服务理念

贵州省、上海市、广东省、浙江省都致力于落实“全心全意为人民服务”的根本宗旨，贯彻党中央、国务院政务服务改革政策文件要求，以此为出发点，推进围绕政务服务数字化转型的理念创新、政务服务流程再造、政府服务标准创新等一系列改革。

2. 统筹规划一致性：重视顶层设计

4个省市都注重政策、体系和技术方案方面的顶层设计，进行自上而下的系统谋划和战略布局。4 个省市充分认识到数字政府转型是一项综合性的、自上而下的治理变革，领导愿景、政治及行政层面的领导承诺对数字化变革至关重要。对于地方政府来说，“最高层次”即省级政府，体现在数字政府建设方面，则指省级政府在数字政府建设方面所做的战略规划。4 个省市在数字政府建设过程中都高度重视顶层设计，相继出台了政务服务数字化或数字政府建设的相关文件。纵观规划内容，政务服务数字化的建设主要涵盖了三方面内容。一是政务服务方面，利用互联网、云计算、大数据等数字技术，推进集约化平台的建设和应用，推进围绕政务服务应用场景的数字化再造和服务提升，对外实现政务服务流程再造与质量提升，对内实现跨部门数据协同和业务协同。二是数据治理方面，完善政务信息资源共享目录和数据共享交换标准规范，对数据进行全生命周期管理，在打破“信息孤岛”的同时加强数据开放，依托数据融通支撑业务融通和服务提升。三是政府职能创新方面，利用大数据、人工智能、区块链等数字化技术提升政府在市场监管、社会治理、生态保护、安全监测、公共服务等领域的职能履行水平。贵州省、上海市、广东省、浙江省近年数字化政府建设的相关文件见表 5-1。

表 5-1　贵州省、上海市、广东省、浙江省近年数字化政府建设的相关文件

时间	部门	政策文件
2018年7月	浙江省人民政府	《浙江省数字化转型标准化建设方案（2018—2020年）》
2020年12月	浙江省人民政府	《浙江省政务公开五年行动计划》
2021年2月	浙江省人民政府	《浙江省国民经济和社会发展第十四个五年规划和二〇三五年远景目标纲要》
2018年11月	广东省人民政府	《广东省“数字政府”建设总体规划（2019—2021年）》
2019年4月	广东省人民政府	《广东省“数字政府”改革建设2019年工作要点》
2020年2月	广东省人民政府	《广东省数字政府改革建设2020年工作要点》
2021年4月	广东省人民政府	《广东省国民经济和社会发展第十四个五年规划和2035年远景目标纲要》
2018年8月	贵州省人民政府	《贵州省人民政府关于促进大数据云计算人工智能创新发展加快建设数字贵州的意见》
2016年9月	上海市人民政府	《上海市政府电子政务“十三五”发展规划》
2021年12月	上海市人民政府	《推进治理数字化转型 实现高效能治理行动方案》

3. 政府组织结构调整一致性：成立独立机构

4 个省市相继成立了围绕政务数字化或“数字政府”建设的专门机构。贵州省于 2014 年 6 月成立贵州省大数据产业发展领导小组，此后，经过 3 年探索，将省公共服务管理办公室更名为省大数据发展管理局，在全国率先成立大数据管理和发展的独立部门，将省公共服务管理办公室的职责全部划入省人民政府办公厅，将贵州省经济和信息化委员会承担的有关数据资源管理、大数据应用和产业发展、信息化等职责整合划入省大数据发展管理局。上海市于 2018 年成立上海市大数据中心，其主要职责为贯彻落实国家大数据发展的方针政策，做好上海市大数据发展战略、地方性法规、规章草案和政策建议的基础性工具。该中心承担制订政务数据资源归集、治理、共享、开放、应用、安全等技术标准及管理办法的具体工作。广东省于 2017 年 10 月成立了“数字政府”改革建设工作领导小组，由省长挂帅亲自部署大数据体制改革工作，解决大数据统筹协调力度不足的问题，确立了“全省一盘棋”工作推动机制，此后，为明确管理职责，撤并和调整了省和省直各部门 44 个内设信息化机构，组建广东省政务服务数据管理局并将其作为“数字政府”改革建设工作的行政主管机构，负责政策规划、统筹协调，从体制机制源头上革新组织保障。浙江省于 2018 年 7 月成立了由省长任组长、常务副省长任副组长、相关厅局负责人任成员的政府数字化转型工作领导小组，负责领导和统筹全省的数字政府建设；2018 年 10 月，成立浙江省大数据发展管理局，其主要职责为加强互联网与政务服务的深度融合，统筹管理公共数据资源和电子政务，加快推进政府的数字化转型。

4. 平台建设的一致性：构建一站式、一体化的在线政务服务平台

4 个省市都聚焦“以人民为中心”的政务服务理念，以数字化改革推进政务服务的便民化。一是建立统一的硬件基础设施平台，二是建立统一的数据汇聚共享平台，三是建立统一的政务服务业务平台；以硬件集成、数据集成、业务集成等支撑实现一站式、一体化的在线政务服务，在一站式、一体化的基础上开展政务服务领域的“一网通办”“最多跑一次”“一窗通办”等各类数字化政务服务创新。

5. 服务目标的一致性：线上线下融合政务服务

4 个省市的政务服务数字化建设充分体现了“互联网＋政务服务”的深

刻内涵和特征，推进政务服务线上线下的融合办理，提升政务服务的便利化水平。线上能够“一网通办”，线下能够“一窗通办”，无论是线上办还是线下办，都是通过政务服务平台的后台实现数据协同、业务协同和服务协同，使公众感受到的是政府提供的统一的、无差别的、便捷的政务服务。

可以说，我国各级政府在政务服务领域的数字化应用探索是非常成功的。“互联网+政务服务”引领各级政府部门全方位开展政务服务的数字化变革与创新，政务服务领域的数字化极大地推动了服务型政府的建设。一是以数字化推进政府职能转型，推进各级政府从管理型政府向服务型政府转变，落实简政放权，削减政府职能，促进跨部门、跨区域和跨行业的信息资源共享，遏制寻租腐败，实现有效监管，聚焦“以人民为中心”的理念，以数字化推进面向公众的个性化服务、便捷化服务；二是以数字化助力提升政府行政效能，降低行政成本，通过政务业务流程的重塑，使政府组织结构在纵向上突破传统科层制的垄断与限制，向着不断扁平化的方向发展，实现了业务协同，提升了行政效率，横向上使各职能部门不断整合，有效避免“多头领导”“管理不一”“推诿扯皮”“效率低下”等多种不良现象，以数据信息的高效流转保障了政务服务的高效协同；三是以数字化推进政务信息公开，打造透明政府，让行政审批等政务事项的办理透明化，从而有效减少权力寻租；四是以数字化推进政府管理和服务的科学化和精准化，政府利用大数据等数字技术实现科学分析和决策，通过互联网建言献策、咨询投诉、民意调查等方式，吸纳社会公众广泛参与政府决策，有利于促进政府民主决策，根据公众的需求热点把公共服务供给模式由“索取”转向“推送”，实现政务服务的精准化、智能化。

相关政府机构和部门在探索政务数字化转型的过程中，做了诸多的尝试与探索，产生了不少经典数字化案例。

1. 交管 12123

交管 12123 App是一款由公安部推出的全国统一的互联网交通安全综合服务软件。用户注册成功后可以自助查询车辆违法情况、处理交通违法、缴纳罚款，以及办理预选机动车号牌、考试预约、换领驾照等各项业务，无须再跑到交管部门的执法站窗口和银行现场办理，极大地方便了公众。交管 12123 App如图 5-2 所示。

图 5-2 交管 12123 App

2. 个人所得税App

个人所得税App是国家税务总局推出的官方税收管理、个人所得税申报系统手机应用。用户实名注册后，就能进行专项附加扣除信息的填报。纳税人通过人脸识别，再注册个人身份证号、手机、地址等信息，就能实时查询自己可享受的税收优惠。

个人所得税App可以提供个人信息采集功能，便于建立办税联系渠道；通过采集子女教育、继续教育、大病医疗、住房贷款利息、住房租金、赡养老人、3岁以下婴幼儿照护支出等专项附加扣除信息，为税收部门和纳税人之间搭建“桥梁”，极大地便利纳税企业和纳税人的个人所得税的申报和缴纳。个人所得税App如图5-3所示。

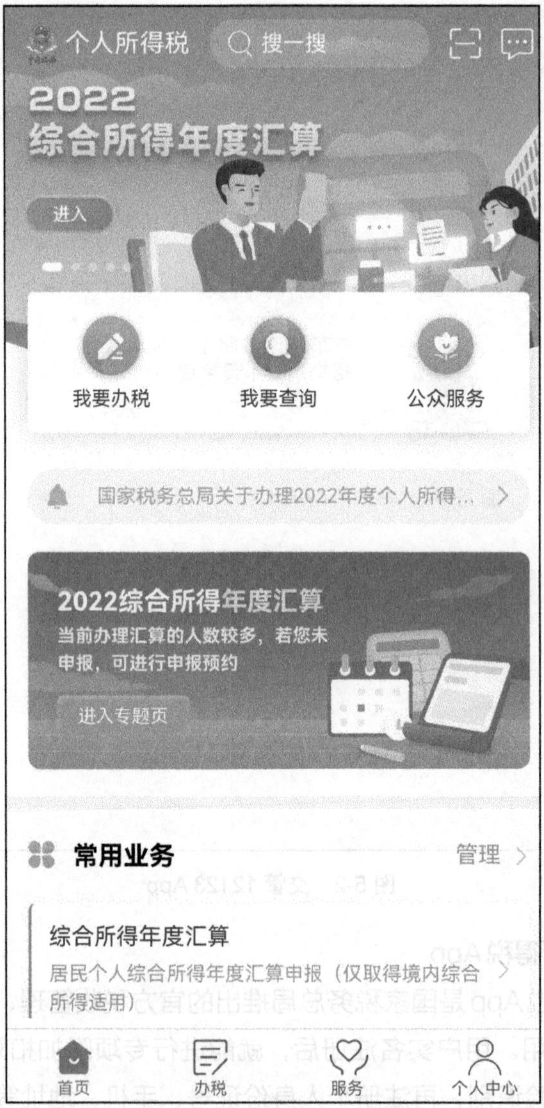

图5-3 个人所得税App

3. 云上贵州多彩宝App

云上贵州多彩宝App是贵州省最大的数字服务平台，是贵州省覆盖范围最广、功能最全、用户最多、体验最好的数字商务平台、数字民生平台、数字政务平台，能够提供比较健全的政务服务、民生服务和商务服务。云上贵州多彩宝App如图 5-4 所示。

图 5-4 云上贵州多彩宝 App

4. 浙里办App

浙里办是一款基于浙江省政务服务网一体化平台能力的App，其囊括“掌上办事”“掌上咨询”“掌上投诉”三大核心功能板块，以及查缴社保、提取公积金、交通违法处理和缴罚、缴学费等数百项便民服务应用。浙里办App如图 5-5 所示。

图 5-5　浙里办 App

第三节　政务服务的数字化转型关键要素

在国家层面，中共中央、国务院相继出台多项支持和推动数字政府建设的政策文件，将数字政府建设作为推动国家治理体系和治理能力现代化的重要抓手。《中华人民共和国国民经济和社会发展第十三个五年规划纲要》中明确提出实施网络强国战略，加快建设数字中国；2019 年中国共产党第十九届中央委员会第四次全体会议通过的《中共中央关于坚持和完善中国特色社会主义制度　推进国家治理体系和治理能力现代化若干重大问题的决定》提出“推进数字政府建设，加强数据有序共享”；中国共产党第十九届中央委员会第五次全体会议通过的《中共中央关于制定国民经济和社会发展第十四个五年规划和二〇三五年远景目标的建议》(以下简称“十四五”规划),提出要坚定不移建设数字中国,加快数字化发展,加强数字社会、数字政府建设,提升公共服务、社会治理等数字化智能化水平。“十四五”规划第十七章“提高数字政府建设水平”中分三节对提高数字政府建设水平提出了明确要求,分别为:第一节加强公共数据开放共享、第二节推动政务信息化共建共用、第三节提高数字化政务服务效能。“数字政府建设”已经成为新时代我国推进国家治理体系和治理能力现代化、提升政府行政效率和履职水平的必然要求。

从战略背景和政策趋势上来看,当前和今后一个时期,以数字技术驱动的“数字政府”是推进国家治理体系和治理能力现代化关键之所在。

数字技术作为驱动第四次工业革命的关键核心,正在强力推动各行各业的数字化转型,打造“数字政府”自然也需要推动政务服务领域的数字化转型。

从具体的实践来看,政务服务领域的数字化转型包括平台集约化建设、数据融合集成、政务流程再造、线上线下政务服务融合等关键要素。

一、平台集约化建设

从具体的政务数字化实践来看,在政务服务数字化推进过程中,大多数地方政府选择的数字化支撑平台的建设路径是“平台集约化建设”。传统的政务系统都是由各部门自建的数据中心进行支撑的,多数采取“分散投资,分头建设”的模式,分散建设模式带来的弊端显而易见:一是造成财政资金的极大浪费,设备闲置率高,且浪费算力,浪费电力,网络硬件设备往往 5 年左右就要更新;二是造成条块分割的“信息孤岛”,这严重制约部门数据共享与业务协同,影响行政效率的提高;三是造成线上政府公共服务碎片化和分割化,这既不方便企业、市民办事,又不利于行政监察与社会监督。平台集约化建设的目的是在统盘规划、统筹管理的基础上,有序建设、合理配置基础设施和资源,使之更好地满足政务服务各项应用的需要,尽量用最小投入实现效益最大化。以云计算为核心支撑的平台集约化建设成为当前和未来政务服务数字化的关键基座。云计算技术深刻改变了电子政务建设运营的技术环境，云计算具有虚拟化、高可靠、可扩展、可计量的优势，可以充分提高资源利用率，减少重复投资建设。越来越多的地方政府选择用云平台的集约化建设方式实现基础设施共建、共享、共用，使电子政务从粗放式、离散化的建设模式向集约化、整体化、可持续化的发展模式转变，使政府管理服务从各自为政、相互封闭的运作方式，向跨部门、跨区域的协同互动和资源共享转变。

二、数据融合集成

从具体的政务数字化实践来看，在政务服务数字化推进过程中，为了更好地实现“前端”的政务服务，“后端”的数据融合集成成为关键所在。传统上，政府部门间存在严重的“数据孤岛”问题，数出多门、互不关联、相互打架的现象时有发生，数据标准不一致，数据共享性差，政务服务业务由于缺乏强有力的数据支撑很难实现高效协同和便民服务，如此严重制约了政务数据价值的发挥和政务服务效率的提升。因此，数据融合集成的目的是通过数据汇聚共享平台实现政务数据的统一标准、统一管理、统一规范、统一安全保障，打破“数据孤岛”，消除部门间的“数据壁垒”，继而实现政务数据的汇聚、共享与应用。数据融合集成有助于实现人口、法人单位、自然资源、空间地理、宏观经济等基础数据的整合共享，有助于实现各政府部门之间政务数据的融合共用，从而支撑政务服务的业务协同和服务协同，支撑政府的科学决策和有效监管。

三、政务流程再造

从具体的政务数字化实践来看，在政务服务数字化推进过程中，数字化只是一种支撑手段，这一过程中的一个关键核心在于政府必须以政务数字化为牵引进行政务流程再造。传统的政务服务大多基于传统的政府管理体系和机制，传统政务服务的落脚点在于“管”，政府各个部门独立为政，注重解决本部门的政务，导致形成了条块分割的管理体系，部门间缺乏协同，行政效率低，事项办理流程复杂、分散且涉及多部门。另外，以前的技术不能实现整个业务条块的联网，整个业务流程不得不按地理位置和人力分配被分割在多个部门，从一个部门转到另一个部门，这增加了交接环节并提高了复杂程度。在传统的业务流程中，相同的信息往往在不同的部门都要进行收集、存储、加工和管理，这造成了大量重复劳动。随着政务数字化改革的推进，必须对政府传统工作方式、方法、程序等进行重新审视，进行必要的清理、简化、优化、整合和改造。政务流程再造要把传统以政府职能为中心（管理）的行政模式转变为以政府客户为中心（服务）的行政模式，根据政务服务场景需求，进行政务流程再造：可以确定每个政务流程应该采集的信息，并通过应用系统实现信息在整个流程上的共享使用，充分授予办事人员权限，发挥每个公务员在业务流程中的作用，将传统业务流程的串联模式变成并联模式，提高办事效率；可以依托数字化实现事项办理业务的整合和协同，不断提升政府绩效水平。

四、线上线下政务服务融合

从具体的政务数字化实践来看，在政务服务数字化推进过程中，需要考虑公众的差异化、事项办理的差异化、公众的习惯和年龄层次，因此，以服务为导向，有效推进线上线下政务服务融合是当前和今后推进政务服务改革的有效途径。传统的政务服务聚焦线下办理，公众需要去不同的部门办理不同的业务，或者去不同的部门办理同一个业务，时间成本非常高。后来，政府设置了统一政务服务大厅，公众去政务服务大厅可以办理各类业务。围绕政务服务大厅的线下业务办理，政府相继探索了“最多跑一趟”“一窗通办”“一次办成”“一证通办”等改革实践；同时，推出了线上的政务服务平台，相继探索了“一网通办”“掌上办”“指尖办”“随时办”等线上政务服务创新实践。线上办理模式和线下办理模式满足了不同公众办理事项的需求。当前和今后一段时间，政府仍需要根据公众的个性化需求，同步提供线下和线上政务服务业务，着力推进线上线下政务服务融合，满足公众全方位事项办理的需求。

立足上述关键要素，坚持“以人民为中心”的服务理念，相信各地各级政府一定能够进一步推进政务服务领域的数字化转型，以数字化牵引政务服务的改革创新和落地实践，更好地打造“数字政府”，更好地打造服务型政府。

第四节　未来政务

“数字政府”以大数据、云计算、人工智能等数字技术为依托，与政府治理深度融合，形成一种新型政府运作模式，是推进国家治理体系和治理能力现代化的重要抓手。加强数字政府建设，是创新政府治理理念、探索构建新型国家治理体系、提升治理能力现代化水平的一项重要举措，也是增强政府运行、决策、服务、监管能力的重要引擎，“数字政府”建设已成为加快转变政府职能，建设法治政府、廉洁政府、服务型政府的重要牵引。“数字政府”建设的关键在于以数字化改革助力政府职能转变，统筹推进各部门各领域政务应用系统集约建设、互联互通、协同联动，以数字化助力政府履行经济调节、市场监管、社会管理、公共服务、生态环境保护等方面的工作，从而构建协同高效的政府数字化履职能力体系。面对实现高质量发展的要求和数字化变革的必然趋势，只有进一步推进“数字政府”建设，才能以行政管理、政务服务的质量变革、效率变革、动力变革更好地服务新发展格局的构建，才能以数据治理能力的有效提升夯实经济社会数字化转型的基础。

图 5-6　数字政府

“数字政府”彰显的不仅仅是数字化，更彰显了未来政府对外的一种形态或趋势，数字化是未来经济社会发展的必然趋势，以数字化驱动的“数字政府”也是未来政府转型的必然趋势。

“数字政府”未来的发展呈现出虚拟化、智慧化、泛在化三大趋势。

1. **虚拟化**

“数字政府”的虚拟化趋势主要体现为 3 种可能性。一是，政务服务形态的完全数字化，即完全虚拟化形态，也就是说从当前线上线下融合服务的形态转变为完全线上服务的形态，“去现场化”应该是未来政务服务的必然趋势。手机、区块链技术、人脸识别技术等是驱动“去现场化”的关键因素，以手机为核心的移动终端的广泛渗透使公众习惯于线上的便捷化服务，而区块链技术和人脸识别技术则可以实现有效的身份验证，二者叠加可以实现用户身份的有效确认和事项办理的安全保障。如此，“去现场化”就成为可能。二是，政务管理与政务服务方式的数字孪生，即依托沉浸式体验技术打造“镜像政府”。“镜像政府”可以被理解为“数字政府”的延伸，“镜像政府”打造一个与现实世界完全一致的虚拟世界，公众可以通过“镜像政府”（数字孪生）办理各类事项，政府可以通过“镜像政府”（数字孪生）实现对现实社会的有效管理。三是，数字档案会成为政府治理的关键基石。在“数字政府”的建构过程中，数据不断地累积。围绕一个政府部门会形成一个大的行业或领域数字档案，围绕某一业务会形成一个与业务相关的数字档案，围绕一个法人单位会形成一个数字档案，围绕一个又一个的社会公众会形成一个个数字档案。数字档案就是数字时代的身份证，只不过这个“身份证”不同于以前，它的信息更加丰富，作用更加明显。一个数字档案会贯穿一个企业从注册到注销的全过程，会贯穿一个人从出生到死亡的一生。未来数字档案可能成为“数字政府”管理社会、服务社会的关键基石。

2. **智慧化**

“数字政府”的智慧化趋势主要体现为未来政府的治理与服务将实现数据赋能。

◎数据赋能场景 1：更加智慧的政务服务

依托政务数据和社会数据的融合，在大数据、人工智能等数字技术的加持下，政务服务会让公众感觉更贴心。某款政务服务App会成为连接政府和公众的桥梁，但是这款App将会变得更加智能。当你购买了一辆汽车，你可以自助地拍照上传并注册，选择车牌号后，系统会给你自动地进行车辆登记并邮寄车牌。当你的驾照快到期时，政务系统（App）会提前一个月自动告诉你需要换领新驾照了，请你填写邮寄地址，新驾照会邮寄给你。也许以后不需要换领新驾照，只要符合规定且没有违章未处理等行为，系统会自动生成新的电子驾照，并自动延期。当你出现交通违章等情况时，政务系统（App）会自动通知你，并详细告诉你违章的缘由及具体的注意事项，并且会协助你处理相关违章处罚。当你的孩子出生时，政务系统（App）会根据你填写的住址，自动帮你选择婴幼儿体检和接种疫苗的场所，并提示你或帮你预约具体的时间，你可以根据系统提供的地点和时间范围自主选择。当你的孩子到了入园年龄和入学年龄，政务系统（App）会帮你选择居住地周边合适的幼儿园和小学，并提供具体的空额数，你选择后可自动或辅助办理相关入园/入学手续。当你该缴税或补税时，政务系统（App）会自动核算并发送通知给你，让你轻松搞定。一切都会变得更加智慧和便捷，你不需要过分地思考，政务系统会帮你思考，似乎一切都会帮你安排好。

◎数据赋能场景2：更加智慧的政府监管与决策

依托政务数据和社会数据的融合，在大数据、人工智能等数字技术的加持下，政府的监管与决策将更加智慧和科学。通过居民的户籍信息和居住信息，结合婚姻登记和孕期体检信息，政务系统可以有效分析区域学龄前和学龄儿童情况，助力政府面向幼儿园和中小学的合理布局和新建决策。通过对水、电、煤气、社保等数据进行融合分析，政务系统可以有效助力政府的税务监察、企业安全生产监察等智能化行政监管。通过对商务大数据、金融大数据等进行分析，政务系统可以有效地助力政府围绕工业、商业、金融等领域发展进行科学决策和有效监管。

◎数据赋能场景3：更加智慧的城市管理和社区管理

依托政务数据和社会数据的融合，在大数据、人工智能等数字技术的加持下，政府将进入更加智慧化的城市管理和社区管理阶段。通过政府后台数据和社会数据，政府可以更好地了解交通情况，有效调控交通通行，缓解交通拥堵。通过建设智慧楼宇，楼宇的安全管理、水电管理、设备管理将实现全面数字化，从而推进楼宇节能减排，提升楼宇管理效能，助力绿色、低碳楼宇建设，助力绿色、低碳城市建设。通过智慧社区的进一步建设和推进，社区的网格化管理、流动人口管理、安全管控等将更加智慧化，从而进一步打造安全、舒适的生活圈。

3. 泛在化

未来的数字化政务服务应该是泛在化的。所谓的泛在化就是政务服务在任何时间、任何地点都可以通过各种终端设备和服务软件来实现。泛在化其实更像是一种愿景，体现的是公众不必为如何获得线上的政务服务而忧心。各类政务服务应该是泛在的，其可以是一个自动化设备，可以是不同的软件终端，可以是嵌入不同软件中的某个功能模块，可以是网络浏览器中的某个功能页面。其实，未来的政务服务也许不用那么麻烦地去开发各种各样的软件终端，尤其是一个个的政务App了，未来的服务可能是轻量化的微应用，这些微应用可以实现一个个的政务服务功能。因此，只需要扫描一个服务二维码，进入一个功能界面（例如HTML5网页），就可以完成各种各样的线上政务服务。这才是真正的泛在化，人们不必考虑提前安装什么软件，不同的政务服务只需访问不同的功能页面即可，简单快捷。

“数字政府”（政务服务数字化）的未来有着诸多的可能性，但是有一点是肯定的，就是我国政府数字化建设的立足点是贯彻落实“以人民为中心”的服务理念，旨在提升政府效能和提高公众的满意度和获得感，所有的数字化转型和改革探索都是以此为目标。我们有理由相信，我国的“数字政府”建设必将有效服务公众，助推政府治理体系和治理能力现代化的提升和发展。

参考文献

[1] 李季. “十四五”期间电子政务发展趋势展望[J]. 行政管理改革, 2020(11): 4-9.

[2] 何毅亭,李季,王益民,等. 中国电子政务发展报告(2019-2020)[R]. 2020.

[3] 陈水生. 数字时代平台治理的运作逻辑：以上海“一网统管”为例[J]. 电子政务,

2021(8): 2-14.
[4] 本刊编辑部. 制造业: 构筑中国经济的基石[J]. 经济导刊, 2016(5): 16.
[5] 丁炳智. 地方政府的数字化转型研究: 以杭州市为例[D].杭州: 杭州师范大学, 2020.
[6] 蒋敏娟. 地方数字政府建设模式比较: 以广东、浙江、贵州三省为例[J]. 行政管理改革, 2021(6): 51-60.
[7] 许峰. 地方政府数字化转型机理阐释: 基于政务改革“浙江经验”的分析[J]. 电子政务, 2020(10): 2-19.
[8] 何花. 数字政府建设: 发展历程、建设内容与创新路径: 基于浙江省数字政府建设的分析[J]. 攀登, 2021, 40(6): 94-102.
[9] 周春晓. “广东推进数字化发展”专题(2) 协同治理: 广东“数字政府”改革建设的关键[J]. 广东经济, 2021(4): 12-17.
[10] 朱锐勋, 王鹏. 地方政府数字化转型创新模式探讨: 基于广东省数字政府实践[J]. 贵州省党校学报, 2020(4): 71-78.
[11] 谭必勇, 刘芮. 数字政府建设的理论逻辑与结构要素: 基于上海市“一网通办”的实践与探索[J]. 电子政务, 2020(8): 60-70.
[12] 周雅颂. 数字政府建设: 现状、困境及对策: 以“云上贵州”政务数据平台为例[J]. 云南行政学院学报, 2019, 21(2): 120-126.
[13] 李灿强, 俞小蕾, 丁邡. 我国政务服务创新发展模式探讨[J]. 中国经贸导刊(中), 2019(8): 4-5.
[14] 赵勇, 曹宇薇. “智慧政府”建设的路径选择: 以上海“一网通办”改革为例[J]. 上海行政学院学报, 2020, 21(5): 63-70.
[15] 张荣铮. 政府流程再造视角下“一网通办”协调机制研究: 以上海市X区行政服务中心为例[D].上海: 中共上海市委党校, 2020.
[16] 浙江省大数据发展管理局. “浙里办”App: 伴你一生大小事[J]. 中国建设信息化, 2021(19): 30-32.

第六章
百工智造

第一节　传统工业的发展进程

工业起源于工业革命。在这一时期，人类生产逐渐由传统的手工劳动转向新的以机器为支撑的生产制作，机器生产模式开始逐渐替代人力和畜力的生产模式，大规模的工厂生产开始逐步取代个体工场手工生产。工业最终从农业中分离出来，成为一个独立的物质生产部门。

工业是对自然资源的开采、采集和对各种原材料进行加工的社会物质生产部门。工业是以机器等现代化加工设备及技术方法为核心的加工制造产业，是社会分工发展的产物。工业是处于产品生产链中层的行业，主要负责自然资源的开采、收集和原材料的加工，通过相关的技术和工艺流程实现工业产品的生产制造，是第二产业的重要组成部分，又包含采矿、能源和制造业。

工业的发展过程其实就是工业化的过程。所谓工业化是指人类社会从以农业经济为主过渡到以工业经济为主的社会和经济的改变过程，通常伴随着制造业和第二产业在国民经济中的比重及就业比重的上升。工业化进程的深入会使越来越多的人脱离自己生产粮食与必需品的小农经济生活，进入工厂工作，大机械的出现也使所有生活中的用品皆走向专业化、规模化制造。同时，工业的发展过程也伴随着生产、制造、销售等过程的细分及专业化。

一、世界工业化进程

世界各国的工业发展及工业化进程最长的已有 200 多年的时间。各国走过的路大体可分为以下 4 种类型：第一种是以英国为代表的早期工业化国家，第二种是以美、德、法为代表的中期工业化国家，第三种是以日本为代表的晚期工业化国家，第四种则包括东南亚新兴工业化国家和地区以及南美一些国家。公认的工业化开始于工业革命，工业革命带来了一般政治革命不可比拟的巨大变革，对人类社会产生了极其深远的再造与变革，深刻改变了人类历史的发展进程。

第一次工业革命把人们推向了一个崭新的“蒸汽时代”，实现了人类生产与制造方式从手工劳动向机械化劳动的转变，全面推进了各行各业及人们生产生活各方面的再造与变革。其中最具代表性的便是纺织业的发展。蒸汽机的应用彻底改变了传统的生产方式，一台蒸汽机驱动的纺织机可以取代上百名纺织工人。除此之外，蒸汽机也被应用于采矿、冶炼、机械制造等领域，实现了这些领域的效率提升和成本降低。率先完成工业革命的英国也顺势成为当时的世界霸主。英国能够完成人类历史上的第一次工业革命并成为当时世界的霸主绝不是偶然的，自然科学的突破和技术的储备、大量的技术工匠和人才储备、丰富的生产资料和广阔的市场需求，等等，都成为推动英国最先完成工业革命的关键要素。英国的工业化道路伴随着国内的“圈地运动”和国外的野蛮侵略与殖民，由此完成了资本的原始积累、生产资料的汇聚及产品市场的广泛开拓，这为英国工业革命的推进与完成奠定了基础。在生产资料（原材料）、生产工具（机器设备）、资本及市场的加持推进下，英国顺利成为人类历史上的第一个工业化国家。在此基础上，英国的城市化建设、科技发展取得了前所未有的进步与发展，为后续工业化发展不断助力。这之后，法国、德国等国家也相继完成工业革命，步入了工业化的快车道，进入资本主义发展阶段。

第二次工业革命从英国向西欧和北美蔓延，社会场景和应用需求产生深刻变化，自然科学研究取得重大进展，人类从此开启了“电气时代”。电气革命集中围绕着钢铁、铁路、电力和化学品的发展进行，极大改变了人们生产生活的方式，推进了生产工具的重大变革，促进了生产力的飞跃发展。英、法、德、美、日等主要资本主义国家也在这一时期迈入了帝国主义阶段，开始在世界范围内划分势力范围，掠夺殖民国家，抢夺经济利益。这一时期的工业化进程伴随着对外势力范围的划分和殖民统治，伴随着资源的掠夺，伴随着市场的开拓，伴随着以电气化为核心的生产工具和生产方式的革新，伴随着科学与技术的融合发展与突飞猛进，伴随着管理方式、销售模式的深刻变革。所有的这些因素都极大地推进了第一次工业革命向第二次工业革命的进化，人类的工业化进程取得了前所未有的进步。英、法、美、德等西方国家快速过渡到了工业化发展的第二个阶段，进一步促进了西方国家城市化、医疗卫生、教育、科学技术等领域的快速发展，西方国家彻底奠定了近代工业强国的地位。

第三次工业革命也被称作“信息技术革命”，其最主要的突破在于核能技术和电子信息技术。除了被应用于军事领域，核能在其他领域的应用前景也十分广阔。“二战”结束后，核电站、核医学等应运而生。先进武器需要速度快、精度高的数学计算，“二战”期间计算一张火力表需要花费 200 名计算员两三天的时间，于是各国开始研究以电子信息技术为支撑的高速电子管计算设备。1946 年，世界上第一台通用电子计算机ENIAC在美国宾夕法尼亚大学诞生，开启了人类的电子信息时代，而后以电子信息技术为支撑的计算机革命、通信革命、互联网革命席卷全球。电子信息技术驱动的机械化自动生产方式促进了社会生产力的发展，工业领域最显著的变化就是依托电子信息技术实现了工业生产过程的自动化改造，自动化的生产设备开始升级或替代原有工业生产过程的诸多环节。另外，由于材料科学与技术、化学工程与工艺的发展与革新，工业生产的工艺流程也在不断地变革。这一阶段，在材料科学、物理、化学、冶金等科学与技术的发展支撑下，工业门类和工业生产的产品都越来越丰富。

以飞机、轮船、汽车、计算机、手机等生产制造为代表的工业生产中的过程分工与协作越来越显著。全球化的工业分工和协作越来越普遍，工业的全球产业链体系促进了全球价值链的形成。全球价值链的形成是世界制造业分工的必然趋势，也是跨国制造业企业在全球范围内优化资源配置的最终结果。

从历史发展过程来看，全球供应链最开始是以欧美为制造中心的，后来逐步发展为以美、德、日为第一梯队，韩国、新加坡和中国台湾地区、中国香港地区为第二梯队的全球供应链体系。自我国改革开放以来，尤其是进入21世纪以来，我国制造业迅速崛起，逐渐成为全球制造业中心，从2010年—2020年，我国已经连续11年稳居全球制造业第一位。在此背景下，我国在全球价值链分工中的地位得到显著提升，目前形成了美国、中国、德国3个全球供应链体系的区域中心，深刻改变了全球工业格局。

我国在第三次工业革命的发展进程中，把握住了工业发展的历史机遇，从最初的代工生产到后来的全球制造业中心，从最初的以重工业为核心的制造体系到后来完整的工业体系，我国走过了一条不平凡的工业发展之路。同时，发达工业国家依靠前期的积累，垄断了大批的高端技术。因此，对于一些高端制造业产品，特别是一些高精尖产品，我国目前仍然严重依赖进口，比如高端芯片、高端工业软件、高端电子仪器、高端医疗设备、高端机床、高端轴承、高端手机屏幕、高端螺栓、汽车核心零部件、高端发动机等。

从全球当前的工业格局和产业链体系来看，美国、德国两国依旧处于工业产业链的顶端。虽然从工业规模上来看，我国已经远远超过美国和德国，但是我国在高端制造业方面与美国、德国相比还有很大的差距。当前，美国制造业主要以发动机、芯片、精密仪器、飞机等一些高精尖产业为主，德国制造业则以高端机床、高端制造设备等为主。这些行业有很高的技术门槛，只有少数国家能够掌握生产技术，而且这些产品对全球制造业的影响非常大。比如芯片直接影响着全球很多电子产品的运行，没有芯片，很多电子产品会陷入瘫痪当中；高端机床等直接影响其他工业产品的制造。因此美国、德国可以说是全球制造业的执牛耳者，处于全球工业产业链的顶端，同时也掌控了全球工业价值链的核心价值。

例如，在2020年世界500强排行榜中，我国总共有124家企业上榜，而美国只有121家企业上榜。我国上榜的企业数量首次超过美国，成为全球拥有世界500强数量最多的国家。但是我国上榜的企业，不论是营收还是利润，跟美国企业都有一定的差距，虽然美国上榜的企业数量比我国少，但是美国上榜企业的总营收达到9.8万亿美元，占世界500强企业总和的29.45%，而我国上榜企业营收总额只有8.2949万亿美元，占世界

500 强企业总和的 24.91%。也就是说虽然我国世界 500 强企业数量比美国多出 3 家，但营收却比美国少约 1.5 万亿美元。产生这个差距的原因就是美国的这些大企业（跨国公司）处于工业产业链的顶端和工业价值链的顶端。

第三次工业革命后期，随着智能手机和移动互联网的广泛普及，以及大数据、云计算、人工智能、区块链等数字技术的深度发展，更加广泛的互联网络逐渐形成，数字化开始向各行各业全面渗透，以数字技术为支撑的第四次工业革命徐徐开启。第四次工业革命建基于前三次工业革命的知识系统，同时又以数字技术、新材料、生物技术等新兴技术集群优势推动工业智能化转型，以数字技术推动“人、机、物”的三元融合，试图实现数字空间与物理空间的深度融合。相较于前三次工业革命，第四次工业革命凭借数字技术带来的存储、算力的指数级扩展，通过互联化、数字化、智能化推动社会各行业、各领域的数字化转型升级，同时推动新材料、基因工程、生物技术、清洁能源、可控核聚变等各领域的全面进步与发展，更加具有颠覆性变革与再造的特征。对于工业领域而言，在机械化、电气化、自动化等前三次工业革命积累的基础上，以数字技术为支撑，以生产设备智能化、生产过程管控智能化、生产管理智能化、生产销售和客户服务智能化为牵引，工业领域的数字化转型升级和智能化再造成为第四次工业革命中工业领域变革与再造的显著特点。

与前三次工业革命的显著不同在于，我国在这一次工业革命中占据了较好的先机。建国后以重工业为核心的工业体系的积累、改革开放后完整工业体系的构造、互联网及数字技术支撑下数字经济的有效积累等，都为我国开启第四次工业革命奠定和创造了有利的条件。

随着云计算、大数据、人工智能等数字技术的沉淀和积累，以大数据、人工智能及算力为支撑的各种“智能化系统”逐渐向社会的各个领域普及，围绕生产、生活、工作等各种应用场景的智能化成为趋势，推动人类社会从机械化、电气化、自动化的时代进入更高级的智能化时代，数字化、智能化推动着社会各个领域的再造与变革，也在深刻改变着人们的思维、行为、生活方式。工业智能化是第四次工业革命的显著标志，工业领域的智能化替代正在徐徐开启。从最初的机器辅助人类到人类辅助机器，工业生产过程中的诸多环节逐渐被更加智能化的设备所替代，很多传统上需要人类重复工作的场景最初被自动化的设备替代，现在正在被更加智能化的生产设备替代，工人将逐渐被排除在生产过程之外。“数字工厂”乃至“无人工厂”使生产过程变得越来越简单，但是产品的设计和营销变得越来越重要。在第四次工业革命中，谁抓住了机遇，以最快的速度实现超越行业、企业边界的“智能连接”，谁就能率先进入大规模定制生产时代；谁有效地应用了大数据和智能设备，谁就能在价值链中占据优势；谁顺利地完成了劳动力转型，谁就能使国民收入快速增长。从这个意义上说，第四次工业革命不仅会重塑未来经济格局，而且还会改变国家竞争格局。

二、我国工业化进程

在第一次工业革命之前，我国在世界发展中一直处于领先地位，无论是政治、经济、文化，还是科技发展。然而，在多种因素的影响下，我国错过了两次工业革命。在经历了一百余年的屈辱历史后，直到新中国成立，我国才在第三次工业革命期间开始了属于我们的“三次”工业革命。我国用短短 70 年的时间弥补了“三次”工业革命的旧账，我国工业体系、整体水平都取得了翻天覆地的变化，并不断地实现着各个领域的再造与革新，跟上了世界工业发展的脚步，甚至开始重新引领新工业的发展浪潮。

根据不同时期的特点，我国的工业发展基本上可以划分为 4 个阶段：第一阶段是起步阶段（1949 年—1978 年）；第二阶段是初步发展阶段（1979 年—1991 年）；第三阶段是快速发展阶段（1992 年—2005 年）；第四阶段是自主创新发展阶段（2006 年至今）。

第一阶段我国通过社会主义改造、社会主义建设的探索为我国工业体系的建设及经济社会的发展奠定了基础，在这一阶段中，我国工业技术的引进与创新经历了两个“高潮期”。1949 年至 1959 年是第一个“高潮期”，我们重工业先行，奠定了工业基础。面对我国工业生产水平和技术水平落后的现实，工业技术引进主要围绕发展重工业的思路展开。技术来源主要是苏联和东欧国家，主要学习的是“苏联模式”，这一阶段我国工业技术引进的突出特点是“产业移植”和“全面学习”。通过大规模技术引进，我国工业企业的机械设备水平和钢材的自给率得到提高，技术能力得到较快积累，为基本完整工业体系的建立奠定了基础。1972 年至 1978 年是第二个“高潮期”，在该时期，我们轻重并举，仍以大规模成套设备引进为主，同时引进了先进的管理理念，为企业培养了人才，锻炼了对外交流合作的队伍。但是该阶段引进的重点主要放在了拥有现代设备的“生产能力”上，而对“设计与设备制造能力”重视不够，没有系统地考虑如何有效地消化吸收引进技术的问题。总体来看，这一阶段工业的发展和积累为百废待兴的中国奠定了良好的基础。

第二阶段我国开始了改革开放的伟大探索创新，开始大规模引进西方国家先进的工业设备和技术，沿着西方国家早期的工业化技术路线和产业模式推进我国的工业化进程。我国工业发展和工业技术引进活动呈现出 4 个特点：一是技术引进方式更加灵活，以设备引进为主，但比重不断下降；二是技术引进管理权力下放，从权限高度集中于中央的模式逐步转变为向地方和企业放权的分级管理模式，逐步实现以法律法规的方式对技术引进进行管理；三是开始重视技术的消化吸收问题，国务院在 1985 年强调“要转到以消化吸收引进技术和国产化为主的工作上来”；四是企业在技术引进活动中的地位有所提升，企业得以自发选择、分散引进先进技术。总体来说，这一阶段的技术引进工作极大地促进了工业的发展和工业体系的构建，对国民经济的发展做出了巨大贡献。大批国有企业在这一阶段进行了设备更新和技术升级，我国产业结构得到了优化，工业技术水平上升到一个新的台阶，“实现了建国以来的第二次技术能力飞跃”。

第三阶段，党的十四大进一步明确了建立社会主义市场经济体制的改革方向，国内外经济环境都发生了很大变化。伴随着我国社会主义市场经济体制改革的深化，以及我国加入世界贸易组织（World Trade Organization，WTO），国家开放的领域不断扩大，外国直接投资在我国迅速发展，我国快速融入全球化发展浪潮中，这给我国工业技术的引进带来了新的影响。同时，伴随着我国工业企业实力的增强，我国企业通过“走出去”，不断寻求新的技术来源和合作方式，外商投资成为技术引进的一个重要渠道。这一阶段，我国工业在引进技术的同时，已经不满足于产品生产能力的提升，积极进行各种形式的创新活动，创新投入和产出规模快速增加，技术创新能力得到一次新的飞跃。我国工业企业积极通过“引进来”“走出去”的方式，加快对全球研发资源的整合，不断提升产品研发设计能力，持续进行技术创新能力积累，缩短与世界先进水平的差距，并逐步同国际接轨。在这一阶段，住宅、汽车、通信和城市基础设施建设率先成为我国新型高增长产业，并带动钢铁、机械、建材、化工等产业快速发展。

第四阶段，“自主创新”成为我国工业发展的核心主题。在自主创新阶段，我国工业技术创新呈现三方面特点：一是研发投入不断增加；二是企业在技术创新活动中的主体地位进一步加强；三是技术依存度总体下降，但核心技术突破的任务依然很重。从“十一五”到“十三五”时期，国家提出优化现代工业体系，围绕结构深度调整、振兴实体经济，推进供给侧结构性改革，培育壮大新兴产业，改造提升传统产业，加快构建创新能力强、品质服务优、协作紧密、环境友好的现代产业新体系。我国工业技术创新体系初步建立，技术创新能力不断提升。这一时期，我国工业更加注重创新和升级，注重品牌建设，优化产能过剩。工业技术创新不断推动我国工业的提质升级和规模发展，我国工业新旧动能转换加快，战略性新兴产业和技术密集型产业加速发展并逐步占据主导地位。我国工业不断优化产业链，开始向产业链的中高端发展。

70 多年来，我国工业走过了从技术引进、消化吸收到强调自主创新的道路，逐步从初步具备生产能力向研发能力提升跃迁。我国工业实现跨越式发展，基本补齐了前三次工业革命拉开的差距，建立了完整的工业体系，极大地增强了综合国力，提升了人民生活水平与生活质量。在数字经济发展领域，我国甚至后来居上，取得了一系列引领性的成果。

面对世界百年未有之大变局，我国必须全方面把握第四次工业革命的历史契机，全面推进各领域的变革与发展，推动并实现我国经济的可持续发展，助力实现中华民族的伟大复兴。我国的崛起将成为第四次工业革命中最重要的确定性事件之一。

第二节　工业领域数字化发展现状

当前，数字化正在推动工业的转型升级和重塑。随着数字技术的深刻发展，工业的数字化转型已经不再是一个可选项，而是一个必选项。面对数字化创新的快车道加速驶入带来的新机遇，各个国家纷纷加紧布局。

一、德国：“工业4.0”战略

德国在2013年提出“工业4.0”战略，目的是利用物联网等技术，将产品、设备、资源与人连接起来，实现产品制造流程的全面自动化和智能化，通过智能化生产制造系统实现工业产业链中各企业之间的有效协同和广泛协作，实现以数字化为支撑的物料供应智能化、生产智能化。

德国“工业4.0”战略主要体现在4个方面：一是建立信息物理系统（Cyber-Physical Systems，CPS），对设备进行智能化升级，并将它们连接起来，使之能够自动交流信息、发出指令并进行控制，而不必通过人工操作，系统可根据市场及工厂状况进行实时分析，自动调整生产量，维持最优生产状态；二是推进以数字化为支撑的产品生命周期管理，及时跟踪、共享产品从设计、制造到销售与售后服务的信息，在虚拟空间进行产品设计和试制，并将数据直接输送到制造现场，使品种批量多变的变种变量生产成为可能，缩短新产品的开发时间；三是推进工厂的全面互联，把办公室与工厂连接起来，整合经营管理系统和生产控制系统，使市场需求与制造现场相连接，灵活地改变生产计划和机械配置，实现生产周期的最优化；四是推进设备网络接口的标准化，“工业4.0”战略提出“即插即用”方式，就是预先对生产机械按功能进行模块组合，模块之间采用标准化的连接接口，这样就可以按照市场需求迅速地组合设备。西门子、SAP、博世等德国老牌的大企业为提供网络平台技术展开了激烈的竞争；德国政府、行业协会等成立了指导委员会与工作组推进“工业4.0”战略，并且在标准、商业模式、研究开发与人才方面采取了一系列措施。比如融合相关国际标准来统一服务和商业模式；建立适应物联网环境的新商业模式，使整个信息通信技术（Information and Communications Technology，ICT）产业能够与机器和设备制造商及机电一体化系统供应商工作联系更紧密；支持企业、大学、研究机构联合开展自律生产系统等研究；加强技能人才培训，使之符合“工业4.0”战略的需要。

◎**案例：德国西门子工厂**

2013年9月，位于成都的占地逾3.5万平方米的西门子工业自动化产品成都生产研发基地（简称“西门子成都工厂”）正式投运，它是西门子在我国设立的首家、也是唯一的数字化工厂，是德国安贝格数字化工厂的姊妹工厂。在西门子看来，“工业4.0”有3个要素。

第一，跨企业的生产网络融合。制造执行系统（Manufacturing Execution System，MES）将会起到更加重要的作用，自动化层和MES之间的对接会变得更加重要，且更加无缝化，还能跨企业实现柔性生产。所有的信息都要实时可用，供生产网络化环节使用。

第二，虚拟与现实的结合。该要素也就是产品设计及工程当中的数字化世界与现实世界的融合，从而实现越来越高的生产效率、越来越短的产品上市周期、日趋多样的产品种类等。

第三，信息物理融合系统是“工业4.0”的核心技术。在未来的智能工厂中，产品信息都被输入产品零部件本身，用户会根据自身生产需求，直接与生产系统和设备沟通，指挥设备把产品生产出来。这种自主生产模式能够满足每位用户的“定制”需求。

如果说数字化企业是一座恢宏壮丽的金字塔，那么产品生命周期管理（Product Lifetime Management，PLM）系统、制造执行系统和全集成自动化（Totally Integrated Automation，TIA）技术就是支撑塔身的3层“基座”。基于西门子协同的产品数据管理平台Teamcenter，PLM系统可以在完全虚拟化的环境中开发和优化新产品；MES能够规范和优化生产流程；TIA技术则可确保实现所有自动化部件的高效互通。

在过去几年中，“智能制造”已经逐渐从“高大上”的概念变成了看得见、摸得着的事实，定制化的汽车、冰箱、家具也已经不再是电影或小说里的虚幻场景了。相应地，制造商的目标也不再仅仅局限于“生产更好的产品”，还要“用更好的方式生产产品”；销售模式也从传统的“以产品为中心”，转向了以“交付效果为目标”的新模式。

西门子深刻洞察了这些即将到来的变革，顺势提出“数字化平台”和“数据化平台”两大愿景。西门子数字化企业解决方案非常可能成为其叩开“工业4.0”之门的金钥匙。

二、美国：先进制造伙伴计划

2008 年金融危机之后，美国开始反思应对过度依赖虚拟经济的产业政策，同时将制造业作为振兴美国经济的抓手。在总统科学技术顾问委员会（President's Council of Advisors on Science and Technology，PCAST）的建议下，美国国会通过了《先进制造伙伴计划》和《振兴美国制造业和创新法案》。这两部法案为美国智能制造业的顶层设计奠定了重要基础，对美国制造业创新中心的设立起到了重要的引导作用。随后，美国国会于 2014 年以法案形式确立了《国家制造业创新网络》，主张建立关键领域的研究所，以聚合产业界、学术界、联邦及地方政府等多个主体，建立和完善创新生态系统。在美国制造的基础上，美国参众两院又提出了不同的立法法案以增强美国制造业的创新能力与竞争力。工业互联网是美国企业应对第四次工业革命的代表性措施。2014 年，通用电气公司、美国电话电报公司、国际商用机器公司、英特尔公司和思科公司联合成立了“工业互联网联盟”，旨在促进物理世界与数字世界深度融合。后来，美国、日本及德国等国家的 100 家企业及机构加入其中，共同商定工业互联网标准化的基本框架并分析应用创新实践，计划依托工业互联网实现产业链联动和智能化生产。美国工业领域转型发展的本质是通过建立有助于跨界知识融合的体制机制，从国家层面上推动传统制造业、数字经济、商业管理等跨界知识的深度融合。

◎案例：美国波音公司（产业链数字化体系）

波音公司是全球最大的航空航天制造商之一，也是世界上最大的标准使用者之一。对于一家在 140 多个国家拥有业务的公司来说，数字化并非易事。该公司每年花费 430 亿美元购买超过 10 亿个零件，每天有来自 5400 家供应商的 300 万件零件到达波音工厂。在如此庞大复杂的工厂运作过程中，波音公司数字化的方式是找到一个“连接点”，连接每个部件的原始制造商和最终需要这个部件的机械师，他们希望开发一个主动的产业链管理系统。

2007 年，波音公司在数字化产业链构建的过程中意识到文档型标准对企业数字化的阻碍，开始在标准数字化方面进行尝试和探索。为此，波音公司制订了“波音产品标准长期战略计划”，主要包括 3 个方面的内容。

一是实现标准的数字化。以数字格式编写和发布标准，使标准数据与产品数据无缝集成，与CAD、PDM、PLM等自动化系统实现互操作。二是建设统一标准数据库。波音公司将所用的全部内外部标准存储在一个大型标准数据库中，进行统一管理，所有标准数据需从这个权威数据源提取。三是开发标准智能应用工具。标准智能应用工具（或标准衍生产品）能对数字化标准进行分析和知识提取，将满足用户需要的信息以合适的格式（如PDF、XML、CAD模型）交付给用户，或者将标准数据纳入其他系统。

波音公司搭建以PSDD（产品标准即数字数据）为主体的数字化标准平台，并基于PSDD开发标准编写、CAD模型生成、Wizards（产品标准向导）、iPSMG（产品标准综合管理门户）等模块，共同构成数字化标准整体解决方案。PSDD是波音的中央标准数据库，也是波音公司唯一的标准库，为所有系统统一提供标准。它能够对波音公司批准的产品标准和相关数据进行数字化编制、内容管理和技术状态管理。波音公司发布新标准或修订标准的时候，系统会生成PDF文件，并自动将标准中的数据推送到其他系统，使其他系统中的标准保持同步更新。iPSMG（产品标准综合管理门户）能从中央标准数据库（PSDD）中选择和调用产品标准，为CAD和PDM系统直接提供标准件注释、CAD模型、材料注释、工艺注释等信息。设计工程师可从中选择零件和注释，运用设计规则、限制条件等选出符合需要的零件、材料和工艺。在选定之后，iPSMG可即时创建标准件的CAD模型，将零件模型和零件、材料及工艺信息一起导入其他数字化设计系统。该系统可避免用户盲目选用标准，有助于控制标准数量激增。

当前波音公司的内部标准和自动化系统都已经完成数字化标准建设。这降低了数据互操作成本，缩短了产品研制周期，提高了数据质量和产品质量，使整个供应链都从中获益。

三、日本：机器人新战略

日本于2015年提出《机器人新战略》，将应用领域分为四大部分，即制造、服务业、医疗护理、公共建设。其目标是利用云储存、人工智能等技术，将传统机器人改变成不需要驱动系统、可与外部物体和人连接的智能机器人。日本依托日本机械工业联合会成立了“机器人革命倡议协议会”，该机构主要协同政府的产业政策，与科技创新机构合作，研究机器人生产体制，推介与普及先进实践做法，制订机器人国际标准及数据安全规则。日本主要从 3 个方面推进机器人战略：一是推进工厂内、企业内及企业间的网络连接，一些企业已经引进了产品周期管理系统，将从开发到生产的所有工序进行统一管理；二是一些大企业开始对各个独立系统进行整合，并进一步推进自制软件的研发与应用，为了整合工厂控制系统和企业经营系统，实现整体最优控制，日本机器人工业会开发了ORiN软件系统，对不同通信规格的数据进行转换；三是为了在企业之间进行数据共享与社会整体最优控制，日本提出分步骤推进措施，研究企业之间如何划分竞争与协调领域，如何通过数据分享实现超越单体最优的整体最优，并采取措施清除数据共享的障碍。

◎案例：日本加大各领域的机器人应用

日本在机器人开发应用领域处于领先地位。近年来，日本积极推动本国各领域的机器人推广应用，并计划借由该技术与经济、社会各领域各层面的结合将机器人应用推向一个新的高度。

近年来，日本基于本国老龄化的实际，重点扶持护理、医疗、农业、中小企业等人手短缺日趋严重的领域。在护理和医疗领域，日本积极推动护理机器人和医疗机器人的使用，积极推进行业应用。在农业领域，日本积极在果树采摘和除草等超过 12 个方面引进机器人，有效提高农业效率。在道路和桥梁等老化基础设施的检查和维修方面，日本也在加大机器人的引入力度。

四、中国：制造强国战略第一个十年行动纲领

制造强国战略第一个十年行动纲领给出了我国制造业 10 年发展的路线图，计划实现中国制造向中国创造、中国速度向中国质量、中国产品向中国品牌的三大转变。制造强国战略第一个十年行动纲领的一个关键核心是用信息化和工业化两化深度融合引领和带动整个制造业的发展。此外，国家先后出台工业互联网、制造业数字化转型相关政策措施，加大力度推进企业数字化和智能化转型。2021 年 11 月 17 日，工业和信息化部对外发布《“十四五”信息化和工业化深度融合发展规划》，要求以供给侧结构性改革为主线，以智能制造为主攻方向，以数字化转型为主要抓手，推动工业互联网

创新发展，围绕融合发展的关键环节提出 2025 年需要达到的定量目标：要求企业经营管理数字化普及率达到 80%，数字化研发设计工具普及率达到 85%，关键工序数控化率达到 68%，工业互联网平台普及率达到 45%。

2021 年 3 月，“十四五”规划将加快数字化发展、建设数字中国独立成章，把数字化发展提升到前所未有的高度。“十四五”规划明确提出要加快建设数字经济，加快推动数字产业化，推动产业数字化转型，促进数字经济与实体经济深度融合，激活数据要素潜能，以数字化转型整体驱动生产方式、生活方式和治理方式变革。当前如何把握数字化转型的机遇，推进工业的转型升级和高质量发展，已经成为我国企业信息化发展的重中之重。

近年来，我国积极推进工业各领域的数字化转型，下面介绍几个代表性行业的数字化转型情况。

1. 核能行业

核能是 20 世纪人类最伟大的发现之一，是人类可持续发展的核心能源之一。但是如何确保核能的可持续发展，从技术上彻底消除再发生“福岛核事故”的可能性，在提高安全性的同时具备良好的经济性，同时带动全球产业链的协同发展，是核能发展面临的最主要问题。我国围绕核工业设计、运营的全过程正在全面推进数字化转型。

上海核工程研究设计院（SNERDI，简称上海核工院）是一家具有近 50 年核电设计经验的综合性设计院，目前正在采用数字化设计的方法，全力推进CAP1400 的设计。在研发过程中，上海核工院围绕核心业务，依托数字化技术，探索工业化与信息化两化融合，正在全力推进、完善应用于核电设计的智能数字化设计与管理体系。整个体系以数据中心为基础，通过研发、设计牵引和推动制造、建造、验证和运维的核电全寿期，综合利用大数据、云平台、物联网、虚拟现实、仿真平台、专家诊断系统等各种数字化工具，融入质量管理体系的各方面要求，深度改变原始的设计流程和设计方法，从而提高设计效率，改进设计质量，带动整个产业链的质量提升。上海核工院具体采用了以下数字化方法。

（1）综合数据中心保障数据质量

数字化设计的基础是建立一个综合数据中心，将整个核电厂全寿命周期的结构化和非结构化数据进行集中有序管控，这为知识管理奠定了非常好的基础。综合数据中心便于知识的传承，可根据终端的不同需求实现多样化的数据展现形式，并为专家支持系统提供强有力的基础数据。

（2）一体化设计平台保障规则落实和协同

在综合数据中心的基础上，建立全院各专业协同的一体化设计平台，配合云平台技术，上海核工院的员工在全球任何地方只需要计算机和网络，就能实现多专业间的协同设计。

（3）可视化设计降低设计成本

数字化设计实现了系统和设备设计过程、设计结果的可视化，实现设计、力学、布置的一体化，显著提高了设计制造效率，并降低了成本。

（4）模块化设计提高建造效能

数字化设计更便于采用模块化设计。CAP1400 的核岛共设计了 50 个机械设备模块和 81 个结构模块，这些模块都可以事先在工厂定制，或者在现场进行并行制作，然后在现场进行安装，可以极大提高模块内部的制造精度，缩短核电厂的总体建造周期，从而显著提高经济效益。

（5）数字化验证提高经济性、安全性

数字化仿真为设计验证提供了非常便捷、经济的途径，通过强大的虚拟现实技术，节省了原本大量试验带来的经济成本、时间成本，并减少了环境破坏；优化设计阶段要进行工程研究和严重事故模拟，数字化模拟极大地优化了核电厂运行的人机界面，并改善了安全性。比如由高强度混凝土构成的屏蔽厂房，一般用于验证飞机撞击产生的振动效应、燃烧效应、爆炸效应等，严格的数字化模拟可确保其能够承受大型商用飞机撞击，为核电厂的安全运行提供强有力的保障。

（6）数字核电厂提供实时监控服务

在核电厂的整个运行过程中，其运行状态可以实时反映到数字核电厂中。相关人员利用大数据平台的分析和预测能力，动态收集核电厂的即时风险，分析故障率较高的设备类型，预测未来可能的故障形式和时间，为维修方案的选择提供快速的定量风险依据，协助用户设计出更合理的库存比例和更精准的动态检查计划，切实提高核电厂的安全性和经济性。

2. 钢铁行业

在数字经济时代，制造业数字化转型与服务化水平是促进和衡量制造业高质量发展的关键因素。钢铁企业数字化转型往往面临资产重、流程长、区域广等典型特性。为促使钢铁行业可持续发展，制造强国战略第一个十年行动纲领提出钢铁行业实行生产、物流等的智能控制与优化协同，着力开发基于大数据、云计算的新型信息化和智能化技术，实现企业信息深度感知、智慧优化决策和精准协调控制。当前，钢铁企业实施数字化转型主要有两种模式：一种以自主研发为主，另一种以借助社会专业技术力量为主。在这两种模式下，国内一些标杆钢铁企业已经进行了数字化转型的积极探索。

◎宝钢公司数字化转型的探索

宝钢公司在“1+5”战略规划中明确把智慧制造作为一项战略任务来推进，为智慧制造战略的执行提供强有力的组织保障和文化保障。

（1）构建数字化管理与人才体系

宝钢公司专门成立了大数据与智慧化部，统筹公司所有数字化建设任务，强化顶层设计，加大数字化转型推进力度。该部门以智能制造为主攻方向，以数字化转型为主要抓手，推动围绕生产、管理等各个环节的大数据创新应用，培育“三跨融合”新模式新业态，加快“四个一律”智能车间推广覆盖，探索数字化转型实施路径，为公司以数字化提升创新竞争力和推动高质量发展提供有力支撑。

宝钢公司确立业务部门在推进智慧制造中的主体地位，以经营、营销、采购、研发、运行“五大中心”为公司数字化发展切入点，开展业务领域的数字化转型推进。各部门党政一把手为第一责任人，负责智慧制造规划举措的执行与落实。

宝钢公司发挥技术团队作用，培养了一支具有行业领先水平的专家队伍，在各基地、各厂部锻炼了一批创新团队。通过良好环境的营造，引导全员进一步解放思想，转变观念，齐心协力推动智慧制造的落地落实。

（2）推进全产业链数字化转型

宝钢公司坚定以行业引领为目标，按公司、基地、工厂、工序4层架构，构建“全要素、全业务、全流程”智能化动态运行系统，持续优化资源配置效率，以自动化提高作业效率，以智能化、智慧化提高决策精准性，实现“作业自动化、管理智能化、决策智慧化”的精细化深度运营。

在公司层面，通过新一代双中台信息化变革推进经营中心、营销中心、采购中心、研发中心、运行中心五大中心建设，实现公司多基地一体化经营管理，实现OneMill，使公司更赚钱、更值钱。

在基地层面，通过智慧物流、智慧质量、智慧设备、智慧能环、智慧安保五大平台建设，实现专业化管理，破墙穿洞，提升效率，使基地更赚钱、更省钱。

在工厂层面，通过智能炼铁、智能炼钢、智能热轧、智能厚板、智能冷轧等智能工厂建设，实现实时管控、精益管理、精准制造。

在工序层面，实施“岗位一律机器人、操作一律集中、运维一律远程”规范，使产线无人化、少人化，使工序效率更高、更省钱。

宝钢公司坚定不移推进“操作室一律集中、操作岗位一律机器人、运维一律远程、服务环节一律上线”，累计实现操作室整合超过400个，工业机器人应用达到920台套，将2800余名体力劳动者从重复、繁重的环境中解放出来，智慧制造水平在国内钢铁行业处于领先水平。宝钢公司的数字化转型极大地提升了生产效能、管理效能和安全效能，形成了以数字化为支撑的产业链智能化管控体系，基本完成了“智慧高效总部、智能敏捷制造基地”新管理架构的搭建，有效提升了企业的经济效益。

◎**南钢公司数字化转型的探索**

南钢公司深化数字化战略顶层设计，以“一切业务数字化，一切数字业务化”为总纲，求同存异探索数字化转型之道，在行业首创“JIT+C2M”模式，促进南钢公司成为以数据+模型为“大脑”的“企业智慧生命体”，走出了一条混改企业数智化发展的特色之路。

（1）数据治理体系建设

南钢公司将数据治理作为数字化转型的基础性工作，构建清洁的工厂数据、透明的运营体系，构建企业的数据资产和服务体系，实现数据驱动业务，同时利用数字化技术实现企业知识、经验、机理、数据模型的沉淀和积累，实现业务自动化、智能化，构建数据驱动的企业数据文化，创建企业数字基因与智慧大脑，支撑南钢公司智慧生命体的打造。

（2）工业互联网平台建设

南钢公司依托工业互联网平台实现物联网、云计算、大数据分析等新一代信息技术与钢材全流程生产过程系统深度融合，对南钢公司现有全流程生产涉及的产品研发、生产管理、质量分析、自动化控制和信息化、物流管理、设备管理等系统进行全面数字化升级改造，集成开发具有工艺参数自适应控制、装备高精度运动控制等功能的冶炼、轧制流程智能化体系。同时，南钢公司工业互联网平台以个性化定制为开端，通过企业间网络互联，使上下游企业将产品研发、订单管理、生产制造、仓储物流、售后服务等环节紧密协同，实现数据深度交互，推动产业链企业协同抗击风险，提升产业链整体竞争力，使企业间相互培育，构造优质的产业链组合。

（3）智慧调度中心建设

南钢公司依托工业互联网平台，构建公司级的生产管控体系，应用大数据、人工智能、物联网等一系列先进信息技术，打造八大专业领域合一的智慧管控调度中心，以生产管控、应急响应为主线，实现由“传统调度”向“专业调度”转型。南钢公司智慧调度中心覆盖从原料进厂、生产制造到成品出厂的全流程，将与生产运营相关的因素集中到一起，实现多部门集中协同调度，涵盖生产管理、能源管理、物流管理、设备管理、质量管理、安全管理、环保管理、安防管理八大领域，通过全流程数据信息共享，实现全工序调度数字化，成为南钢公司日常运营的核心大脑。

（4）人工智能技术应用

人工智能正逐步从概念走向应用，越来越多的传统产业也开始探索和创新。南钢公司积极探索人工智能在工业场景中的应用，利用人工智能、机器学习等先进技术，唤醒工业领域的海量数据，并将数据转化为价值，让企业在生产、研发、质量、营销、服务、安防等业务领域向更智慧的方向发展。目前，南钢公司基于钢铁全流程已经规划五大方向 21 个应用场景，其中 18 项人工智能应用实践已启动。在研发管理平台中，运用知识图谱技术，将研发知识线上化，实现所问即所得的查询功能，为研发人员提供研发知识服务；在生产过程中，基于人工智能、大数据进行预测，实现产品智能质量控制的全面覆盖，解决了以往物理实验检测无法全面进行质量检测的痛点；利用 3D 可视等技术，对钢板板型、尺寸、缺陷进行在线实时判定，解放人力，提高检测精度。

3. 机械设计制造业

制造强国战略第一个十年行动纲领以体现信息技术与制造技术深度融

合的数字化、网络化、智能化制造为主线，主要包括 8 项战略对策：推行数字化、网络化、智能化制造；提升产品设计能力；完善制造业技术创新体系；强化制造基础；提升产品质量；推行绿色制造；培养具有全球竞争力的企业群体和优势产业；发展现代制造服务业。

随着制造强国战略第一个十年行动纲领的提出，机械设计制造业的发展越来越凸显，研发了很多新的机械设备，而且这些机械设备都是大型的自动高精度机械设备。数字化设计技术的应用不仅可以将机械设备结构变得更加精密，还可以提升机械生产效率，拓展生产规模。数字化设计技术有非常丰富的技术内容，目前我国机械设计制造中比较常用的数字化设计技术主要有以下 3 种。

（1）计算机辅助技术

计算机辅助技术是以计算机为工具，辅助人在特定应用领域内完成任务的理论、方法和技术。计算机辅助技术包括计算机辅助设计（Computer Aided Design，CAD）、计算机辅助制造（Computer-Aided Manufacturing，CAM）、计算机辅助教学（Computer Assisted Instruction，CAI）、计算机辅助质量控制（Computer Aided Quality Control，CAQC）、计算机辅助绘图（Computer Aided Drawing）等。以前的机械设计需要设计人员构建物理模型，通过应用计算机辅助技术，设计人员可以构建产品模型，这样就不需要对物理模型进行频繁使用，工作效率也会有所提升。另外，计算机软件还可以将模型转换为数据，对其进行存储、传递和分析。将这些数据作为参考可以有效提升决策的准确性和有效性。

（2）知识工程技术

知识工程技术在数字化设计技术中有广泛应用，而且有很多新颖的设计方案。应用知识工程技术可以对当前市场竞争走向进行预测，还可以对技术发展趋势进行预测，知识工程技术已经在市场信息领域取得了一定成效。将知识工程技术运用到机械设计制造中可以准确地预测技术发展方向，从而可以积极投入新技术开发中，迅速占领市场；再加上其具有预测市场竞争走向的功能，可以让机械设计制造企业在市场竞争中占据更大优势。

（3）虚拟原型技术

在最近几年中可以被称作先锋的数字化技术就是虚拟原型技术，且产业界对该技术越来越重视。将CAD、CAE和CAM等技术融合就产生了虚拟原型技术。将虚拟原型技术应用到机械设计和制造中可以对机械运行状况进行模拟，从而对机械运行中存在的问题进行及时调整，还可以对机械在各种不同环境中的运行情况进行虚拟展示，从而使制造出的机械适应各种不同的环境。

◎数字化设计技术在诸多机械设计中均有应用

（1）农业机械制造

设计人员使用计算机辅助技术完成辅助设计工作，借助计算机对产品功能进行检测，并利用虚拟原型技术对设计好的产品进行虚拟运行，从而发现产品运行中存在的缺陷并进行调试，最终制造出来的农业机械就可以达到最佳运行状态。另外，设计人员还可以利用数字化设计技术对农业机械在不同地形、地貌中的运行情况进行模拟，设计出在各种地形、地貌都可以顺畅运行的农业机械。

（2）工业机械制造

将数字化设计技术应用到工业机械设计制造中，可以有效提升机械设备的设计水平。以矿山机械设备为例，矿山所处的环境一般十分复杂，因此需要确保机械设备的安全，使其在矿山开采中平稳地运行。数字技术可以利用三维软件规划产品模型，还可以对产品模型规格是否规范、结构是否合理进行科学检测。这对确保矿山机械设计的严谨性和科学性及零件机构的精密性都有很大作用。

（3）汽车机械制造

应用数字化设计技术对汽车进行设计和制造时，需要特别重视汽车是否安全可靠、是否能够满足负荷要求。同时，数字化设计技术具有节能设计功能，设计时可以对节能减排进行充分考虑，推动汽车机械设计实现最优化，并最大限度地利用能源、减少环境污染。

4. 造纸业

面对数字技术的发展浪潮，造纸企业开始尝试进行数字化转型，玖龙、理文、太阳等领军型造纸企业都在积极推动数字化转型。许多工厂通过应用数字化技术减少人工干预，减少了原材料使用并提高了生产经营效率。工业物联网与虚拟现实技术被应用于工厂维护、检修等工作之中，通过远程监控的方式实现实时的专家协助。数字化转型将引领造纸业进入一个万物互联的智能世界，对于包括造纸行业在内的传统制造业来说，数字化技术必将是加速核心业务转型升级的工具。

在数字化转型的新阶段，从原材料开始，造纸企业开始尝试进行大规模数据收集和分析，收集有关林木状况、数量和成熟度的实时信息，通过价值链传输最佳信号或收获时间；此外，为供应商建立到消费者、纸张生产商的实时连接，快速做出反应并满足客户需求。供应商通过监测生产过程、销售情况和成品库存，及时发现质量问题或物料补充需求。

造纸行业的数字化转型也可以惠及造纸生产领域。生产线能够以最少或更有针对性的人工干预执行工作，因此可以根据有关供应和需求的历史和实时信息，优化生产，使产量、成本和客户需求信息完全透明。

基于有关装运要求的实时信息，物流可以变得更加自由和灵活，维持较高的填充率、容量，提高装运准确性，降低索赔额；此外，也可以对取货点和收件人地点的路线进行优化。通过这种方式，实现纸张生产商、供应商和客户之间直接、开放的沟通，更好地制订计划并满足要求。有关需求变化的信息可以传输到所有供应链的参与者，有计划地生产和交付。当前造纸业仍处于数字化早期阶段，未来如果转型成功，造纸业也将成为智能"生态系统"的典型，届时整个价值链中的参与者将建立相互联系的集群，实时发送和接收交互信息。

在成本方面，造纸业主要基于对资源的有效利用和流程的优化，提高智能装备的可用性，高效分析大量数据。通过消除价值链中不同参与者之间的界限并改善信息流，企业将变得更加灵活，适应不断变化的市场环境和满足客户需求。

行业的发展离不开技术的支持。当前，许多行业领先的技术与装备供应商已经率先进行了研发创新，推出了诸多智能化与数字化新技术，支持造纸企业实现数字化转型，代表性企业有ABB、福伊特、凯登、维美德、西门子等。早在2016年，ABB就正式推出了ABB Ability数字化平台和解决方案，将用户与工业物联网相连，通过端到端数字化技术，在边缘计算和云端平台及应用上实现设备互联闭环。2021年，ABB又推出了一种新的数字化服务——纸张质量监测自动化系统，该系统可识别、跟踪和分析纸张属性，使纸张质量得到优化。凯登对传统碎浆系统进行了全面的自动化操作升级，升级后系统可自动高效清除碎浆机渣井中的重杂质，彻底解放人工。福伊特也推出了OnCumulus IIoT平台，借助该平台可构建OnEfficiency和OnCare等应用程序。使用OnEfficiency，纸厂可以专注于某个特定目标，例如针对纸张强度性能，建立起一套完整的监测和可视化机器及其支持系统的许多关键变量的配套设备。OnEfficiency致力于使用参数、高级算法和高级传感器来优化性能，这些参数可以测量传统传感器无法测量的指标。同时，OnCare可以监控和优化设备维护需求，以缩短计划外的停机时间。维美德与客户一起部署数据驱动的高级分析工具，通过实时监测优化生产线性能，为操作员和工厂人员提供智能、易理解的预测，实现工厂的安全运行。

除了造纸企业外，许多产业链上下游的技术型企业也开始了数字化技术的研发。例如在原料端，瑞典索达木业与科技企业Taigatech都推出了木材实时监控与虚拟体验的自动化新技术，对林场内的木材生长循环周期进行全自动化监测。数字化转型与智能制造离不开技术的推动，未来造纸行业的数字化转型也将以科技巨头、龙头企业为引领，逐渐向全行业普及。但这一定是一个漫长的过程。

5. 家电业

◎案例：创维电视的数字化探索

当“万物互联”的大幕渐渐拉开，用户对一体化智能家居生活方式的需求越来越高，这对家电厂商提出了更高的要求，单个产品系列已无法满足市场需求。创维集团在几年前就开始了数字化转型，以智能化、网联化和共享化为核心，为智能家居设备需求增长赋予能量，转型成效明显。

创维是具有全球竞争力的智能家电领军企业，是工业和信息化部第一批智能制造试点示范企业、深圳市5G+工业互联网第一批试点项目单位、工业和信息化部5G行业应用规模化发展现场会调研单位。创维依托5G+8K技术，以5G融合网络+工业切片+MEC定制化方案，率先规模实践5G融合网络，以有线网络为基座，融合5G形成全流程无死角全覆盖，为不同场景匹配最合适的连接方式，最大限度支持工业生产环节的全要素收集和云边协同。项目建设了一个工业互联网平台，深度融合8K、人工智能等先进技术，落地了六大核心应用场景（5G+融合网络支持柔性生产、5G+AI“车间眼”智能视觉检测、5G+8K+VR/AR智能远程运维、5G+智能物流、5G+灯光拣选电子仓储、5G+能源管理），形成了一批经过实践验证的5G工业互联网解决方案，逐步推进5G技术向核心生产环节渗透，打造“制造设备全连接+制造系统全连接+数据可视+场景落地可复制”模式。项目全面提升了企业生产效率和效能，将传统产能升级为优势产能。

在营销上，创维更是做出了独特的尝试。为了实现私域流量池的打造与运营，完成流量闭环，创维决心建设营销数智化中台，将分散在公域内各互联网平台的用户引向自己的私域流量池，通过更好的产品和更好的服务体验来锁定客户，实现用户留存与转化，打造流量闭环。同时创维希望通过建设会员业务闭环，挖掘存量数据价值，接通外部流量平台，更快响应业务部门的运营需求，提升各业务部门及一线销售人员的效率。营销数智化中台的主动营销还可以对营销目标人群进行圈选，帮助运营人员针对不同需求阶段的人群开展更有效的活动推送，吸引更多的消费者而不是传统的媒介曝光引流。至此，创维实现了当前数字营销能力的建设目标。

当今世界正经历百年未有之大变局，国际环境日趋复杂，大国竞争日趋激烈，全球治理体系面临深刻变革，新一轮科技革命和产业变革纵深发展，产业链、供应链、价值链重构加快。全球产业发展格局正在深刻调整，我国制造业发展外部环境面临的不稳定性、不确定性明显增强。当前和今后一个时期，我国发展仍然处于战略机遇期，但机遇和挑战都有新的发展变化。未来5~10年既是全球制造业重塑调整的关键期，也是我国制造业高质量发展的攻坚期。我国制造业发展既拥有巨大优势和难得机遇，也面临诸多风险和挑战。

第三节　工业数字化发展趋势

一、趋势一：绿色制造

近年来，生产建设规模的不断扩大对环境的破坏程度也逐渐增加。为了实现可持续发展，国家制定了以“低碳”“绿色”为核心的“绿色发展”相关政策。未来的工业转型和发展必然要以绿色低碳理念为核心。在数字化和智能化与传统生产流程结合的过程中，要充分考虑发展的可持续性；在数字化技术和智能化技术与机械设计制造结合的过程中，要制订出完善的实施技术体系；对产品生产线中存在的、可能对环境造成破坏的环节和技术手段进行改进升级，从根源解决产品生产过程中出现的污染问题。

例如钢铁企业可通过在料场、生产车间设置智能监测传感器、搭建工业互联网平台，将整个料场的矿石、煤炭等原料实现进、混、耗和排放的实时管控，并将传感器记录的各个环节的排放数据上传至工业互联网平台，通过分析排放物质进行设备升级与优化流程。另外，钢铁企业可通过结合工业互联网平台建设工厂能源中心，通过能源生产消耗数据的自动采集，达到优化能源预测与智能管理的目的，从而形成低成本方案。

二、趋势二：人工智能渗透各个环节

当前工业数据量呈现爆发式增长，传统数学统计与拟合方法难以满足对海量数据的深度挖掘与分析需求，人工智能技术正成为开发工业领域研发、制造、售后等海量数据资源的核心引擎。

目前工业领域的人工智能市场渗透率比较低，其中电子、汽车、石化领域的应用较成熟。从人工智能技术的具体应用来看，机器视觉技术在工业领域的应用较为广泛，集中于生产环节，通过产品识别、测量、定位及检测等功能，实现产品分拣、装配、搬运、质检等多个生产环节的智能化运营。我国工业领域的人工智能应用潜在价值十分巨大。

在研发环节，建立基于人工智能的工业知识库能够高效积累工业经验数据和工艺数据，并使数据高度结构化、有序化和模块化，方便设计人员灵活调用，显著缩短产品研发周期，降低研发成本。在生产环节，应用机器学习算法对生产数据进行深度挖掘，可分析和预测生产设备的健康状态，进而实现精准化的设备维护和高效的生产要素配置。在售后环节，收集工业产品的运行数据，应用机器学习算法提供产品的故障诊断服务，同时基于消费者数据，有效分析消费者的行为和习惯，可实现针对消费者喜好和需求的智能化分析和预测。

三、趋势三：数字孪生思想深入应用

数字孪生是一种超越现实的概念，可以被视为一个或多个重要的、彼此依赖的装备系统的数字映射系统。

数字孪生是基于海量工业数据，通过系统建模仿真建立的与工厂物理实体和运作流程精准映射的虚拟模型，对研发设计、生产制造、运维管理、产品服务等全生命周期业务过程进行动态模拟和改进优化。随着物联网、大数据、人工智能、虚拟现实等技术在工业领域的推广应用，基于数字孪生模型加速信息空间与物理空间数据交互融合的工业应用场景将不断扩展。

数据要素已成为重要的生产要素之一。数据是天然的“金矿”，5G完成高速实时的数据搬运和汇聚，数字孪生将这些数据融合并实时建立现实世界的数字孪生体。数字孪生体中汇聚了现实世界的所有基底及运行数据，通过融合多元异构数据，结合人工智能和大数据的能力，对世界万物的运行进行自动优化和管理，通过 5G 技术将相应的优化和管理指令传递到物理世界中，物理世界的各行各业不断升级。这一过程不断循环往复，数字孪生的虚实世界必将一同向更高级的世界演进和进化。数字孪生给予了 5G 赋能万业的强大抓手，也定会成为 5G 的“杀手级”应用。

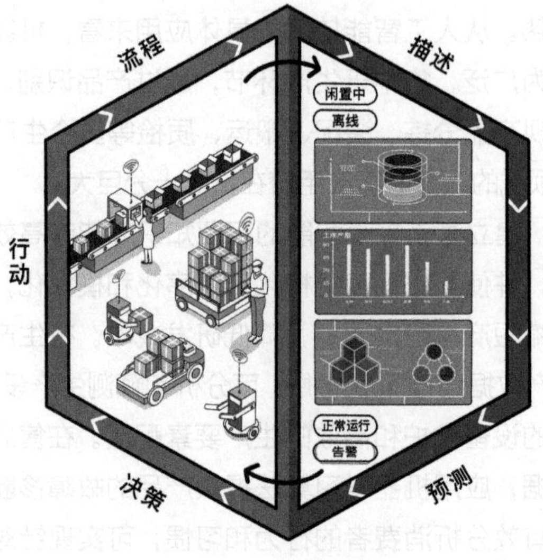

图 6-1 数字孪生

四、趋势四：虚拟现实技术助力工业制造

虚拟现实技术主要包括加工模拟软件、人工智能技术、信息技术、多媒体技术、三维成像技术等。虚拟技术可以帮助设计人员有效解决工业产品的潜在问题，从而针对性地提出解决方案，并对提出的方案进行有效补充，延长产品使用寿命，提升使用体验，降低报废率等。因此，虚拟技术能够帮助企业提升对客户权益的保障力度，深入分析市场需求和企业设计制造的协调性和对称性，削弱信息不对称造成的不利影响。此外，虚拟现实技术能够帮助销售人员充分了解和展示工业产品的性能和技术特点，有利于其更好地向用户进行产品推广。

目前，AR应用已融入工业制造的交互、营销、设计、采购、生产、物流和服务等各个环节，其中典型应用包括AR远程协助、AR在线检测、AR样品展示等。以AR装配为例，现有装配工作复杂烦琐，耗时耗力，稍有不慎就会出现错误。AR辅助装配通过5G连接AR眼镜，利用5G大带宽、高速率的特性传输高清视频及仿真建模数据。装配人员佩戴AR眼镜后，可以自动识别各种设备和零件，显示装配提示，从而提高工作效率和准确性。在遇到难题时，后台专家可以通过语音视频通信、AR实时标注等进行远程协作。在工业企业中，VR主要应用在虚拟装配、虚拟培训、虚拟展厅等场景。在工业设计审核环节中，VR虚拟装配可以在设计接口、部件外观大小等方面最大化优化产品实际装配能效；相较传统课堂，VR虚拟培训内容更全面、反馈更及时；相较传统的教科书文字描述，VR场景表达更加直观，能传递更多信息；VR虚拟展厅能够将展厅及展示产品3D化，让观展者足不出户就有身临其境的体验。

五、趋势五：万物互联

数字化能力指的是将实体空间要素（包括设备、移动终端、工厂、流程、服务等供应链中的所有环节）进行数字化呈现与连接的能力。数字化连接的广度、深度和速度对于未来制造业的运营效率至关重要。在CPS连接体系架构中，由感知设备（如传感器、感应器、分布式控制器等）、嵌入

式计算设备（如分布式控制器）、企业制造控制系统将过程中的行为和状态以数字化的方式呈现。当信息基础设施配置在合适的时空位置时，数字可以脱离实体载体存在，在网络空间实现即时聚集、整合和传播，大大改变嵌入设备、流程、生产、物流和服务过程中的信息采集、加工、处理和传播的方式，逐步实现万物互联。

六、趋势六：高科技人才成为重要储备力量

在 2022 年北京冬奥会上，我国的一项成就引起了国内外媒体的广泛关注。奥运村的餐厅采用智能化产品，电视上播放机器炒菜、机器送餐等内容。这种无人操作的模式彰显了我国在科技领域的非凡成就，而这些成就意味着大量的简单工种将被机器替代。工厂中规律性、重复性的工作极易被机器完美胜任，重复繁杂的低技术含量劳动岗位正在被机器替代，大量普通工种的劳动力面临失业风险。

高科技人才备受瞩目。工业领域企业数字化转型的核心是促进工业数据的自动流动，充分释放数据价值，实现复杂系统优化和生产效率提升。随着数字化转型速度的加快和复杂程度的加深，工业数据的采集、分析、处理，以及智能设备的安装、调试、维修等多个环节存在着巨大的人才需求缺口。

传统的机械设计制造过程需要技术型人才。但是在发展过程中，由于先进数字化、智能化技术的引入，简单的技术型人才已经难以满足时代发展的需求。为了实现优质、高效的发展，企业需要招聘更多的高科技人才。一方面，高科技人才接受过更加优质的教育，有更高的素质，对先进理念的接受程度更高，可以保持企业发展的活力；另一方面，先进数字化、智能化技术的引入，更加需要高科技人才对其进行维护、管理和合理使用。高科技人才的引入还可以实现对技术的升级改进，进而提高企业的市场竞争力，不仅可以给企业的发展带来更大的成本回报率，还可以促进整个行业的发展。

最后，不得不说的是跨学科、跨领域人才的培养和积淀。人才是数字化产业健康持续发展的重要支撑。数字化工业的发展离不开互联网、物联网、大数据、云计算、人工智能、数字媒体等领域的人才，同样，也离不

开社会学、心理学、法学、艺术等领域的人才，我们需要构建一个多元融合的数字化人才培养体系。为此，要强化数字人才培训，优化高等院校专业设置，加大高等院校师资培养等方面的投入力度，积极发展数字领域新兴专业，促进计算机科学、数据分析与其他专业学科间的交叉融合。同时，大规模开展职业技能培训，开发一批在线网络课程，吸引社会力量参与数字人才培养，建立覆盖职业生涯全过程的数字化技能培养体系，不断优化各行各业的劳动力结构，为工业的数字化发展夯实基础。

第四节　工业数字化转型未来

国有企业是我国工业领域发展的排头兵，也是数字化改革和转型的重点。国有企业的公有制特点决定了国有企业进行数字化变革一般是自上而下的规划与构建。2020 年 8 月，国务院国有资产监督管理委员会印发《关于加快推进国有企业数字化转型工作的通知》，就推动国有企业数字化转型做出全面部署，提出国有企业要从技术、管理、数据、安全 4 个方面，加强对标，夯实数字化转型基础。国有企业要从真正获得转型价值出发，从产品、生产运营、用户服务、产业体系 4 个方面系统推进数字化转型。作为国家战略，“数字中国”推进数字产业化和产业数字化、推动数字经济和实体经济深度融合已成为必然趋势。

国有企业数字化转型的本质是提升效率、提升效能、提升效益。在以国内大循环为主体、国内国际双循环相互促进的战略背景下，国家积极推动以国有企业为引领的企业数字化转型。这是因为国有企业的数字化转型有以下特殊性。

一是国有企业的数字化转型是政策需要、技术需要、场景需要、经济效益需要等多重因素共同推动的。

二是国有企业的数字化转型是系统化转型，是围绕产业链的全面转型升级。

三是国有企业的数字化转型是构建在原有数字化基础之上的变革与再造，不是简单的信息化过程。

四是国有企业数字化转型不是简单地进行数字化平台的构建，而是基于数字化技术的支撑对产业链的各个环节进行流程再造。

五是国有企业的数字化转型需要坚决贯彻“一把手”工程，着重通过顶层构建推动产业链各环节、企业生产管理各环节的数字化流程再造。

六是国有企业数字化转型的基本点是数据和应用场景，因此，数字化转型的基本点在于统筹企业产业链各个环节的数据融通与围绕应用场景的应用，打通数据，赋能产业链的各个环节。

近年来，国有企业积极布局数字化和数字化转型，在原有信息化建设的基础上，围绕企业物料管理、生产、营销、运输、客户服务等产业链的各个环节，积极探索数字化新思路、新路径，在不同的行业领域进行了诸多探索。

◎探索案例 1：中国航发——基于大数据的产品全生命周期性能管理平台

中国航空发动机集团有限公司（简称中国航发）在产品设计、研发、智能制造、供应链、服务保障等全生命周期的信息化建设方面取得了较好的成绩。在产品设计方面，以数字样机和虚拟仿真为代表的产品设计赋能平台大幅提升了航空发动机产品设计的效率和准确率，加快了产品设计迭代过程。在产品制造方面，随着制造执行系统生产线的全面使用和企业资源计划（Enterprise Resource Planning，ERP）系统的落地生根，制造流程已经实现产品数据、制造数据的集成贯通，以数字孪生为代表的先进智能制造技术正在生产线上发挥着日益重要的作用。

产品全生命周期性能管理平台的特点是在产品设计、生产和维护的各个环节，有效利用仿真技术、设计软件、定制化管理系统、数字孪生等实现数字化的业务支撑。

◎探索案例 2：中国石化——国家危险化学品安全生产风险监测预警系统

2020 年 12 月，中华人民共和国应急管理部、工业和信息化部在中国石油化工股份有限公司（以下简称中国石化）总部召开“工业互联网+安全生产”试点推进会，中国石化成为“工业互联网+安全生产”试点企业。作为试点企业，中国石化积极发挥作用，摸清隐患底数，梳理石油化工生产过程和环节中的安全隐患，围绕安全隐患的感知、预测、预警、处置和评估等环节，制订切实可行的解决方案，通过具体的数字化实践探索，为制订行业指南提供支撑，不断提升行业安全水平。

国家危险化学品安全生产风险监测预警系统的特点是聚合与安全生产有关的各个环节的数据，依托数据的有效汇聚和分析，支撑安全隐患的分析和预警。

◎探索案例 3：国家电网有限公司——以能源数字化推动新能源管理及服务模式创新

国家电网有限公司积极打造国网新能源云，依托国网新能源云探索新能源发展的新业态和新模式，打造平台经济、共享经济，构建新能源价值创造和机遇分享的产业生态圈，服务地方经济社会发展，加快世界一流能源互联网建设，加快推进泛在电力物联网建设，积极实现“建枢纽、搭平台、强应用、促共享”的目标。国网新能源云由 15 个子平台构成，包括环境承载、资源分布、规划计划、供需预测、储能服务、消纳计算、厂商用户、电源企业、用电客户、电网服务、电价补贴、技术咨询、政策研究、辅助决策、大数据分析，充分体现了“枢纽型、平台型、共享型”特征。

新能源发展新业态和新模式的特点是从产业链全链条的视角打通能源业务的各个环节，有效实现数字化技术赋能能源服务。

此外，中国石油、中国电建、中国中铁、中国远洋海运、中国建筑、南方电网、南航集团等众多的国有企业在不同的领域或场景进行了数字化转型探索，取得了一系列实践积累和经验。

“十四五”期间，国有企业的数字化转型是国有企业战略发展和规划的重点，众多的国有企业也必将加大数字化建设的投入力度。

当前，部分国有企业的数字化建设和数字化转型主要存在如下共性问题。

◎问题 1：部分国有企业的数字化转型缺乏基于企业信息化实际的数字化顶层设计，缺乏整体性和关联性。

从众多的国有企业数字化建设或转型案例中我们可以看出，很多国有企业数字化转型的案例大多聚焦生产、管理、安全或服务的某个维度，很多数字化建设是从单一的需求维度解决问题的，缺乏整体规划和顶层设计，系统间难以形成关联性，导致集团或企业内部数据的复杂性提高和系统间的“壁垒”增加。

◎问题 2：国有企业的数字化转型大多是部门或应用场景驱动的，一把手重视程度不够，难以有效形成“顶层推动”。

企业数字化转型中经常遇到的问题就是数字化建设要么是政策要求的，要么是某个部门的应用需求推动的，往往缺乏一把手的直接统筹和推动，部门之间要么缺乏协调性，要么缺乏推动力。这导致数字化的进展缓慢或者只停留在某个部门或局部层面。

◎问题 3：部分国有企业数字化转型以应用为导向，缺乏“数据思维”，对企业全范围数据整合不充分。

在传统的信息化建设过程中，部分国有企业采用的是逐步推进、功能迭代的方式。从早期的物料系统、生产系统，到后来的财务系统和ERP系统等，国有企业的这些信息化建设是构建在应用需求基础之上的，因此，企业的信息化建设越来越多，内部形成的“信息孤岛”也就越来越多，导致企业的数据价值难以充分释放。企业数字化建设或转型过程中还停留在以应用为导向的阶段，缺乏“数据思维”，不注重企业数据资产的汇聚与应用，部门间数据孤立，难以发挥数据效能。

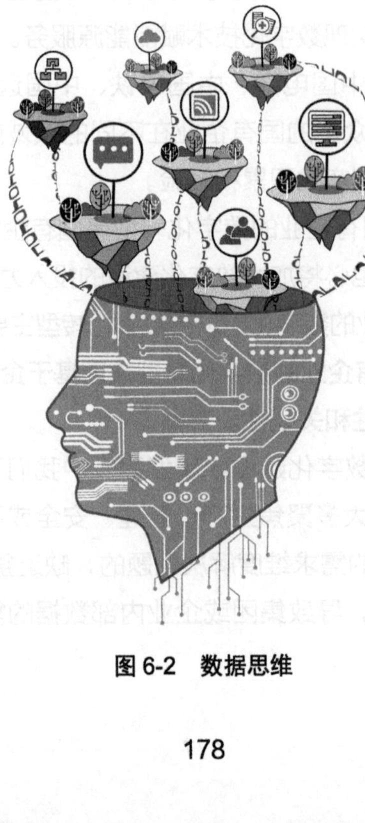

图 6-2　数据思维

◎问题 4：某些国有企业数字化转型重短期的投入和软硬件投入，缺乏数字化长期投入的认知。

某些国有企业在数字化建设和转型过程中，往往只考虑当前阶段的建设投入，未能充分考虑数字化建成之后的长期投入需求；往往注重建设数字化的软硬件平台，不太注重数字化人才团队和部门建设，导致难以在企业内部形成重要的数字化支撑体系。

鉴于此，我们认为，未来国有企业数字化转型的关键在于做好战略定位，推进科学实施，具体应坚持如下建设原则。

1. 聚焦战略，着眼长远

国有企业数字化转型规划需要充分考虑中央及地方关于数字经济发展的总体战略和要求，要充分考虑国务院国有资产监督管理委员会关于国企数字化转型的任务要求，立足企业（集团）现实情况和行业未来发展趋势，结合企业（集团）当下需求和长远规划。数字化转型规划需要能够促进打造全产业链数字化支撑体系，需要能够推进构建涵盖企业产业链上下游的行业生态圈，实现生态圈内良性循环、优势互补、资源共享、协作共赢，以数字化支撑圈内圈外柔性连接和业务的数字驱动，挖掘数据资源价值。在传统制造业的基础上，实现数字化加持，两者互为依托、相互促进；确保企业（集团）的整体数字化转型能够契合企业（集团）长远发展所需要的数字化支撑，满足企业（集团）全产业链各个环节管理、业务等各方面的数字化需求。

2. 立足现状，聚焦转型

国有企业数字化转型规划需要深入剖析企业（集团）的信息化现状和未来的数字化转型需求，以实现“两化融合”、对接制造强国战略第一个十年计划、实现全产业链数字化转型，推动企业（集团）的全面数字化转型升级。围绕生产，积极探索智能化工厂建设，推动企业生产效率提升；围绕管理，积极探索现代化、信息化、数据化的管理方式，推动企业管理数字化转型升级；围绕服务，推动“互联网+服务”，探索社会化客户管理体系的构建，推动企业服务的智能化、便捷化、实时化；围绕供应和物流，规划打造以数据为支撑的智慧供应和智慧物流体系，有效打通企业（集团）的数据流、产品流、业务流，提升业务的效率和效益；围绕营销和客户服务，规划打造以数据为支撑的智慧营销和智慧客户关系管理和服务体系，支撑企业的产品销售、客户服务；围绕财务，规划打造更加先进、更加便捷的企业（集团）数字财务管控体系，实现符合企业（集团）财务预算、管理要求的数字化财管系统，打造面向业务的、灵活可控、精准有序的数字化大财务体系，为未来打造产业链金融服务奠定基础。因此，国有企业数字化转型规划应充分分析企业（集团）的信息化现状，充分考虑到企业（集团）各类业务场景对未来数字化转型的实际和长远需求，推动以提质增效、节约成本、增加效能为核心的数字化转型升级。

3. 有限数字化，杜绝“高、大、全”

国有企业数字化转型规划应该按照“有限数字化”的根本原则，坚持“务实、节约、有效”的数字化转型原则，不应该一味地追求“高、大、全”，围绕企业（集团）的战略发展和业务发展实际，抓住数字化转型的重点领域，抓住企业（集团）发展的业务核心和业务重点，以战略需求、业务重点、经费实际等为前提，推进“有限”数字化，采用重点性、层次性、渐进性的方式推进企业（集团）的数字化转型。

4. 分步实施，稳步推进

国有企业的数字化建设不应一蹴而就，应该采取“分步实施、稳步推进”的策略，按照基础平台再造、数据中台构建、生产、管理、数据决策等各个领域的重点任务和次要任务推动数字化建设和数字化转型。

5. 线上线下有机融合

国有企业数字化转型规划要注重数字化转型过程中线上线下有机融合的问题，数字化系统的实现与部署必须同时对应线下流程的再造和改革方案，形成良性融合和有效部署。其中，有效部署不是为了实现某个领域的简单数字化，而是这个数字化确实能够实现领域或应用场景的流程再造和转型升级，确实能够提升效率、降低成本，推进企业（集团）效能和效益提升。

6. 聚焦场景，推进场景驱动的数字化转型

国有企业数字化转型规划应该充分聚焦企业（集团）生产、管理、营销、客户服务等全产业链过程中的各类应用场景，围绕场景需求和数字化转型的必然要求，反推数据需求、平台需求、网络需求、数据可视化及其应用需求，将此作为规划设计的依据，保障规划最终能够聚焦场景解决实际问题。

7. 数据为先，聚焦数据治理和数据赋能

国有企业数字化转型规划应该坚持“数据为先”的原则，改变过去以应用为出发点的系统开发模式，聚焦企业（集团）的数据治理，推进企业（集团）内部数据的汇聚、融通与应用，企业数字化的建设规划必须注重“全产业链”数据的采集，建设统一的数据汇聚和共享中心，建设可扩展、可升级、易维护的基础数据平台和数据管理平台，确保总部、企业各个部门、各个环节数据的打通和整合应用，坚持推进构建企业的“数据资产”和数据支撑体系。国有企业数字化转型规划要注重企业（集团）整体数据治理，应该侧重于用数据支撑企业（集团）生产、管理、营销、客服等全产业链各个环节的数字化赋能。

8. 标准化、先进性、兼容性

国有企业数字化转型规划要注重企业数据标准化、流程标准化、安全标准化、数字化管理标准化等各方面的标准化建设。国有企业数字化转型规划要考虑企业（集团）数字化当前需要与长远发展的实际，注重技术和方案的先进性问题。规划设计和技术方案必须采用成熟的平台架构和技术路线，必须保证项目的整体延续性和稳定性，要坚持“利旧”与“新建”相结合的方式。一方面，要充分有效地利用企业（集团）的现有平台，实现现有硬件和系统的升级应用；另一方面，要保证新建系统与老系统及企业关联业务系统的兼容性。项目的应用系统软件能够方便地升级，同时确保系统升级时对数据库等底层系统的变更必须是有限的，系统要能满足业务需求变化的需要，预留足够灵活的数据和功能接口，确保平台能够与其他平台进行有效的数据交互和业务对接，有效实现数据接口的打通。

9. 可扩展性

国有企业数字化转型规划要充分考虑未来数字化平台、系统及应用的可扩展性。国有企业数字化转型规划要注重未来数据中心、数据中台、数据标准和支撑平台的相对稳定性，同时要保障未来新增系统开发、微应用、微服务的便捷性和灵活性，从而能够快速、灵活地进行系统的扩展、革新和新建。

10. 简单易用、节约成本

国有企业数字化转型规划要保证企业（集团）系统软硬件的简单易用，便于用户的理解和使用。部署局部业务+需求的网络设置，充分利用微服务、微应用特性，实现系统的简单易用。国有企业数字化转型规划要求充分考虑现有系统功能特性，基于现有系统进行升级改造。合理规划数据治理方案，提升数据价值，降本增效。

11. 集约化

国有企业数字化转型规划应该坚持集约化的原则，应充分考虑基础设施的集约化、数据集约化、平台集约化、信息与服务集约化、安全与防护集约化等。

12. 稳定性、安全性、可靠性

国有企业数字化建设要确保硬件和系统软件的设计与建设能够稳定、可靠运行。平台和应用系统设计要做到安全可靠，可以防止非法用户入侵，保证数据的完整性和准确性，采用多级认证、权限管理、安全审计等多种措施，确保平台的运行安全。

国有企业作为中国特色社会主义经济的“顶梁柱”，肩负推动我国经济高质量发展的重要责任。未来，国有企业进行数字化转型的过程中应着重考虑上述 12 条建设原则，着眼于未来市场，细化场景运用，科学实施战略方针。

参考文献

[1] 林凌, 陈永忠. 城市百科辞典[Z]. 北京: 人民出版社, 1993.

[2] 杨世伟. 国际产业转移与中国新型工业化道路[M]. 北京: 经济管理出版社, 2009.

[3] 郭振英. 走新型工业化道路才能实现跨越发展[J]. 经济研究参考, 2004(68): 36-39.

[4] 严行方. 大国巅峰之路: 经济策[M]. 北京: 石油工业出版社, 2014.

[5] NI H F, TIAN Y. China's industrial upgrading and value chain restructuring under the new development pattern[J]. China Economist, 2021, 16(5): 72-102.

[6] 樊鹏. 第四次工业革命带给世界的深刻变革[J]. 人民论坛, 2021(S1): 41-45.

[7] 刘湘丽. 第四次工业革命的机遇与挑战[J]. 新疆师范大学学报(哲学社会科学版),

2019, 40(1): 123-130.

[8] 王钦. 新中国工业技术创新70年：历程、经验与展望[J]. 中国发展观察, 2019(21): 18-21.

[9] 陈佳贵, 黄群慧. 工业大国国情与工业强国战略[M]. 北京: 社会科学文献出版社, 2012.

[10] 陈一鸣, 全海涛. 试划分我国工业化发展阶段[J]. 经济问题探索, 2007(11): 166-170.

[11] 胡冰洋. 推动我国第四次工业革命及颠覆性技术创新的分析和建议[J]. 中国经贸导刊, 2019(15): 30-33.

[12] 孙毅, 罗穆雄. 美国智能制造的发展及启示[J]. 中国科学院院刊, 2021, 36(11): 1316-1325.

[13] 郑明光. 智能数字化设计提升核能质量和效能[J]. 上海质量, 2018(7): 17-19.

[14] 黄一新. 钢铁行业数字化转型战略思考[J]. 现代交通与冶金材料, 2021, 1(4): 64-69.

[15] 金琳. 宝钢股份：数字化转型实现“智慧制造”[J]. 上海国资, 2022(2): 91-92.

[16] 余东华, 胡亚男, 吕逸楠. 新工业革命背景下“中国制造2025”的技术创新路径和产业选择研究[J]. 天津社会科学, 2015, 6(4): 98-107.

[17] 段全成. 现代数字化设计在机械设计制造技术中的运用[J]. 内燃机与配件, 2021(4): 195-196.

[18] 宋雯琪, 王效香. 拥抱造纸行业智能化与数字化的未来: 工业互联网与工业4.0技术在造纸行业的应用[J]. 中华纸业, 2021, 42(11): 18-21.

[19] BOTTIGLIERI J, 宋雯琪. 展望纸业智能化与数字化转型，工业巨头怎么说?[J]. 中华纸业, 2021, 42(11): 22-25.

[20] 余嘉洋, 王勋, 张伟, 等. 钢铁行业数字化转型综述[J]. 铁合金, 2021, 52(5): 44-48.

[21] 奚少华. 人工智能赋能行业发展的前景和机遇[J]. 张江科技评论, 2021(5): 60-63.

[22] 王晓唯, 叶长青. 5G赋能工业企业数字化应用与部署[J]. 上海信息化, 2021(11): 33-38.

[23] 董小英. 全球视角下未来制造业的三元能力建设: 智能制造对我国的战略意义解析[J]. 互联网天地, 2016(6): 1-6.

[24] 陈润. 波音公司的数字化标准[J]. 航空标准化与质量, 2013, 259(6): 30-33.

[25] 赵同璇. 机械设计制造的数字化与智能化发展研究[J]. 中国设备工程, 2021(17): 28-29.

第七章
千里智行

第一节　交通的发展

“交通”一词来源于《易经》中的“天地交而万物通”。广义上说，交通指从事旅客和货物运输及语言和图文传递的行业，包括运输和邮电两个方面，在国民经济中属于第三产业。运输有铁路、公路、水路、空路、管道 5 种方式，邮电包括邮政和电信两方面内容。狭义上说，现代意义上的交通更多的是指以陆路（陆运）、水路（水运）、空路（空运）等为核心的交通运输方式，涵盖货物运输和人的运输。

交通的本质在于促进人类社会的交流与交往。随着交通工具的变革和发展，交通的形态也在不断地演变和发展。在原始社会时期，“交通工具”还没有出现，人们主要靠步行或奔跑来走动或迁徙。那个时期的人们，除了双脚并没有什么交通工具，更谈不上道路等交通设施，人类的活动范围很小，往往局限在固定的区域。随着人类聚居和活动范围的扩展，人类渐渐学会了创造和使用交通工具，道路或者说相对标准化的道路开始发展起来。从早期的“拖撬”到独轮手推车，从人力拉车到马车和牛车，从火车到汽车，从自行车到摩托车，从轮船到飞机，人类交通工具不断发展。

一、古代交通工具的发展

大约在六七千年前，由于人类对狩猎工具的改进，人们在森林里狩猎得到的猎物越来越多，猎物的搬运成为一个难题。起初，有人用藤蔓将几根树枝连接在一起，把猎物放在上面，双手抓住两根长树枝来拖运猎物。这像极了我们现在的板车或雪橇，如此可以更加省力，并且可以拖动更多的猎物。后来，这种简易的拖运方式开始不断被改良。人类学会了在树枝上打孔和开槽，从而安装一些用于装载食物的木桩或木板，这算得上是人类最早发明的装载式交通工具，称之为“拖撬”。这个“拖撬”其实就是一个没有轮子的拖车，只能在地上拖着移动，使用时它和地面之间会产生较大的摩擦力，因此，这种“笨拙”的“拖撬”在使用时是很费力的。

人类在不断地探索和进步。据现在的考古和发现判断，大约在公元前3500年左右，位于底格里斯河与幼发拉底河之间的美索不达米亚（现属伊拉克）的人民首先发明了轮子。轮子被用在双轮运货马车上来运输笨重货物；还被用在双轮马拉战车上，这是古代埃及人和赫梯人偏爱的军用运输工具。

起先，制作轮子的方法通常是用横板把几段木料连接起来，再将这样做成的方形物切割为圆形。在一些缺乏好木料的地方，人们甚至试图用石料来制造轮子。这些早期的木轮或石轮虽然牢固，但是相当笨重，在实际使用中需要很强的拉力，导致轴承的磨损非常快。为此人们曾做过种种尝试，比如在木板上开洞以制造比较轻的轮子。但最有效的还是装上辐条的轮子，中国、北欧和西亚等相继独立发明出安装辐条的轮子，并在公元前2000年以后广为流传。轮子的发明，无疑是人类伟大的进步。在有轮子的基础上，各种运输工具陆续出现。独轮手推车也许是人类发明的最早的有轮子的交通工具。而后人类逐渐发明了以马和牛等畜力为主要牵引的马车和牛车，马车、牛车等畜力交通工具也是交通工具史的一个巨大飞跃，促进了部落、区域间的交流。同一时期，人类还发明了以人力为核心的“轿子”，其在一定时期内与以畜力为主的交通工具并存。

水上交通工具从独木舟开始，其后来逐渐演变为木筏、竹筏，而后逐渐出现了木板船、桨船等。这些水上交通工具大多以人力为驱动。公元前

1500 年左右，水上交通工具的发展也取得了非常大的进步，人类将风作为动力，发明了帆船，但仍少不了人力的配合。公元 200 年左右，帆船可以不再依靠人力，完全借助风力航行。在其后 1500 多年的时间里，轮船等航海工具得到广泛应用和发展，促进了人类的交流与联系。我国是世界上水路运输发展较早的国家之一，公元前 2500 年已经制造舟楫，商代已经有了帆船。公元前 500 年前后我国开始开凿运河；唐代对外运输丝绸及其他货物的船舶直达波斯湾和红海之滨，其航线被誉为海上丝绸之路；明代航海家郑和率领巨大船队七下西洋，到达亚洲、非洲的 30 多个国家和地区。

1783 年，法国蒙特哥菲尔兄弟利用热空气上升的原理发明了热气球，他们在巴黎市中心将热气球放飞，热气球飞行了 25 分钟，创造了人类首次升空的历史，也开启了人类对空域交通工具的探索。古代时，人类对交通工具的探索主要聚焦在陆路交通工具上，以人力、畜力和风力为动力的交通工具占据了人类历史中的绝大部分时间。从历史的视角来看，交通工具的发明推动了交通的发展，促进了人类之间的交流与合作。

二、现代交通工具的发展

现代交通工具的发展始于 18 世纪 60 年代从英国开始掀起的第一次工业革命。工业革命推动了现代化交通工具的发明，推动了现代化交通体系的构建。

1. 现代水路交通工具的发展

1783 年 7 月 15 日，一位年轻的法国贵族在法国里昂的颂恩河上成功地下水了全世界第一艘蒸汽船，水上（水路）交通领域的革命拉开了帷幕。1807 年，美国人罗伯特 · 富尔顿设计并建成了第一艘明轮蒸汽舰“克莱蒙特”号，它使用木头和煤为燃料。1815 年，富尔顿为美国建造了第一艘蒸汽动力战舰“德莫洛戈斯”号，1819 年，美国的蒸汽船“萨凡纳”号首次横渡了大西洋。1820 年，世界上第一艘铁壳蒸汽船建成。1886 年，德国工程师戴姆勒首先把汽油发动机装在自制的船上，在德国纳卡河上航行成功。船舶汽油发动机转速很高，在第一次世界大战中被普遍用于鱼雷艇、汽艇及海岸巡逻艇上。1902 年，第一台船用柴油机被装在法国运河船“小皮尔号”上。两年后，俄国油轮“旺达尔号”建成，在伏尔加河和里海上航行，是世界上第一艘柴油远洋轮船。从20世纪30年代起，新造的客轮及货轮大多采用柴油发动机。柴油发动机是游艇上最普遍装置的辅机。1953年，英国人科克雷尔创立气垫理论，经过大量试验后，于1959年建成世界上第一艘气垫船，并成功横渡英吉利海峡。1960年1月23日，美国人皮卡尔和沃尔什乘“里亚斯特—2号”潜水器，在太平洋的马里亚纳海沟下潜到了10916m的深度，创下了当时载人潜水器下潜深度的世界纪录。1995年，日本海沟号（无人潜水器）在马里亚纳海沟进行了水深达10970m的潜航，其也因此成为世界上下潜最深的潜水器。2012年6月24日，中国蛟龙号在马里亚纳海沟下潜7062米，在世界潜水艇下潜深度排名中排第三位。

2. 现代陆路交通工具的发展

1804年，英国工程师特勒维西克造出了一个以蒸汽机为动力的火车头，这标志着世界上第一辆蒸汽火车诞生了。1818年，德国人德莱斯发明了带车把的木制两轮“自行车”。就这样，世界上第一辆“自行车”问世了，虽然这还不完全是真正意义上的自行车，只是自行车的雏形。1863年，世界上首条地铁——英国的“伦敦大都会铁路”（Metropolitan Railway）开通，干线长度约为6.5km。因为当时电力尚未普及，所以其采用蒸汽机车作为动力牵引。1870年，便士法新（Penny Farthing）自行车问世，没有什么比它更能象征英国维多利亚时代，更能代表那个时代的进步了。在英国，这个前轮大后轮小的东西曾是如此先进，它成为有史以来、第一个被正式称为“自行车”的两轮车。便士法新的名字Penny Farthing来自英国的硬币——便士（Penny）和法新（Farthing），法新即四分之一便士，这是因为两个车轮就像是一个便士在前，一个法新在后。19世纪末又发生了一场关于动力机的革命。内燃机登上了历史的舞台，并且很快就替代蒸汽机走到了动力机的舞台中央，唱上了主角，不久后它就被应用在火车等交通工具上。1882年，西门子公司发明了世界首辆无轨电车。1885年8月29日，德国发明家戴姆勒发明世界上首部摩托车并获得发明专利。因此，戴姆勒被世界公认为摩托车的发明者。1886年，德国工程师卡尔·本茨研制出世界上第一辆三轮汽车“奔驰一号”，该汽车是用四冲程汽油机驱动的。当时这部车的转向部件是一根独立的转轴，在机械原理上其与当今的方向盘本质上并无太大差异，因此可以视其为当今所有车辆的鼻祖。汽车的发明加快了人员、物资、信息的流动，缩短了空间距离，节约了时间，加快了社会发展，具有里程碑意义。

由于蒸汽机有笨重、低效率等缺陷，德国工程师狄赛尔经过精心的研究，终于在 1892 年首次提出压缩点火式内燃机的原始设计，成功地制造出了世界上第一台试验柴油机（缸径 15 厘米、行程 40 厘米）。后来，为了纪念这位发明家，人们用他的姓Diesel来表示柴油，而柴油发动机也被称为狄塞尔发动机（Diesel Engine）。柴油发动机的发明极大地促进了以柴油驱动的柴油机车的发展。

1984 年 4 月，伯明翰机场至英特纳雄纳尔火车站之间一条 600 米长的磁悬浮铁路正式通车营业，旅客乘坐磁悬浮列车从伯明翰机场到英特纳雄纳尔火车站仅需 90 秒。2003 年 10 月，上海磁浮列车示范运营线开始开放运行。2004 年 1月，上海磁浮列车示范运营线开始全天对外试运行。2006 年 4 月，上海磁浮列车示范运营线正式投入商业运营。

1936 年，挪威Norsk Hydro公司制造了氢气驱动的卡车；1944 年，苏联制造了GAZ-AA卡车（也有氢气驱动类型）；1959 年，美国Allis-Chalmers拖拉机公司把氢气驱动应用到拖拉机上；1966 年，美国通用汽车公司研发了世界上第一辆现代意义的氢燃料汽车，这是一款厢式货车，被命名为Electrovan，其搭载了笨重的电池组，续航里程达到 200 千米。2015 年 4 月，丰田首款量产氢燃料电池车Mirai（未来）亮相上海车展，丰田官方表示该款车将成为全球续航里程最长的一款氢燃料电池车。

1881 年，法国发明家古斯塔夫·特鲁维将铅酸电池和电动机嫁接到一辆三轮车上，在巴黎市中心成功地进行了试车，引起了很多人的关注，并且在同年举行的国际博览会上进行了展出。古斯塔夫·特鲁维的这台电动原型车被公认为可查证到的世界上第一辆电动汽车，但是其并没有实现量产，只是一台原型机。1894 年，英国的托马斯·帕克发明了世界上第一辆量产的四轮电动汽车，该发明主要得益于他自己开办的铅酸电池和发电机工厂，他发明的四轮电动汽车当时备受上流社会及有钱人的青睐。2008 年，特斯拉公司推出了一辆Roadster跑车，这是世界上第一辆使用锂电池作为动力的电动汽车。

2009年1月17日，隶属于Google X实验室的Project Chauffeur正式成立。几周后，少年天才安东尼·莱万多夫斯基（Anthony Levandowski）就用一辆丰田普锐斯攒出了谷歌的第一辆自动驾驶样车，并上路测试。刚开始，路测进行得很神秘，外人很难知悉。直到2009年12月，谷歌的自动驾驶汽车项目第一次为外人所知悉。2014年7月24日，百度公司启动"百度无人驾驶汽车"研发计划。2015年12月，百度公司宣布，百度无人驾驶车在国内首次实现城市、环路及高速道路混合路况下的全自动驾驶。

3. 现代空中交通工具的发展

1852年，法国人法吉尔制造出世界上第一艘蒸汽动力的软式飞艇。这艘飞艇从巴黎马戏场起飞，用3小时左右飞了28千米，然后在特拉普斯着陆，实现了人类第一次有动力载人"可操纵飞行"。从此，真正的飞艇问世了。航空运输始于1871年，当时法国人用气球把政府官员和物资、邮件等运出被军队围困的巴黎。

1891年，德国"滑翔机之父"奥托·李林塔尔，制作了第一架固定翼滑翔机，两机翼长7米，用竹和藤做骨架，骨架上缝着布，人的头和肩可从两机翼间钻入，机上装有尾翼，全机重量约为2千克，很像展开双翼的蝙蝠。这是世界上第一架悬挂滑翔机。

1903年12月17日，美国莱特兄弟首次试飞了完全受控、依靠自身动力、持续滞空不落地的飞机，也就是"世界上第一架飞机"。1939年9月14日，世界上第一架实用型直升机诞生，它是美国工程师西科斯基研制成功的VS－300直升机。该直升机有1副主旋翼和3副尾桨，后续经过多次试飞，人们将3副尾桨变成1副尾桨，从而这架实用型直升机成为现代直升机的鼻祖。英国是最早发明喷气式发动机的国家之一。第二次世界大战结束后，英国人将喷气技术用于民用飞机。德·哈维兰公司也获得了德国对后掠式机翼空气动力学的研究资料。1946年，英国的德·哈维兰公司开始设计喷气式客机，并将其命名为"彗星"号。这种民航客机是第一种以喷气式发动机为动力的民用客机，当时被认为是革命性的技术。彗星客机1952年加入英国海外航空公司（British Overseas Airways Corporation，BOAC）投入运营服务。1952年5月2日，"彗星"1型喷气式客机被投入从英国伦敦飞往南非约翰内斯堡的航班服务，轰动了世界。1952 年 5 月，英国海外航空公司的 9 架“彗星”1 型客机投入航线运营，标志着民用喷气式客机时代的到来。1961 年 4 月 12 日，苏联空军少校加加林乘坐的飞船搭乘火箭起飞，绕地飞行一圈后重返大气层，安全降落到地面，铸就了人类进入太空的丰碑。

水路、陆路、空路交通工具的飞速发展极大地推动了人类交通的变革与发展。水路交通工具促使世界形成了遍布全球的水上运输网络；陆路交通工具的多样化发展促使城市道路、铁路等取得了前所未有的发展，城市道路越来越多、越来越密，铁路网络遍布城市之间，极大地促进了城市间的人员交流和货物运输；空路交通工具的发展极大地缩短了洲际、国家之间的通行时间。

进入现代以来，汽车的质量和速度显著提升，四通八达的高速公路和高等级公路遍布城市之间，极大地拓展了人们活动的范围、方便了人们的生活，也为现代物流体系的构建奠定了基础。高速列车的发展极大地方便了区域间的通行和货物运输，提升了通行效率，节省了通行时间。现代化的货轮行驶在广袤的海域，促进了国家之间的商贸和人员往来。高速、安全的飞机成为人们出行的必备选择之一。

交通工具的发展推动交通的发展，交通的发展又促进交通工具的变革，交通运输业随着科技的进步不断发展。现代交通工具从蒸汽机驱动到内燃机驱动，从内燃机驱动再到电气化驱动，目前正在数字化的支撑下向智能化驱动转变。

此外，随着城市的发展和交通工具的变革，城市交通及围绕城市的交通建设也取得了前所未有的进步。为了解决交通拥堵问题，人们不断推进立交桥和隧道建设，拓宽、改善传统城市路网，提升地铁、快速交通等公共交通建设，各种交通建设方案不断被探索。人类社会逐渐构建起陆路、海路、空路三位一体的立体化交通网络。

交通发展的另一个关键点是交通运营模式的发展，从驿站到马帮，从传统的轮船货运到集装箱支撑的现代航运体系，从铁路运输到公路运输，从公交到地铁，从出租车到网约车，从国家体系的邮政物流到遍布社会各个角落的私人物流，从小型的航空运输到现代化航空运输体系，围绕交通运输延展出的各类运营模式都在不断变革与演进。

第二节　交通数字化发展现状

交通领域数字化在整个“工业 4.0”中是具有“灯塔效应”的重大引领性效应，其将带来精密仪表、机器制造、材料制造、信息智能数字化、传感技术、IT 工业、道路建设、航天航空等领域的全方位变革与发展。智能化是交通领域数字化的高级形态，世界范围内的自动驾驶浪潮如火如荼发展，中国、德国、美国、日本等世界主要汽车制造大国都在加大自动驾驶汽车的研发力度。

一、国内外发展现状

自 20 世纪 70 年代以来，随着科学技术的发展与进步，西方国家开始研究应用计算机、通信、自动化控制等技术手段来提升和改善交通状况。自 20 世纪 80 年代中叶以来，围绕交通领域的数字化研究与应用得到飞速发展。进入 20 世纪 90 年代后，美国、澳大利亚、日本、韩国、欧洲等国家和地区大力推进智能交通系统的研究与应用。以日本为例，从 1996 年开始，日本把智能交通提升到了支撑未来社会的基本要素之一的高度，逐渐加大对智能交通系统的开发、研究、应用的投入，并逐渐提高其数字化水平。其中主要的数字化应用成果包括以下几方面。（1）数字化助力驾驶员多维度导航系统。该系统实现了各类交通信息的互通，为驾驶员提供了便利。（2）公路自动收费系统。日本探索实现ETC的部署，通过交互通信将汽车和道路联系起来，IC卡与安装在ETC车道上的无线装置联系，记录通行信息，实现自动化收费。（3）安全辅助驾驶。驾驶员如果能实时地通过各种类型的传感器掌握道路周围车辆的情况及其他驾驶环境信息，就能很好地避免交通事故的发生。（4）交通管理最优法。为了处理与大流量交通有关的问题，日本已经使用了交通控制系统。

从日本交通数字化的具体实践可以看出，其交通数字化主要围绕数字化辅助驾驶、数字化计费、交通控制数字化等几个关键要素展开。数字化辅助驾驶主要针对交通工具驾驶服务方面，通过连接各类传感器为驾驶员提供道路路况、安全保障等方面的支撑；数字化计费主要针对交通基础设施和服务设施方面，实现道路交通（收费公路、收费高速公路）的快速计费和快速通行，有效提升交通的通行效率；交通控制数字化主要针对交通管理方面，通过数字化辅助交通管理部门实现交通的高效管理和运行。

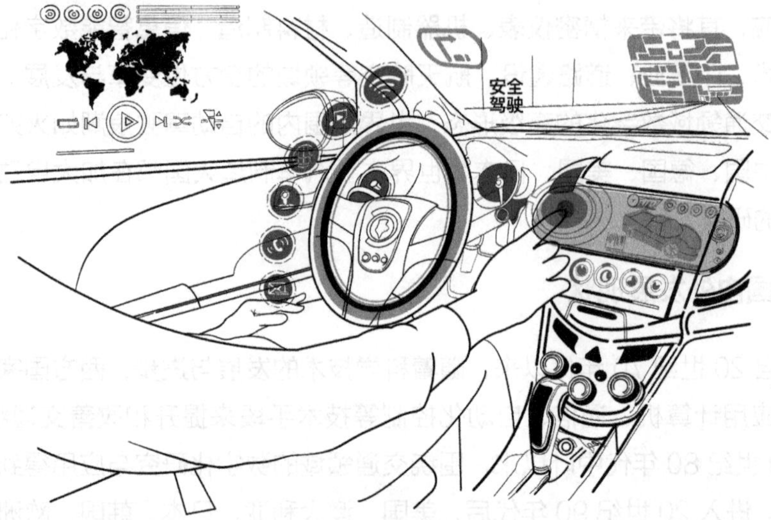

图 7-1　数字化辅助驾驶

美国是应用智能交通系统（Intelligent Traffic System，ITS）比较成功的国家之一。早在 1995 年 3 月，美国交通部就已经发布了“国家智能交通系统项目规划”，明确规定了智能交通系统的七大领域和 29 个用户服务功能，并规划了到 2005 年的年度开发计划。七大领域包括出行和交通管理系统、出行需求管理系统、公共交通运营系统、商用车辆运营系统、电子收费系统、应急管理系统、先进的车辆控制和安全系统。据报道，目前 ITS 在美国的应用率已达 80% 以上，而且相关的产品也较先进。美国 ITS 在车辆安全系统、电子收费、公路及车辆管理系统、导航定位系统、商业车辆管理系统方面的应用发展较快。

我国公安部道路交通安全研究中心将智能交通产业的发展划分为 5 个阶段，即 1996 年—2000 年的培育阶段，2001 年—2005 年的起步阶段，2006 年—2010 年的基础阶段，2011 年—2015 年的创新阶段，2016 年至今的转型阶段。在这二十几年间，我国智能交通实现跨越式发展，行业规模快速扩大。中国智能交通协会数据显示，我国智能交通行业市场规模由 2016 年的 973 亿元增长至 2020 年的 1658 亿元。随着发展环境不断向好，我国智能交通行业将保持增长态势，预计到 2025 年我国智能交通行业的市场规模将达到 3726 亿元。

然而，不可否认的是，我国在智能交通的基础研究方面还很薄弱。随着科学技术的发展和社会的进步，我国开展智能交通及数字化研究已具备了技术基础、国家政策倾斜和一定的市场需求。以下是我国在智能交通系统研究方面的初步成果，为我国未来交通数字化的发展打下了坚实的基础。（1）城市信息管理系统。这个系统按 3 个阶段进行建设，第一个阶段为城市GIS数据库建设，第二个阶段为信息网络建设，第三个阶段为车辆管理信息建设。它不仅为ITS提供直接相关的动静态信息，同时也为未来城市发展提供各项信息服务。（2）道路交通信息系统。这个系统由三部分组成，分别是信息的采集、信息的处理和信息的发布。采集的信息包括交通拥挤信息、道路施工信息、停车泊位信息等；信息的处理就是将采集到的信息在交通信息中心进行处理和分析；信息的发布是将经由交通信息中心处理和分析后的实时和预测信息通过车载器、电子显示屏、无线通信、互联网等渠道发布给驾驶员和出行者。（3）网络电子收费系统。这个系统旨在实现大范围区域内不停车收费，该系统是车路间信息通信系统，通过微波通信技术实行收费路网"一卡通"，典型的应用有ETC收费系统。（4）多式联运管理服务系统。为了向客货运输提供联运服务、高效的运输服务和高水平管理，该系统将各交通方式的运费、管理、服务系统通过计算机网络技术进行了联网。

二、相关案例分析

轨道交通行业是一个资产密集型、技术密集型、人员密集型的行业，也是一个具有复杂细分专业的技术体系。"万物互联"的数字时代，大数据、云计算、人工智能、物联网、5G 等数字技术的应用为轨道交通行业带来了新的挑战。

1. 深圳市智慧交通数字化实践探索

近年来，深圳市积极推进交通数字化建设，极大地改善了城市的交通管理和交通通行状况。

在日常的交通出行中，想必大家都遇到过这样的路口，一边是“钢铁长龙”在排队等红灯，另一边却是空荡荡的绿灯，甚是郁闷。这主要因为传统的信号控制系统太“不解风情”，总是一成不变，不够智能。如今智慧深圳的交通一般是不会出现这样的情况的。在中国中央广播电视总台的专题报道中，深圳市民表示，现在能够清晰地感觉到路口的红绿灯会根据车流量自动进行时间周期调节。当前路口的红绿灯可以根据实际的车流量，在交通信号灯时间上进行智能化调节。比如，左转弯车流量大的时候，前端就会给出一个人工智能优化方案，每一个高峰期的绿灯会延长 5~10 秒。

前些年“十一”假期期间，深圳市的堵车问题让不少市民“心有余悸”。但在这些年的假期出行中道路却畅通无阻，这主要得益于深圳市实施的“预约通行”措施，驾驶员只要提前打开深圳交警微信公众号，在预约通行界面输入车牌号和预计进入景区的时间，预约出行时间，出行时一路通畅的概率就大幅度提升。

开车出行，最怕发生交通事故。以往，一旦车辆发生事故，司机一般需要电话报警，等待交警等人员到场处置，常因小事故造成大拥堵。深圳市交警通过智能化的路口系统，让事故处理变得智能。该系统能自动感知交通事故，通过精准轨迹辅助定责，让交通治理变得有据可依，可节约出警时间 20 分钟以上，降低次生事故发生可能性，能做到事故快处快撤，避免交通拥堵，极大提升了交通事故处理的效率，提升了交通出行的效率。

公交车是城市主要交通工具，如何节约公交车的单趟运行时间，让公交车成为市民出行的首选交通工具？在深圳宝安国际会展中心的展区，接驳公交车通过公交优先控制系统，将红绿灯和车辆“联动”起来，确保车辆一路绿灯抵达，10 千米路程由原先的 40 分钟缩短到 15 分钟。

上述这些数字化带来的成效都建立在华为技术有限公司提供的全息路口解决方案的基础上，该方案包括人工智能超微光卡口（路口摄像头）、毫米波雷达和智能交通微边缘 ITS800（部署在路侧边缘）三大部分。该方案采用多方向雷视拟合技术，结合高精度地图呈现路口数字化上帝视角，实现物理路口的数字孪生，精准刻画路口每一条车道、每一辆车的行为轨迹。在人工智能赋能下，基于边缘计算独有的雷视轨迹拟合算法，将视频和雷达数据进行位置标定、坐标转化、时钟同步、轨迹合一，从而获得全方位、无盲区的数据信息，生成路口全域全量帧级感知数字化轨迹，为智能交通优化治理打下坚实的数据基础。基于对路口流量的精准检测，该方案不仅可以实时发现路口交通安全隐患，也可以依据历史交通数据，发现冲突的根因，从而优化路口的交通组织。比如某个路口左转车辆太多，需要增加左转车道；某些路口左转与对向直行的绿灯相位周期相同，容易造成冲突，需要优化相位等。全息路口解决方案还可以应用于信号控制的自适应优化，基于边缘计算单元ITS800对路口流量的长期分析，可发现路口的交通运行规律，从而制订更准确的交通信号配时方案和交通组织方案。此外，路侧感知、边缘计算和RSU设备也可为精准公交、辅助驾驶等车路协同服务奠定基础。

深圳市智能交通数字化为我们展示了智能交通带来的巨大便利，为未来交通数字化建设提供了实践案例。

2. 哈尔滨市公共交通数字化实践探索

过去，传统公共交通领域数字化应用程度不高，网络化、信息化服务支持不足，各类公共交通服务智能衔接不够顺畅，交通供给方式难以满足人们日益增长的出行需求。在此背景下，哈尔滨市积极破解公共交通发展"瓶颈"，以数字化为支撑推进交通运输治理体系和治理能力现代化，不断改善交通出行服务体验，并依托哈尔滨市高寒城市智能公交系统建设项目，走出一条硬件先行、网络支撑、数据多元的数字化转型探索之路。

哈尔滨市交通运输局规划快速建成交通运行监测调度指挥中心，形成一整套包括数据中心、灾备中心、通信网络、智能指挥中心硬件系统和交通运输智能化管理平台软件系统在内的综合交通运输监测与协同调度业务系统，覆盖常规公交、巡游出租车、网约车、交通执法、应急指挥、公交规划等。与此同时，哈尔滨市交通运输局持续完善全市营运车辆监控设备布设，总计安装 72834 台车载智能监控设备，实时掌控全市 6251 辆公交车、4684 辆网约车、14380 辆巡游出租车、47519 辆"两客一危"及重型货车等运输车辆的运营管理；打造新阳路、南直路、长江路 3 条公交优先廊道，在全市首创安装 68 台雷达检测设备，实现公交廊道智能感知。

该套体系部署后，哈尔滨市交通运输前端数字感知硬件设备功能配置、运算存储能力及网络系统建设等方面已经达到国内先进城市水平，为深入开展数字化转型工作提供了硬件基础保障。

在应急指挥处置方面，针对“黄金周”等重大节假日或极端天气、重大活动等特定时期和特定事件，哈尔滨市交通运输局以信息化手段与应急管理部门联动，及时获取警示信息。如通过在出租车监管系统平台、公交智能调度系统平台等行业管理系统及时下发预警信息，标注重点区域、重点路段，划出电子围栏，定位监控各营运车辆运行状态，实现营运车辆的应急调度和预警，提升管理服务和应急响应能力，提高公共服务水平。

在辅助决策支持方面，哈尔滨市交通运输局通过对全行业大数据的整合接入、深度挖掘、关联分析及综合应用，对城市路网、标志标线、公交站等城市交通设施设备进行仿真建模，模拟不同的交通通行情况及交通态势的变化，能够快速为220多条线路、6000多个公交站点建立线网规划数据，形成更加合理的预审批线路规划方案，极大缩短传统人工规划和审批过程的时间，有效解决人为规划分析不全面等问题，使线路规划更合理。

三、数字化交通的发展对比

美国、日本等国家的交通数字化建设起步很早，其在城市化建设的过程中同步推进了交通数字化的建设与发展，在交通辅助管理数字化、交通辅助驾驶数字化、交通辅助设施数字化等方面开展了技术攻关和应用探索。

相较于发达国家在交通领域的数字化建设与发展，我国在交通领域的数字化探索起步较晚。在道路交通方面，我国交通大发展的前期主要聚焦于交通基础设施的建设，因此交通领域数字化建设起步较晚。由于互联网领域的发展，我国在交通辅助驾驶数字化方面取得了显著的进展：手机终端的高德导航、百度地图等得到了普遍应用，为用户提供有效的导航服务；汽车端的数字化辅助驾驶系统也被部署和探索，依托数字化辅助驾驶系统，可以实现自适应巡航、前方碰撞预警、自动紧急制动、智能语音交互等数字化功能辅助。在交通辅助设施数字化方面，近年来，我国的ETC部署席卷全国高速公路乃至众多城市停车场，促进了大规模数字化结算的发展，极大地提升了通行效率。我国在交通管控设施数字化方面主要以视频监控为主，兼顾交通情况的实时感知和情况追溯。在其他管控设施的数字化方面，我国的数字化进展较为缓慢。在铁路交通方面，我国的高铁走在了世界的前列。京张铁路的建设开启了我国高铁数字化的探索。于 2019 年 12 月开通运营的京张高速铁路将北京到张家口的运行时间由 3 小时 7 分钟压缩至 47 分钟。作为 2022 年北京冬奥会的重要交通保障设施，它是我国第一条按照数字化和智能化理念设计的高铁。借助数字孪生技术，京张高铁在高铁数字化工程方面进行了探索，建设了一条与周边地理环境深度融合且与实体铁路多物理特征保持一致的数字化虚拟铁路。其中，我国基于建筑信息模型（Building Information Modeling，BIM）标准体系研发了一套多专业协同设计系统，利用统一数据框架进行协同设计，该数字化工程通过集成仿真分析手段，实现在虚拟空间中完成工程建造过程映射，提供一条动态可感知、易维护的虚拟铁路，提升了方案可靠性与稳定性，降低了工程勘察设计试错成本；针对沿路的大型高铁客运站建设，利用BIM发展了对客站装饰装修、钢结构、机电管线和客服机房等建筑结构进行三维深化设计的技术，建立基于BIM的客站施工管理系统，实现施工原材料追溯、高支模监测、检验批、钢结构焊缝等三维可视化管控；研制了基于BIM的施工组优化仿真系统，支撑现场施工精细化管理和安全质量管控；采用智能化施工技术，非传统水源利用率达到 22.14%，可再循环建筑材料用量比达到 15.3%。在其他方面，京张高铁还实现了一证通行、“刷脸”进站。旅客进站只需将身份证放到扫描位置，看镜头刷脸，3 秒即可核验通过。“刷脸”进站的效率比人工验票进站的效率高得多，自助验票设备在缩短旅客进站时间、缓解进站客流高峰、方便旅客进站等方面发挥着重要的支撑作用。

在航空领域，针对飞机维修过程中存在的多种变化和不确定因素，南航公司联合在增强现实领域领先的科技公司北京亮亮视野科技有限公司进行研究和探索，提出将增强现实技术作为数字化的“慧眼”，通过打造基于AR的工作方式助力飞机维修工作。东航公司将各类运行信息系统与自建的MUC平台紧密集成，实时推送运行关键信息，如机位、桥位、预飞变更、电子舱单签收提醒、流量控制提醒、快速过站保障提醒等，确保一线人员对保障信息的快速获取。通过信息驱动业务进程，各单位可快速调整保障方案，提高保障效率，优化保障流程。

船运业的数字化努力已经持续多年。中远海运集团与上海海关和上海国际港务（集团）股份有限公司合作，将集装箱运输轨迹和船舶航行轨迹实时分享给海关和港口，使货物可以迅速通关，降低货主的库存量，从而保证销售流动能顺利进行。并且通过物联网设备，其旗下客户只需扫描二维码即可完成货物来源追溯、物流轨迹查询及运达时间预计。马士基航运也推出了远程集装箱管理（Remote Container Management，RCM）系统，该系统能在运输过程中为客户实时提供冷藏集装箱的位置，以及内部气体浓度、温度信息和供电状况等信息。行业专家也可通过RCM远程管理集装箱，或通过当地技术人员解决运输途中出现的问题。再如，一些船东已为其船舶配备了部分智能系统，在充分分析和利用数据信息的基础上，实现机舱设备故障诊断和健康评估、航路设计优化和能效管理优化，让航行变得更加安全、更加环保、更加经济。

对比国外交通数字化的发展，我国交通数字化在发展中存在统筹能力不足、市场动力不足、研发能力较弱等问题，但这同时给我们带来了机遇，能够提高交通运输行业的信息化水平、改善城市拥堵现状、助力智慧城市建设等。随着智慧交通领域的科技创新发展，我国将逐渐掌握更多核心技术，提升国家的综合竞争力，实现交通强国。

第三节　交通数字化转型及发展趋势

未来，随着城市建设的推进、人们生活水平的提高及数字技术的迅猛发展，交通领域的数字化转型已经成为一种必然趋势。

城市建设的未来是智慧城市、低碳城市、绿色城市、文化城市、宜居城市，这个过程中智慧交通的建设是一个重要的支撑，可提升城市交通的通行效率，提升人们跨域交流的便捷性，提升跨域货物流通的效能，提升交通管理的效率和效能等。

交通领域的数字化转型不是简单的数字化应用，数字化转型的本质在于利用数字技术提升交通管控、交通通行、交通辅助等方面的效率和效能，实现围绕这些方面的流程再造和数字化融合发展。

一、交通数字化的未来

数字技术的发展使数字经济正在推进社会各领域的变革与重塑。对于交通领域而言，以5G、物联网、边缘计算、人工智能等数字技术为驱动的“智慧交通”是交通数字化未来发展的必然趋势。交通领域的数字化不是简单的数字化过程，其包括了交通工具、交通辅助工具、交通管理等各个维度的数字化转型，以数字化推进各个维度的互联互通，以数字化推进各个维度的功能变革与提升，以数字化推进领域的整体融合与数字化生态构建。数字化将为未来交通智能化的发展奠定坚实的基础，其不仅渗透到设计、供应、物流、制造工艺、管理模式及生产装备线的生产供给侧，还深刻渗透到产品营销、维护与服务、金融与保险、网络化服务、交通出行与安全、交通管理等辅助侧，数字化将支撑交通领域的融合再造与价值拓展。

未来，通过“智慧绿色、安全高效、融合一体、自主无人”的交通系统的实现，“零死亡、零排放、碳中和”的交通发展愿景有望实现，而这一切的背后就是推进交通领域的数字化、智能化转型。

1. 交通工具的数字化新未来

自动驾驶是可预见的交通工具变革发展的必然方向。自动驾驶主要是指汽车、地铁、火车、轮船等交通工具依靠人工智能、大数据、数字孪生、边缘计算、视觉计算等数字技术与雷达、监控装置、全球定位系统等设备协同，让智能控制系统（平台）可以在没有任何人类主动操作或干预下，自动安全地运行。

如今，很多物流园区或港口实现了货运车的智能化无人驾驶。在不远的未来，智能化无人耕种一体机及智能化无人收割一体机也在广袤的平原地区大规模普及，地铁、高铁、火车、货运车、公交车、出租车、私家车、货运轮船等将逐渐向数字化、半智能化、智能化转变与发展。

地铁、高铁等依靠固定轨道运行的交通工具也许会最先实现和普及智能化无人驾驶，其取决于轨道交通固定的线路、相对独立的运行环境、良好的路况等相对特殊的部署环境。目前，影响自动驾驶部署的一个关键性问题就是路况问题，而地铁、高铁的运行环境使这一问题变得不那么复杂，因此，这两个领域也许可以最快地部署并实施全自动化无人驾驶，由此带来的也许是地铁司机或高铁司机的失业。也许这些地铁司机和高铁司机未来会变成自动化驾驶设备的“监视员”。

货运车、公交车、出租车、私家车等道路交通工具也许会第二批逐渐实现自动驾驶。货运车主要依托高速公路的路网实现货物运输，且大多是固定路线；公交车虽然面临复杂路况，但其通行路线也是相对固定的。因此货运车和公交车的自动驾驶也会逐渐尝试以自动驾驶为导向的无人化替代。出租车和私家车的替代应该也是一个不断测试、迭代的逐步推进、水到渠成的过程，通过在相关应用场景的不断测试和适应，应用于出租车和私家车的智能化无人驾驶系统将更能适应复杂场景的应用。

由于空域的特殊性，航空领域本来就有比较先进的自动驾驶系统，将来航空领域将主要聚焦于民用无人机、军用无人机的突破和应用。民用智能化无人机将主要聚焦农业无人机、勘察无人机、森林防火无人机、灭火无人机、气象无人机、货运无人机（含远距离货运和短程货运）等领域的拓展和应用。军用智能化无人机将成为未来战争中的关键作战元素，将重塑未来的战争模式。智能侦察无人机、智能察打一体型无人机、智能预警无人机、智能轰炸无人机、智能通信无人机、智能后勤运输无人机等都会成为作战中的绝对助力，其必将改变战争的形态和结局。

对于航运领域，自动驾驶将主要集中于无人货运船、无人作战舰艇的探索和应用。无人货运船将来可以按照统一标准航行在全球广阔的海域上，但是这需要在全球建立统一的标准和自动化交互体系。无人作战舰艇将逐渐被部署在各国的海上作战部队中，与传统的作战部队形成协同作战体系。

上述不同领域涉及的智能化自动驾驶将是未来交通工具数字化发展的高级阶段，其涵盖电子信息、自动控制、计算机、人工智能、大数据、数字孪生、地理信息、智能信号处理、车辆工程等众多技术领域，将会成为未来智慧交通领域最前沿的研究方向。智能自动驾驶将赋予汽车、高铁、飞机、轮船等交通工具智能化感知、计算、决策和控制等综合能力，从而独立、自主地完成驾驶任务，而不需要人类的干预。未来，一个成熟的自动驾驶系统应该像熟练的人类驾驶员一样，能够对交通工具运行及周围环境的变化做出准确的判断，继而比人类更加高效、安全地完成驾驶任务。汽车的自动驾驶目前仍然受限于感知、融合、决策、规划、控制等多方面技术难题的制约，以及应用场景、成本以及可靠性等方面的制约，在智能化自动驾驶方面还未实现真正突破，大规模量产或普及的也仅停留在组合驾驶辅助（L2 级）及以下的驾驶辅助阶段，还未能实现有条件自动驾驶（L3 级）及以上阶段的跨越或大规模普及。当前和今后很长一段时间，普通开放道路中的自动驾驶技术的应用和普及还有很长的一段路要走。但是，自动驾驶技术在港区集装箱运输、矿区自动化运输及农业机械自动化等方面已经得到广泛应用。未来，汽车的自动驾驶将从L2 级逐渐向L3 级、高度自动驾驶（L4 级）以及完全自动驾驶（L5 级）过渡。而船舶的自动驾驶需要逐渐在船舶智能化感知、计算、认知、决策、执行等多维度的关键技术方面取得突破，从而实现场景应用，实现船舶由小到大、由内河到外海、由近海到远海的智能化过渡与发展，继而实现船舶领域的智能化自动驾驶的应用与拓展，通过船舶“航行控制大脑”的研究与提升逐渐实现船舶自动驾驶逐步向增强驾驶、辅助驾驶、远程驾驶、自主驾驶等不同功能阶段演进。

船岸协同是智能船舶发展中一个非常重要的理念。船岸协同由岸端与船端系统构成，是实现智能船舶实际运营的应用基础。日本、欧盟等国家和组织开展了这方面的探索和实验。日本国土交通省拖轮远程驾驶项目通过拖轮配备传感器和摄像设备，实时监测航行态势，通过船岸协同与试验船舶建立信息共享，实现协同控制。比利时SEAFAR驳船远程驾驶项目融合船侧/基础设施侧多源信息，实现协同感知，并远程实时分析船舶动态，进行多船舶集中管理和操作。我国在这方面也开展了积极探索，“筋斗云0号”小型无人货船项目于 2019 年 12 月在珠海顺利完成远程遥控和自主航行试验；“智飞号”智能航行集装箱运输商船于 2021 年 10 月安装我国自主研发的智能航行系统，该系统具有人工驾驶、远程遥控驾驶和无人自主航行 3 种驾驶模式。未来，货物运输将会越来越依赖于智能化、自动化航运设备，全球航运体系将逐渐向自动化、无人化航运体系过渡，世界航运线路上将会有越来越多的智能化、自动化运输船。

2. 交通辅助设施数字化新未来

交通辅助设施是围绕交通正常运行的道路、铁路、码头、机场等交通基础设施，以及围绕交通正常运行的数字化服务平台。辅助设施的数字化包括围绕上述交通基础设施的道路信号灯数字化、码头数字化、机场安检通行数字化、服务平台数字化等。智能交通系统的未来发展趋势是以智能化为支撑的自主式交通系统，即在不需要人类过多干预的情况下，在变化的、不可预测的交通环境中“理性地决策与行动”，或能在经验中持续学习，利用数据提升系统性能。自主式交通系统由智能运载工具、智慧基础设施和云端智能交通组成，具有感知、交互、学习和执行能力，是一种协调完成单体智能、群体协同和整体优化的交通系统。其实，自主式交通系统需要部署数字化的交通辅助设施，以此来支撑大量实时交通信息。未来，以道路交通为例，人类将部署更加智能的交通感知系统、交通控制系统、交通智能化辅助服务平台。城市道路会部署现代化的路况感知和交通控制设备，高清摄像头会实时、自动感知城市道路交通状况，而后通过智能目标识别分析、边缘计算等智能化方法计算和分析路况信息，智能化地调控交通信号灯，包括当前拥堵路口及关联路口的交通信号灯，以此疏导交通。这一过程是智能化、无人化、自动化的过程，也将实现道路交通辅助设施的划时代进步。另外，城市中的停车场所将实现智能化网联，实现车位的自动化分析与供给、停车费用的自动化结算。围绕智慧交通的辅助运行，城市将部署面向交通辅助设施智能化应用的数据中心，与部署在应用场景中的各类边缘计算设备形成有效数据交互，共同支撑整个智慧交通系统的运行。数字化的交通辅助设施将成为未来交通数字化建设的关键重点和核心纽带。未来，众多的城市将会积极打造数字化的交通辅助设施，以此助力智能化交通工具的部署与发展，以此保障未来交通出行的智慧化和便捷化。

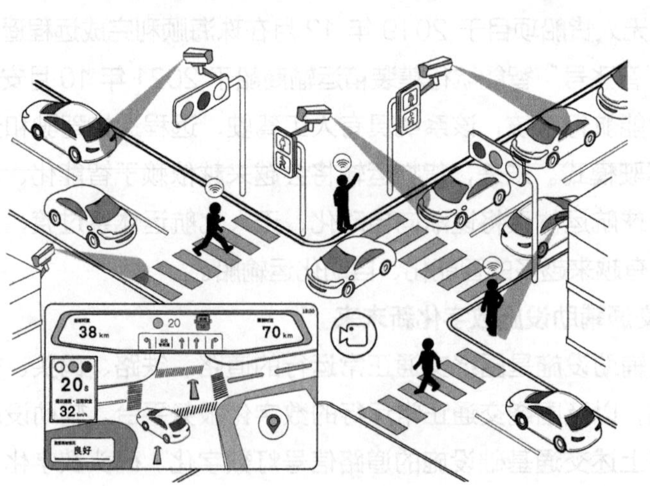

图 7-2　协同交通

3. 交通管理的数字化新未来

对于政府而言，智慧交通是未来智慧城市建设的关键核心，政府将进一步推进交通领域的数据引领、融合赋能。全面推动城市公共交通领域生产要素数据化，建立政务数据资源目录，促进部门间数据资源开放共享，以数据资源价值挖掘拓展城市公共交通创新发展空间。充分发挥5G、物联网、云计算等现代信息技术融合赋能和技术引领作用，转变传统公共交通管理模式，以数据驱动线上线下融合，激发城市公共交通新活力，全面推动城市公共交通服务和管理向数字化、网络化、智能化转型，促进城市公共交通发展质量变革、效率变革、动力变革。

特长隧道、大型桥梁、客运站点、重要道路交叉路口、收费站、服务区、治超站点、城市交通枢纽、物流园区及港口生产等场景是交通运行监控的重点。传统矩阵式视频墙存在难以有效展示、视频碎片化、传感器与视频监控独立运行等问题。未来，利用数字孪生等数字技术，实景融合的交通运行场景全态势监控将在一个平台中展现监控场景的所有监控画面，形成对监控场景的三维全景视频监控，这将成为未来交通管理的一种常态化、精准化、智能化新模式。

未来基于计算机视觉的驾驶行为分析和预警技术的研发将逐渐在实际中获得应用推广。其可以对驾驶员在驾驶过程中打电话、看手机、双手离开方向盘、抽烟、打盹等危险驾驶行为和疲劳驾驶行为进行自动分析并发出预警，提高交通安全保障能力。通过交通安全管理数字化平台的构建，当某高速路段发生交通事故时，交管部门可通过云平台绘制电子围栏，一键下发事故提醒，提供路线规划，智能疏导，既避免二次事故，又保障道路畅通。道路施工、临时管制、危险路段、风雪雨雾恶劣天气、拥堵等公共信息均可通过数字化平台精准触达。

二、交通数字化未来新场景

城市交通系统的负载能力是有限的，当一个城市发展起来之后，其交通系统也需要进行同步建设。若交通建设没有及时跟上城市发展的脚步，随着城市人口的不断增加交通问题会愈加突出，城市的交通管理难度也会随之上升。而智能交通系统能够实现对交通车辆的实时监控，并且能及时采集违规车辆信息等，这就对驾驶人员起到了很好的规范作用，降低违章驾驶的概率，既能保证城市交通运输的安全性，又能提高城市交通管理的效率。其次，大数据技术在智能交通中的应用，既能够及时发现已经发生的交通事故，并且对事故现场进行合理管控，对道路进行及时疏通，能缩短事故带来的交通拥堵时间，又能对事故中的伤员进行救助。总体来说，交通数字化建设不仅能够保证城市交通的良好运行，还能最大限度地满足城市交通管理的需求。

1. 交通数字化推动出行需求智能化分析

一方面，交通大数据能够对人们的出行进行预测，从而根据预测结果提前干预交通管理，为人们提供良好的出行体验。使用IC卡、GPS、手机等工具能够获取人们的出行信息，对众多出行信息的汇总能够对交通信息进行提前预测，分析人们的出行需求，例如：对网约车信息进行分析发现，在商业区等人流密集场所及机场、游乐场所出现突发性出行需求的概率较大。另一方面，通过交通大数据能够分析人们的日常出行情况，从而对公共交通进行合理优化和调整。例如：城市中人们日常出行主要是在家与公司之间往返，因此通过手机出行信息，相关交通管理部门能够获得居民的通勤信息，利用大数据可以同步感知城市交通需求变化，并根据相关变化调整和优化城市交通管理。最后，对人们的出行大数据信息进行分析，能够准确评价城市的公共交通设施情况，人们出行中单位路程内通勤时间越长或者花费的费用越高，说明城市公共交通运输情况越差，反之则说明公共交通运输情况越好。在评价公共交通设施后，相关部门需要对公共交通情况较差的地区进行针对性的优化调整，提升城市整体的交通服务水平。

2. 交通数字化推动智能化共享出行

在互联网技术、定位技术等新技术融合发展的背景下，我国出现了大量的共享出行服务，例如共享汽车、共享电动车、共享自行车等。利用好共享汽车和共享自行车资源，能够提高对交通运输资源的利用效率，进而缓解城市交通拥堵的情况。相关的研究数据表明，在大型城市交通运输过程中，私家车出行中个人单车驾驶的比例高达60%以上，这无疑造成了大量的资源浪费。如果能够对这些资源加以利用，则能够大大节约相关资源，并能够为有出行需求的人提供较好的服务。通过共享出行，私家车驾驶人员能够通过分享车辆空余位置获取一定的收益，乘客也能够以相对较低的价格享受更便捷的出行服务，同时城市交通的拥堵情况也能够得到一定的缓解。随着未来无人驾驶的推广，基于无人驾驶的共享智能汽车也许会成为可能，也许人们不用再购买汽车，只需要通过数字化系统提前预约智能无人车，数字化系统就可以通过大数据分析为路程相近的人员合理安排共享的智能无人车，进而实现智能交通工具的共享，实现智慧交通出行、绿色出行、低碳出行。

3. 交通数字化推动高级自动驾驶落地

随着数字技术的进一步发展，智能化自动驾驶将成为城市交通重要的发展方向，网联自动驾驶使用传感器能够实时感知周围物体的信息，防止出现碰撞，同时通过网络信息实时传输，根据网络既定程序路线前进，实现自动驾驶。相对于人工驾驶而言，自动驾驶首先能够节省驾驶人员的时间，使驾驶人员将原本用于驾驶的时间开展其他工作；其次自动驾驶的安全性也相对更高，通过传感器实时监测到车辆周围所有与驾驶安全相关的信息，并采取对应的处理措施。随着自动驾驶的完全普及，未来可能可以减少交通信号灯的使用。

三、交通数字化的机遇与挑战

当前，世界各国都在积极推进交通数字化的建设，积极推进交通领域的数字化转型，推动基于数字技术的创新和应用。与以往的交通发展和变革不同，交通数字化转型将是前所未有的系统化变革，在未来的交通数字化中，其将会面临一系列的挑战：技术挑战、商业挑战和政策法规挑战。

1. 技术挑战

挑战一：网络速度与可靠性。要实现交通数字化，必须不断地推动以5G及未来的6G、7G为引领的新一代通信网络的发展，其关键是提升数据信息的交互速度，保证信息的实时交互，实现不同交通终端之间信息交互传输的有效保障。

挑战二：数据标准化与数据共享。要想推动整个交通数字化生态体系的构建，必须有效推进数据标准化工作，解决数据标准不一致、标准过时等问题。实现交通各类终端的接入，前提是统一数据标准。这样可以促进整个数字交通生态体系的构建，推动以数据共享和应用为支撑的应用体系构建。

挑战三：网络安全与用户隐私。交通数字化涉及交通工具、交通辅助设施、交通管理部门、用户之间的数据信息交互。这一过程中，存在数据量大、数据交互频繁、数据实时性要求高等一系列问题，因此必须有效保障网络安全、数据安全和用户隐私，以保障整个交通数据化的顺利实施和运行。

2. 商业挑战

交通数字化的构建仍然需要构建可以保障数字化有效实施和维护的生态体系。当前，交通数字化推进过程中还面临一系列的商业问题。

问题一：供应链碎片化问题。当前，交通数字化推进过程中，围绕智能交通工具、智能交通辅助设施、智能交通管理等交通数字化的各个维度都有大、中、小公司的聚焦和渗透，但是这些公司大多局限在一个维度，要么聚焦无人驾驶，要么聚焦智能信号灯，要么聚焦无人通行结算系统，要么聚焦交通数字化管理平台。这些研究和应用都是相对孤立或碎片化的，还没能形成一个统一的交通数字化应用体系，因此交通数字化领域还未形成有效的产业链和供应链体系。

问题二：初始投资成本过高。无人自动驾驶、智能交通等领域的初始技术投资成本都很高，一般企业根本无法涉足，如此就隔绝了很多缺乏资金的企业进入这个领域，导致难以形成有效的投资聚焦、技术研发聚焦和应用聚焦。

问题三：保养和维护成本过高。交通数字化设施在实现了初始投入和建设之后，由于保养和维护成本过高，且缺乏系统化规划和布局，往往缺乏后续的经费保障，导致交通数字化的构建和实施“走走停停”。交通数字化的建设和实施还需要继续探索一种有效、可持续的建设和投资模式。

3. 政策法规挑战

挑战一：政策的挑战。虽然国家积极推进交通数字化的建设，但是这两年国家逐渐出台了数据法规和信息安全法规，在某种程度上形成了较大的制约，对于还未形成数字化生态体系的交通领域，其实是具有较大挑战的。如今，已经不是互联网发展初期的生态体系构建阶段。因此，还需要有强有力的政策统筹和政策推进，才能更好地在交通领域构建数字化的生态体系。

挑战二：安全的挑战。相关安全部门或监管部门对数据安全和网络安全的要求越来越高。一方面，规范的要求可以有效保障用户隐私；另一方面，过多的网络和数据规范性要求必然会制约交通数字化早期的实施和拓展。这是一把“双刃剑”，只有妥善处理好监管和发展的关系，才能有效推动交通领域各类、各层次数字化企业的发展和壮大。

未来，数字技术的渗透与融合应用将提高交通运输运行感知、预控和应变能力，改变交通运输生产组织和服务交付模式，提高行业治理的社会参与程度，并切实提高数据共享、业务协同和科学决策效能，推动交通运输业向现代服务业转型发展。

数字技术的发展为交通运输业带来了独特机遇，其有望成为更环保、更可持续的公共交通模式不可或缺的一部分。轨道交通行业的数字化能提高铁路系统的性能、竞争力，数字化解决方案还可以提高轨道交通运营的效率和成本效益。大多数轨道交通运营商清楚如何借助数字技术的力量节约成本、改进服务，发展更智能的基础设施，提供更好的乘客体验。更重要的是，运营商应认真考虑有关隐私、监管安全、数据和专有系统所有权、公众可接受性、就业影响以及搁浅资产投资的问题。共享出行也可能成为未来绿色交通体系构建的一种有益探索，当然，这有赖于无人驾驶的成熟与推广应用，有赖于形成政策、技术和场景融合的共享出行的生态体系。

智能交通系统的规划、建设归根到底应服务于城市交通发展的总体目标，提高设施系统的使用效率和服务水平。在交通智能化辅助和管理方面，通过智能公交系统、智能交通管理系统、智能车辆运行管理系统、交通监控系统等技术的实施，提高现有交通基础设施的运行效率和交通供给能力；在交通需求方向，通过交通信息服务、交通拥堵收费等系统，改善交通需求的时空分布特性，“削峰填谷”，使交通需求与交通供给的矛盾得到缓解。

数字业务能力也是交通数字化转型的关键。只有具备认识数据、使用数据、掌控数据的业务能力，才能够使用数据进行交通领域的应用创新、技术赋能以及业务提升。

参考文献

[1] 高本河, 唐玉兰. 物流学概论[M]. 北京: 中央广播电视大学出版社, 2005.

[2] 王维. 交通工具伴我行[M]. 武汉: 武汉大学出版社, 2013.

[3] 李红启. 全球大型商用飞机制造业的发展及影响因素[J]. 中国市场, 2012(24): 74-81.

[4] 赵锐. 德国数字化行动的思维模式和启示[J]. 中国信息界, 2018(1): 80-90.

[5] 李峰. 智能交通系统在国外的发展趋势[J]. 国外公路, 1999, 19(1): 1-5.

[6] 鲁洪强, 马刚, 赵焕军. 环湾保护拥湾发展战略研究-环湾区域综合交通体系研究[M]. 青岛: 青岛出版社, 2009.

[7] 黄捷. 智能交通系统国内外现状分析[J]. 企业导报, 2012(11): 100.

[8] 张欣芳. 数字化轨道交通的宁波实践[J]. 宁波经济(财经视点), 2021(7): 56-57.

[9] 严新平, 褚端峰, 刘佳仑, 等. 智能交通发展的现状、挑战与展望[J]. 交通运输研究, 2021, 7(6): 2-10, 22.

[10] 伍朝辉, 武晓博, 王亮. 交通强国背景下智慧交通发展趋势展望[J]. 交通运输研究, 2019, 5(4): 26-36.

[11] 郝奥. 物联网技术在智能交通中的应用[J]. 时代汽车, 2022(1): 193-194.

[12] 张震. 新技术时代城市交通管理与服务研究发展展望[J]. 时代汽车, 2022(1): 197-198.

[13] 苏跃江, 韦清波, 吴德馨, 等. 城市道路交通运行指数的对比和思考[J]. 城市交通, 2019, 17(2): 96-101.

[14] 雷江松. 城市轨道交通建设数字化转型实践[J]. 现代城市轨道交通, 2020(12): 5-8.

[15] 王振. 物联网下城市智能交通系统的规划与设计[D]. 桂林: 桂林电子科技大学, 2012.

[16] 陈沛源, 毕仕强. 物联网技术的发展和在智能交通中的应用[J]. 科技经济刊, 2020, 28(25): 23, 25.

[17] 曾淑仪, SINGH J. 轨道交通的数字化转型: 行业中的改革[J]. 城市轨道交通, 2021(10): 22-25.

[18] 谢振东. 城市交通一卡通大数据应用[M]. 北京: 人民交通出版社, 2016.

第八章

娱乐突破次元

第一节 传统娱乐的发展历史

娱乐是指使人感到快乐或者人们消遣时间的一系列有趣的活动。娱乐活动自古有之，在古代，人类的娱乐有乐曲和歌舞。远古时期，源于对自然的敬畏，人类开始尝试与上天沟通，出现了一个特定的群体，传达上天的旨意——巫师，巫师从事的祭祀典礼的活动，成为今天舞蹈的模型。后来，有个叫伶伦的人发现有一些音律可以使人产生一种很奇妙的享受感，最原始的音乐出现了。

周朝时出现了礼乐制度。西周礼乐制度用礼乐划分等级，目的在于维护其宗法制度和君权、神权，维护贵族的世袭制、等级制的统治。其以五声八音为乐。五声为音阶：宫、商、角、徵、羽。八音为器乐：埙、笙、鼓、管、弦、磬、钟、柷。这个时期出现了专门从事该项活动的人员。整个周朝，礼乐的活动都属于天子诸侯等贵族所私有。那时候虽然没有什么限制，但是，平民百姓是没有什么机会听到戏曲的。一方面是因为没有时间，百姓整日忙于生计；另一方面是没有大众化的推广。

先秦时期，赛马、走犬、角抵、蹴鞠、斗鸡等都是比较流行的室外娱乐项目，此外六博、围棋和投壶等是比较流行的室内娱乐项目。

汉朝时家伎开始流行。家伎的职责是为家主跳舞、弹琴、唱戏，并在宴会上表演节目。基于这些需求，家伎的门槛变得非常高，而且要经过严格正规的学习训练。因此家伎的出现对表演艺术的传播有很大的贡献。但是，其地位仍然是低下的，没有受到应有的尊重，家主可以对其自由买卖。

宋朝时，随着经济的发展，出现了商业化的都市，也有了夜市，这一时期出现了市民阶层，一些娱乐活动便成为他们的消遣，找一个地方，举行相扑、皮影戏、杂剧、傀儡、说书、评书、歌舞、戏曲等表演。演完就散，人们把这类地方称为“瓦子”（见南宋吴自牧《梦粱录》：瓦舍者，谓其来者瓦合，去时瓦解之义，易聚易散也）。戏曲逐渐走向大众。

元代出现了杂曲，各种故事脱颖而出，各种专门从事娱乐业的人出现了，开始为人们定期表演杂曲，就像是今天人们观看电视剧一样，其通过戏曲的方式展现人们的生活或故事。

明清时期小说开始出现，人们可以在闲暇的时候读书，阅读书中丰富有趣的人物故事，并感受人物的经历。

现代以来，娱乐活动已经成为人类生活中必不可少的一部分，人们对它的需求是随着生活水平的上升而增加的。在人们对娱乐活动需求增加的同时，随着工业化进程的加快，娱乐元素逐渐加入，由此形成了娱乐产业链，即娱乐产业。娱乐产业是指为娱乐活动提供场所和服务的行业，如经营歌厅、茶馆、网吧、游乐园等娱乐场所，娱乐场所为顾客进行娱乐活动提供服务。广义上来说，各式各样的体育活动也是娱乐的一部分，篮球赛、足球赛的现场或电视直播都会吸引大量的观众。人们日常生活中各式各样的体育活动也是娱乐休闲的一部分。

从娱乐的发展历史来看，各种各样的娱乐活动本质上是为了满足人们的精神生活的需求，是围绕人的精神需求展开的，是一种满足了“衣食住行”之后的更高层次的需求，可以看作一种构建在“虚拟创造”基础上的活动。各种娱乐活动更像是人类的一种发明创造。

第二节 传统娱乐产业的分类与发展要素

娱乐是使人快乐的一种活动，亦指快乐有趣的活动。娱乐是人的本性，是一种身心联动的体验，结果应该获得某种惬意和满足感。过程中的快乐感、体验感越强，娱乐活动的质量就越高，效果就越好。

根据不同娱乐的主要功能，人类娱乐大致可分为三大类。

（1）文化娱乐。文化娱乐主要是人们为了“身心舒畅”和“心灵愉悦”，根据自己的兴趣爱好选择不同文化产品来体验或消费的行为，这是人类所特有的娱乐。

（2）体育娱乐。体育娱乐主要是人们为了获得“身体愉悦”和“身心放松”，根据自身条件所进行的内容简便易行、富有情趣的各种运动或竞技，如各种体育游戏或体育竞技活动等，运动就是“以愉悦为目的而从事的一种消遣或一种身体活动”。体育娱乐又可分为文化性体育娱乐和休闲性体育娱乐。

（3）休闲娱乐。休闲娱乐主要是人们为了驱逐紧张、单调、寂寞和无聊情绪，而选择的各种“消费闲暇时间”的行为。当代比较普及的娱乐形式多样、场所多样。

这些“为社会提供娱乐产品的同一经济活动的集合以及同类经济部门的总和”，就构成了娱乐产业。

传统娱乐产业的发展具有内在因素和外在因素两个发展条件。

内在因素是指事物本身所产生的因素。娱乐产业的核心是其提供的是满足人类身心体验、带给人类快乐体验的活动，而娱乐活动的主体是人，因此人的社会属性是娱乐产业发展的内在因素。当今社会，人们维持生存需要不断从事社会活动，人类与其他动物的本质区别在于，人类在物质需求得到一定程度的满足并能够维持正常的生存之后，会更加重视精神层面需求的满足。而娱乐活动正是人们为了达到精神上的满足而设计的活动方式，各种各样的娱乐方式和活动是娱乐产业的基本组成要素，人类在这一过程中体会快乐、获得满足。在娱乐活动这一组成要素形成的前提下，需求上升规律是娱乐活动能够形成专业的产业链的关键因素。这一规律所提示的是人类的需求在数量、质量、层次上呈上升趋势，在结构、实现方式和方法上朝复杂多样化和先进性方向发展，人类在不断地追求娱乐种类和娱乐方式的创新。人们在基本生存需求得到满足后，必然追求享受和娱乐，以达到更高的精神境界。此外随着消费者自身素质的提高，特别是受教育程度的提高，人们的审美观、价值观、消费观日益改变，人们在消费的内容、方式、时间等方面更具有感性和自主性，这为娱乐产业和娱乐经济提供了较大的发展空间。

外在因素是指事物周围产生的因素。娱乐产业与其他产业一样，都是为了创造价值，其本质是生产与消费。因此生产力的上升为娱乐经济提供了日益充分的物质条件和时间条件。生产力提高主要体现在经济的增长上，生产力的提升促进了资本收益的提高，由此会有更多资金用于娱乐产业投资。其次，生产力提高意味着人们可以更高效地工作，从而使人们的闲暇时间增多。其中传统节日和集中假期以及各国政府相继实行一周五天、一周四天工作制，使闲暇时间绝对延长，人们可以将更多的时间用于娱乐活动，这给娱乐经济提供了更加充分的时间条件。在此基础上，生产力的提升促进了消费者经济收入的不断提高，为娱乐经济的不断发展提供了购买力条件。因此，在生产力和消费力提高的基础上，娱乐产业得以产生并不断发展。另外，随着全球化的推进和世界各国间交流的深入，世界各国及不同地区、不同民族的文化交流也推动了娱乐产业的迅速发展，主要体现在由于文化的多样性，人们渴望了解不同文化背景下的娱乐方式，从而对新鲜事物的追求推动了娱乐产业的多元化发展。

正是由于内在因素和外在因素的相互作用，娱乐产业才得以产生与发展。

第三节　娱乐数字化的发展现状

传统的娱乐形式有电影、电视、音乐、歌舞、歌剧、话剧、京剧、相声、杂技、体育运动等诸多形式，这些传统的娱乐形式不断以现场或视频的方式与人们产生交互。这些年来，随着互联网的发展，这些传统的娱乐形式也发生了极大的变化。

在数字化技术的推动下，娱乐产业也开启了数字化转型之旅。而娱乐产业相较于其他产业的数字化进程开始时间比较晚。娱乐产业的数字化进程主要受益于数字化技术背景下的互联网技术和相关娱乐载体（如手机、计算机、平板电脑）的发展。互联网的发展深刻改变了大众娱乐的组织模式，电影院、KTV、音乐厅、棋牌室等传统的线下娱乐模式正在一步步被线上模式取代，在线影院、在线KTV、在线音乐和网上棋牌室等新的娱乐业态正在迅猛发展，这使随时随地的娱乐方式成为常态。

先说电影。首先，数字化技术帮助电影构建了一个个虚拟的、逼真的视觉图像世界，数字化帮助各类科幻、非科幻类型的电影渲染、构建出一个个乌托邦式的优美场景，《拯救大兵瑞恩》《阿凡达》《流浪地球》《刺杀小说家》《独行月球》等众多电影作品的成功都离不开数字化技术的支撑。《拯救大兵瑞恩》利用数字化技术，仅用200多人就成功演绎了第二次世界大战中有数万人参加的诺曼底登陆的经典场景，观众在观影时几乎没有发现画面的非真实性。数字技术全面变革了传统电影的制作方式，实现了虚实场景的完美融合，为观众带来了良好的观影体验。我们以前一直相信电影是在真实的场景下拍摄出来的，但是越来越多的电影是由数字工程师在机房里合成出来的。其次，电影的预告、传播、售票等有了数字化手段的支撑，使电影的传播方式发生了深刻的改变。电影海报已经过时了，一个个电影预告短视频可以通过各种数字化平台快速地传播到潜在观影者的手机上，观影者可以通过各类数字化平台购买不同电影院的电影票，并可以在线选座。电影的发行传播也不再局限于电影院，很多电影开始尝试线上首发。数字化不仅改变了电影的制作方式和画面，而且改变了电影的传播方式、发行方式和人们的观影方式。数字化正在推动电影的革命性变革与发展。

再看电视。传统的电视是一种典型的广播型传媒，什么时间段播放什么电视节目和内容都是提前编排好了的，观众是没有内容选择权的，观众可以选择不同频道，但没有办法选择不同频道播放的电视节目。电视融合了新闻报道、时事评论、电视剧、电影、音乐、戏剧、小品、相声、纪录片、体育直播等众多新闻和娱乐形式，虽然节目多了，但是观众只能通过电视预告和频道切换挑选自己想看的不同节目。随着互联网的深入发展，网络视频平台的崛起和互联网电视深刻改变了电视内容的传播形态，电视节目以一个个视频单元的形式统一在网络视频平台上“上架”，观众可以依据自己的喜好，选择自己喜欢看的视频内容（电视节目），且不受观看时间、观看集数等情况的限制，自由度显著提升。固定化的“播放-观看”模式被自由化的"超市货架"模式所替代，借助手机、平板电脑等各类终端设备，观众可以在任何时间、任何地点登录网络视频平台，选择自己感兴趣的视频进行观看，观看内容不限（只要平台上有）、观看时间不限、观看时长不限，观众还可以快进。相较于传统的电视播放模式，视频内容的可选择性和可控制性成为网络电视或网络视频的最显著标志。此外，电视内容的网络视频化并没有太多地影响电视的受众或降低电视的影响力，反而提升了电视内容的制作和传播范围，对于好的电视节目，还产生了极具效果的推广和推送。以观众需求为牵引，网络热度效应不断催生优秀的电视内容的制作和推广，电视剧、综艺娱乐节目都能够被观众快速地找到和观看，网络自制剧也迎来了雨后春笋般的发展，还出现了很多爆款。电视节目开始走向以互联网、数字化为支撑的优质内容创作时代。

再说音乐。京剧、越剧、歌舞剧、美声音乐、通俗音乐、流行音乐等都是音乐的展现形式，但是我们不谈音乐的表现（表演）形式，只谈音乐的展示和传播形式。古代的音乐展示形式都是现场版的形式，观众需要亲临现场去倾听乐曲或观看表演，其辐射范围只能是现场的听众或观众。到了现代，不得不说一个神奇的物件，那就是留声机。留声机是一种用来播放唱片的电动设备，是由美国发明家爱迪生于 1877 年发明的一款音乐播放装置。留声机唱片能被较简易地大量复制，放音时间也比大多数筒形录音介质长。各种各样的音乐可以通过留声机的唱片进行刻录，而后通过留声机进行播放，这极大地方便了喜欢音乐的听众，也极大地拓展了音乐的传播范围。而后广播也成为音乐传播和推广的重要载体，广播极大地推动了现代音乐的传播，使很多脍炙人口的音乐传遍大江南北。随着音乐的传播形式更加多元化，磁带音乐、电视音乐、电影音乐等不断地丰富音乐的传播形式，改变人们的娱乐方式，录音机支撑下的磁带音乐使音乐快速进入平民化和大众化阶段。录音机既可以播放音乐也可以录制音乐，使听众既可以听别人唱，还可以录制自己唱的歌曲。多么美好的娱乐感觉！既可以当听众，也可以当表演者。录音机时代（包括后来的CD机、MP3等音乐播放设备）在电视出现之前带给人们无限的美好。电视出现之后，这种短暂的辉煌被打破了，电视不再像广播、录音机那样简单地播放声音，电视可以融合动态的影像，融合各种各样可见的舞台表演和展现形式，更加吸引观众，观众更加能够身临其境地去感知音乐。观众的体验感得到了前所未有的满足，视觉、听觉的集成展现和传播形式使电视音乐风靡一时，同时也带来了KTV的繁荣。

互联网的飞速发展和融合渗透完全颠覆了这一切。数字化的介质载体、互联网的传播媒介使音乐的传播速度和广度发生了前所未有的变化，音乐的存储和下载更加便捷，随身听等音乐播放设备大多退出历史舞台，“手机+音乐软件”成为当前的主流形式，由此还助推了无线耳机的销售。庞大的计算机和手机存储空间意味着我们可以存储更多的音乐，快速的互联网络同样可以支撑听众快速地下载，也可以支撑听众在线实时播放。在线音乐模式使音乐可以实现随时听、随地听、随便听，可以在线K歌，还可以在线听直播。很多人成为“在线歌手”，在抖音上制作各种各样的歌曲片段，有翻唱，也有自创，取得了很好的推广和传播效果。在互联网的加持下，被动式听歌变成了参与式听歌，音乐的呈现形式也变得多样化。抖音、快手等短视频平台还办起了线上演唱会，取得了良好的音乐传播效果，也提升了平台的人气和热度。在数字化的加持下，音乐不再像演唱会那样人们只能被动地观看，变成了具有强实时性、共享性、可选择性、广泛参与性的一种综合性娱乐形式。

再说游戏。大家首先想到的是自己小时候玩过的丢手绢、跳绳、木头人、丢沙包、弹豆豆等各种户外的体育类休闲娱乐活动，也会想起象棋、围棋、跳棋、军棋等各种室内的休闲娱乐活动。这些游戏都是需要人们亲身参与和极富体验性的游戏娱乐项目，带给人很强的参与感，以及极高的娱乐体验。后来有了电子游戏，大家印象比较深的莫过于街机游戏和小霸王电子游戏机了，游戏的娱乐形式发生了翻天覆地的变化。结合电视的展现形式，电子游戏带来了一种有画面的、无接触式的游戏娱乐形式，迅速地风靡人类世界，尤其是年轻人，热衷于通过电子游戏让自己得到心灵上的放松和愉悦。这种虚拟式的游戏娱乐方式给很多年轻人带来的冲击是巨大的，很多年轻人开始沉迷于这种无穷变幻的娱乐形式。人类不断拓展各种各样的游戏内容，象棋游戏、五子棋游戏、围棋游戏都出现了电子游戏的方式，可以实现单机的人机对战，极大地丰富了人类的娱乐方式。

后来，互联网的发展和数字技术的提升催生了网络游戏，单机游戏开始向网络游戏过渡。从早期的《红色警戒》的联网和《反恐精英》的联网开始，很多单机游戏变成了联网游戏。象棋、五子棋等简单的单机对战也可以进行网络的双人对战，这极大地满足了人们对网络联机游戏的需求，网络斗地主、网络象棋、网络围棋、网络五子棋风靡一时。后来的《魔兽世界》《英雄联盟》《梦幻西游》《王者荣耀》《绝地求生》等都成为爆款游戏，网络游戏吸引了无数的年轻人。在数字化的加持下，网络游戏带给很多游戏玩家更加有参与感、画面感、科幻感以及想象力的精神体验。

最后还要说一下体育。体育是娱乐的一种特殊形式，其既可以是体育竞赛，也可以是体育活动，还可以是观看体育节目，多种形式都可以带给人们不同的体验感。跑步、羽毛球、乒乓球、足球、篮球等体育运动都是人们日常生活中常见的健身方式和娱乐方式，同样也是竞赛类项目。数字化对体育的影响主要体现在在线观看和数字化实时监测上，在线观看解决了随时随地观看体育节目的问题。一般运动者也可以通过视频网站展现个人的体育锻炼过程或者在线教授体育锻炼的方法，在线体育提升了体育在非接触情况下的交互性，成为人们观赏体育、体验体育的重要方式。另一种模式是各类围绕体育运动的可穿戴式数码产品，如带有蓝牙功能的无线手环、手表、手链等数字设备，可以实时监测体育活动过程中的各种参数，如步数、心跳等基本的运动过程中的身体参数，有的还可以记录睡眠情况。在线的、实时的数据反馈可以及时为体育运动者提供运动过程中有价值的数据反馈，帮助运动者及时调整运动状态，还可以记录运动者整个运动过程中的各类数据。大数据分析可帮助用户了解自身运动状况和身体状况。有些新式的数字化体育公园或广场，还可以通过数字化的交互设备实现长跑排名、运动教练等交互性活动。依托数字化设备和数字技术支撑，数字化体育和数字化运动已经成为现代体育的典型特征。

从具体的娱乐场景来看，数字化技术已经渗透到人们娱乐生活的方方面面，数字化的电影和电影制作，数字化的电视内容制作、播放和传播，数字化的音乐，数字化的体育，绝大多数的娱乐活动有数字化的支撑。数字化引发了娱乐产业的数字化升级与重构，引领娱乐产业的数字化转型和升级改造，主要体现在产业结构的全面重塑、数字重构和镜像再造以及技术与业务的交互创新这 3 个方面。

1. 数字化转型下娱乐产业的全面重塑

与传统信息化相比，数字化转型是从简单的技术应用向全面重塑的转变，本质上是利用新一代数字化、网络化、智能化技术实现对娱乐产业、企业乃至产品的更深层次的重塑与再造，是脱胎换骨式的自我革新，是利用数字化技术对传统产品、业务、管理、商业和服务模式进行的全面重塑，是利用数字化技术和能力来驱动围绕企业产品和业务的商业模式创新和商业生态系统重构的途径与方法。由于移动互联网的快速发展，尤其是4G、5G网络的不断完善，移动网速极大提高，移动智能终端大规模普及，移动智能终端的在线娱乐体验得到极大提高。例如，优酷、土豆、YouTube、爱奇艺、唱吧、QQ音乐、QQ棋牌室等移动在线娱乐平台已经成为大众碎片时间休闲娱乐的主要选择，随时随地在线享受娱乐体验已经成为当今娱乐产业的新写照。数字化驱动的产品形态创新、传播模式创新、消费模式创新等深刻改变了娱乐产业的业态。

随着互联网数字技术的进步与发展，娱乐产业不断转型升级，其变革不断深化，推动形成了娱乐产业平台化、社交化、人人化、消费化和生态化的发展。平台化是指让娱乐变得常态化和大众化，使娱乐不受时空限制。在线娱乐让娱乐不再是年轻人的专利，看网剧、进唱吧、听音乐、打网游已经成为男女老少共同的权利和福利，娱乐产业用户规模得到最大限度的挖掘。娱乐产业平台化使网络平台的经济价值得到了极大的释放。网络平台的价值越大，参与其中的用户越多，在线娱乐平台的规模效益就越来越凸显。大众群娱群乐的能力越来越强，娱乐产业的热点、兴奋点、敏感点和爆发点不断增多和被挖掘，娱乐活动随之更加活跃和丰富。

在线娱乐平台可以让不同国籍、不同民族、不同信仰、不同性别、不同年龄的人为了共同的兴趣爱好，集中在一个网络。社交化是指人们在娱乐中社交的方式，娱乐平台的多样性扩宽了人们的选择范围，志同道合的人们在平台上汇聚，在娱乐的过程中拓展人际关系，由娱乐衍生的社交关系让娱乐应用更具有黏性。人人化是指人们可以在平台上发布自己的作品，借助互联网，只要有一技之长或者有特色才艺，人人都可以成为网络主播，人人都可以成为网络剧创作者，人人都可以成为娱乐明星和“大咖”，人人都可以成为网红。

消费化是指商家在大众娱乐中挖掘潜在用户，通过娱乐+电子商务的模式促使大众消费，其不仅让传统娱乐产业摆脱了枯燥广告的弊端，也让娱乐产业处处“埋满金矿”。生态化是指娱乐产业价值链得到了极大的拓展，互联网让娱乐产业向平台化模式发展，使娱乐产业具有更大的资源整合能力，形成了娱乐内容服务提供商、娱乐内容集成商、娱乐渠道服务商、娱乐播控平台服务商和娱乐播控平台广告服务提供商等组成部分。

2. 数字化转型下娱乐产业的数字重构和镜像再造

随着人工智能、大数据、云计算等技术日趋成熟和扩散应用，企业得以利用这些技术把企业复杂的运营管理、生产制造等所有业务在计算机世界实现数字重构、全息重建和镜像化再造，进而构建一个全感知、全连接、全场景、全智能的数字企业，并优化再造物理世界的业务，对传统管理模式、业务模式、商业模式进行创新和重塑。在现有技术的支撑下，数字化技术推动着沉浸式娱乐产品的发展，提升了线下娱乐产业的数字化水平。沉浸式娱乐体验产业则是通过将娱乐消费活动与沉浸体验紧密结合开发而来的消费产品。

娱乐休闲消费属于典型的体验消费，主要包括旅游、电影、钓鱼、游戏、网络游戏等，如3D视觉体验、初级虚拟现实体验、沉浸式娱乐游戏体验等。例如，自综艺节目《明星大侦探》第六期上线，“剧本杀+文旅”这一模式迅速被关注。借此机会，市场上涌现出一批优秀的沉浸式“剧本杀”游戏，包括莫干山世集剧游馆推出的首个超大型沉浸式实景游戏《莫干山往事》，江西景德镇浮梁县推出的真人实景国风沙盒游戏《幻乡 · 沧溪风华录》以及敦煌最新推出的“房车剧本杀”旅游特色线路。这类沉浸式娱乐产品紧追社会热点和消费需求，将文旅产业与沉浸式体验相结合，为消费者带来前所未有的沉浸式娱乐体验，也为当地群众解决了一定的就业增收问题。

3. 数字化技术与娱乐业务的全面交互与融合创新

数字化是技术与业务的全面交互。技术赋能业务，又融入业务，成为业务的底层能力，技术和业务融合创新成为新的业务形态，技术成为驱动业务发展的核心动力，业务成为技术创造价值的主要载体，技术和业务共同构成了数字经济条件下的业务形态。在交互和融合创新的过程中，泛娱乐产业这一新兴行业出现了，其主要指基于互联网与移动互联网的多领域共生，打造明星知识产权（IP）的粉丝经济，其核心是IP，IP可以是一个故事、一个角色或者其他任何被大量用户喜爱的事物。泛娱乐这一概念最早由时任腾讯集团副总裁程武于2011年提出，并在2015年发展成业界公认的“互联网发展八大趋势之一”。作为泛娱乐的提出者，程武也代表腾讯宣布，腾讯将致力于打造以互联网为基础的“科技”和“文化”企业。泛娱乐的使命就是让文化以契合时代的创意形态走进生活，同时激活我国文化娱乐产业，打造数字娱乐产业的“丝绸之路”。负责“连接一切”的互联网，特别是移动互联网，第一次让内容生产者和粉丝之间的黏性与互动达到了不间断、无边界的状态。在互联网时代，文化娱乐产品的连接融合现象明显。游戏、文学、动漫、影视、音乐、戏剧不再孤立发展，而是可以协同打造同一个“明星IP”，构建一个知识产权新生态。近几年来，以IP为核心的横跨游戏、文学、音乐、影视、动漫等的互动娱乐内容逐渐增多，“明星IP”成为泛娱乐产业中连接和聚合粉丝情感的核心，以IP为核心的泛娱乐布局成为娱乐产业的发展趋势。

在短视频盛行的时代，“草根IP”也是不容忽视的发展趋势。或许，大家对于很多网络热词（梗）并不陌生，这些热词、热梗或是来自网络达人的脑洞，或是网络营销的产物。它们不仅捧红了“草根”民众本身，更带火了一众改编创作的流量明星。“草根IP”充分证明了在IP的宇宙里，并不是只有团队精细包装的IP形象才能成功，小角色一样能够有大发展。即便是“草根”行为，在具备了引流潜力之后，该用户（IP）也可能会迅速商业化，成为相关机构的变现“工具”。

经由“国家队”包装的“文化IP”更是此中佼佼者，精妙绝伦的艺术短片充分展现了我国的文化自信。2021年，河南卫视打造了“中国节日”系列“文化IP”，《元宵奇妙夜》《清明时节奇妙游》《端午奇妙游》《唐宫夜宴》等7部晚会引发广泛关注。涵盖全年传统文化节点性节日，历时两年，“中国节日”持续“破圈”，保持着极大的受众关注度和喜爱度。系列节目不断挖掘文化内涵底蕴，不断创新内容，拓展国内海外传播影响，实现了一次又一次的创新超越。水下飞天洛神舞《祈》《纸扇书生》等歌舞从传统文化中汲取古典风韵，将唐风宋韵、琴棋书画、诗词歌赋之美，用AR、

VR、MR技术包装起来，以现代的声光、舞蹈和充满科技感的画面表现出来，带来传统文化的视觉奇观。在这古今结合、新旧交织的文化场景中，观众对传统文化的畅想被无限延伸，对视觉技术的好奇被极大满足。“古”文化在“今”技术的加持下，迸发出鲜活的生命力。

4. 娱乐产业数字化转型现状的剖析与探讨

在娱乐行业，以手机游戏、电子杂志、动漫、音视频和直播等为代表的数字媒体内容变得日益普遍。从相关定义来看，狭义的数字娱乐消费是指对数字娱乐产品的消费，而广义的数字娱乐消费是指以动漫、网上游戏等为代表的基于数字技术的文化产业链。在新兴的文化产业链中，数字娱乐产业创新性最强，对高科技的依存度最高，对日常生活的渗透最直接，对相关产业的带动最广、最快。受手机网络渗透率增加的影响，我国网络数字娱乐媒体的市场规模从2013年的2126亿元增加至2018年的6156亿元，年复合增长率高达23.7%，2022年的市场规模甚至超过1万亿元。如此庞大的市场规模和增量空间吸引了大量互联网企业进入。但从行业本质属性来看，数字技术飞速发展是数字娱乐消费得以进行的重要前提和主要支撑。以人工智能、大数据、云计算（AI、Big Data、Cloud Computing，合称为“ABC技术”）为技术基础的数字经济正在全球蓬勃兴起。当前日益活跃的抖音、手游、直播等基于移动数字技术的娱乐新模式，正是数字经济飞速发展的集中体现。此外，以网络小说为起点，以网络剧为落地，娱乐界也在形成数字IP新模式。

数字技术的飞速发展和服务经济时代的全面来临，使数字娱乐消费成为居民生产生活的内在需求，以及我国经济高质量发展和提升国际竞争力的重要举措。虽然我国数字娱乐消费市场发展势头良好，但依然存在产业融合程度不够深入、尚未形成成熟的盈利模式、硬件水平存在一定制约、监管缺位现象比较普遍、国际竞争力有待提升、新业态容错试错机制尚未完善等问题。随着数字技术的进一步发展和融合，数字技术与传统娱乐行业的融合程度将会加深，数字娱乐产品产业边界将会不断延伸，数字娱乐内容供给多元化和平民化趋势将更加明显，数字付费消费习惯将日益成型，市场发展将日益规范和成熟。同时，头部企业集聚效应将会进一步增强，在对外开放整体提速的大背景下，数字娱乐行业外资机构鲶鱼效应也可能会增强。积极有序发展数字娱乐消费，应夯实数字经济发展的根基，强化底层技术支撑，加强市场环境规制，促进产业融合发展，增加财税金融政策扶持，鼓励国内企业走出去，尽快形成中国标准，鼓励行业集聚化发展，培育一批重点企业，加快数字娱乐行业人才培养。作为生活性服务业的重要组成部分，数字娱乐消费在高质量发展阶段的重要性与日俱增。在数字化水平不断提升的服务经济时代，数字娱乐不仅是“互联网+”与生活性服务业融合发展的重要体现，而且是创新创业和经济发展新业态的实现载体。在经济发展速度从高速增长向高质量发展转化的过程中，加快数字娱乐消费产业发展意义重大。

第四节　娱乐新未来

随着大数据、人工智能、沉浸式体验等数字技术的发展与领域的深度应用，娱乐领域的数字化转型不断加速迭代，并出现了一些新的趋势，产生了一些新的业态。要想使娱乐产业在数字化转型的过程中得到高质量的发展，进而推动娱乐产业链的再造升级，需要以敏锐的嗅觉去捕获数字化发展中的新趋势，并及时抓住新的机遇，从而利用新兴的数字化技术对娱乐产业的产业流程进行再造与升级。

一、元宇宙：创造不一样的娱乐新未来

1. 元宇宙：一个新概念的崛起

随着算力的提升以及虚拟现实、增强现实、混合现实、数字孪生等沉浸式体验技术和设备的进一步发展，“元宇宙”成为娱乐界追捧的热点。

元宇宙概念在美国著名科幻大师尼尔·斯蒂芬森的小说《雪崩》中首次被提出。他在书中是这样描述的：“戴上耳机和目镜，找到连接终端，就能够以虚拟分身的方式进入由计算机模拟、与真实世界平行的虚拟空间”。其概念本质上认为元宇宙是在传统网络空间基础上，伴随多种数字技术成熟度的提升，构建形成的既映射于、又独立于现实世界的虚拟世界。同时，元宇宙并非一个简单的虚拟空间，而是把网络、硬件终端和用户囊括进一个永续的、广覆盖的虚拟现实系统之中。系统中既有现实世界的数字化复

制物，也有虚拟世界的创造物。

元宇宙的基本特征包括：沉浸式体验，低时延和拟真感让用户具有身临其境的感官体验；虚拟化分身，现实世界的用户将在数字世界中拥有一个或多个身份；开放式创造，用户通过终端进入数字世界，可利用海量资源展开创造活动；强社交属性，现实社交关系链将在数字世界发生转移和重组；稳定化系统，具有安全、稳定、有序的经济运行系统。这与现今娱乐产业再造中的沉浸式娱乐想要达到的目标不谋而合，甚至可以将其作为沉浸式娱乐产业发展的终极目标。从某种意义上来说，元宇宙相当于人类想象和构建出来的多元宇宙世界，多元宇宙世界可以类似于电影《阿凡达》中的潘多拉星球，可以类似电视剧《星际之门：亚特兰蒂斯》中所描述的各种各样的科幻星球，可以是现代化的商业帝国的场景，可以是满是“僵尸”的“僵尸帝国”的场景，也可以是《黑客帝国》中描述的虚拟化场景，还可以是《星际特工：千星之城》的千星之城描述的场景。在这些科幻的场景中，人们可以扮演不同的角色，可以拥有超越现行宇宙世界的能力，可以无所不能，可以不受时空的限制，可以快速切换时空，也可以体验不一样的生活和工作。一切变得超乎想象。

图 8-1　元宇宙

可以肯定的是，元宇宙将淡化现实世界和虚拟世界之间的边界，人们在元宇宙构建出来的虚拟社会中的所有体验都可能变为人的体验和记忆的一部分。也许人们很难再区分现实与虚幻之间的关系，这就相当于玄幻小说中描述的灵魂出窍，所有的过程就像人们的亲身经历一样，在元宇宙的新世界，用户拥有独立于现实世界的身份、独立于现实世界的社交，在虚拟的世界里体验真实生活的场景，乃至拥有独立的经济、文明共识。这与原来隔着屏幕体验游戏的方式会有很大的不同，一切体验既科幻又现实，既新奇又多元，带给人们无限的视觉体验和精神体验。

元宇宙的概念自提出以来，就受到科技巨头和政府的青睐。VR技术恰恰是元宇宙概念中的核心部分，因此从字节跳动斥巨资收购VR创业公司就可以看出元宇宙概念对工业界的重大影响。元宇宙是一个极致开放、复杂、巨大的系统，它涵盖了整个网络空间以及众多硬件设备和现实条件，是由多类型建设者共同构建的超大型数字应用生态。为了加快推动元宇宙从概念走向现实，并在未来的全球竞争中抢占先机，需要在技术、行业标准、法律 3 个方面做好前瞻性布局。从技术方面来看，技术局限性是元宇宙目前发展的最大瓶颈，扩展现实（XR）、区块链、人工智能等相应底层技术距离元宇宙落地应用的需求仍有较大差距。元宇宙产业的成熟需要大量的基础研究做支撑。对此，要谨防元宇宙成为一些企业的炒作噱头，应鼓励相关企业加强基础研究，增强技术创新能力，稳步提高相关产业技术的成熟度。从行业标准方面来看，只有像互联网那样通过一系列标准和协议来定义元宇宙，才能实现元宇宙不同生态系统的大连接。对此，应加强元宇宙标准统筹规划，引导和鼓励科技巨头之间展开标准化合作，支持企事业单位进行技术、硬件、软件、服务、内容等行业标准的研制工作，积极地参与制订元宇宙的全球性标准。从法律方面来看，随着元宇宙的发展，平台垄断、税收征管、监管审查、数据安全、虚拟世界法律法规等一系列问题也将随之产生，提前思考如何防止和解决元宇宙所产生的法律问题成为必不可少的环节。

对此，未来需要加强数字科技领域的立法工作，在数据、算法、交易等方面及时跟进，研究元宇宙相关法律制度。可以肯定的是，在技术演进和人类需求的共同推动下，元宇宙场景的实现，元宇宙产业的成熟，只是一个时间问题。作为真实世界的延伸与拓展，元宇宙带来的巨大机遇和革命性作用是值得期待的。但正因如此，我们更需要理性看待当前的元宇宙热潮，推动元宇宙产业健康发展。

2. 元宇宙：破土萌生的娱乐产业新方向

自元宇宙的概念被提出以来，掀起了新一轮的技术发展和设备革新热潮，特别是以VR技术为核心的终端设备革新。而元宇宙引发的娱乐产业的数字化转型和模式再造出现了新的趋势，其主要以沉浸式娱乐体验为改造升级对象。沉浸式娱乐具有从根本上改变用户与内容互动方式的能力，即利用参与者的全部注意力去创造一个与现实世界并行的虚拟世界。这种“全面参与”通常会带来难忘的体验，娱乐体验者在构建的虚拟世界中将获得近乎现实的体验感，仿佛置身于一个与现实生活不同的新世界一般。此外，以泛娱乐产业为核心的产业模式越来越广泛，吸引了许多投资者的注意。更有网络开放下实现线上自由的娱乐模式，各种游戏、娱乐节目的全网开放，使人们更加自由地享受休闲娱乐时间。娱乐产业未来会朝着这些新的方向进行产业的流程再造。

虚拟现实技术形成沉浸式线下娱乐模式。沉浸式娱乐与娱乐行业的传统定义重叠，它跨越了大众媒体的许多形式，也跨越了新兴的体验形式，这些体验形式正在迅速成长，超越了它们所诞生的领域。纵观国内外的沉浸式体验的发展现状，发展较好的主要是旅游、电影、游戏等领域。例如，以日本TeamLab团队制作的“花舞森林与未来游乐园”为代表的沉浸式展览，以SAGAYA牛肉餐厅为代表的沉浸式互动餐厅，以SKP、南京德基广场为代表的沉浸式体验零售空间，以《印象 · 西湖》、《宋城千古情》、西安大唐不夜城为代表的沉浸式演出，以及以迪士尼乐园、环球影城为代表的大IP沉浸式主题乐园，都是基于消费者沉浸体验打造的。据《2019全球沉浸式设计产业发展报告》显示，沉浸式娱乐产业在全球范围内有超过45亿美元的市值，全球沉浸体验设计公司平均能够保持每年20%的增长速度。沉浸体验正在成为引导娱乐产业提档升级的新风尚。

未来，元宇宙的发展会以游戏产业为重要支撑，人们将尝试构建一个全新的可生活、可工作、可娱乐的“多元宇宙”世界。这些“多元宇宙”的构建是一个综合的系统工程，其涵盖基础存储和计算支撑平台、内容制造与渲染、交互接入体系、各类接入终端设备、安全体系等。首先，构建如此庞大的可交互式虚拟宇宙当然需要庞大的计算能力，这需要匹配和构建强大的、安全的、高效的分布式云平台，其可以提供支撑“多元宇宙”运行所需要的存储和计算能力；其次，“多元宇宙”需要不断地创造内容、场景，并对内容和场景进行设计和渲染，形成丰富的交互场景；再次，要构建泛在的、可高效接入的交互式体系，参与者通过统一的身份认证体系可以实现各类终端设备的快速接入和高效交互；最后，围绕“多元宇宙”的接入需要生产各式各样的设备，以满足不同用户的需求。上述一切的实现将推动元宇宙拉动一个全新的产业体系的构建，其必将带来和拉动娱乐数字化产业的迅猛发展。数字技术将成为未来以元宇宙为引领的娱乐产业发展的核心支撑。

3. 元宇宙：未来的发展机遇及应对方式

如何在数字化发展的浪潮中，紧跟发展趋势，抓住机遇，使娱乐产业迅猛发展，这是产业界一直深入探讨的问题。

针对虚拟现实技术形成沉浸式线下娱乐模式，会在娱乐产业联合其他资源与相关技术整合的过程中出现新的发展机遇，以影娱联动为技术驱动的沉浸式娱乐体验产品在未来的发展前景光明。以迪士尼、环球影业为首的大IP主题娱乐企业已经在影娱联动方面深耕多年，形成了一套自己的开发和营销思路。因此，基于优秀民族文化，打造属于国人的专属IP对于我国沉浸式娱乐产业的发展非常重要。此外，沉浸式娱乐产业包揽科技展览、旅游休闲、文化展演、地产商业等行业，在未来的发展中需要多行业联合部署。基于国内5G、VR、AR、AI技术的不断突破，沉浸式娱乐体验将不断出现新玩法，在融合全新技术手段的同时要继续吸取不同行业的资源优势，从而成为未来娱乐产业升级的发展主流。可以结合国内青少年消费市场最主流的消费元素对沉浸式娱乐产品进行设计，此外需要针对性地创作和对消费热点进行跟踪，这样能够在保证产品品质的同时更利于产品被消费者接受。此外，需要及时跟进沉浸式娱乐产品的产业化改造。除了制订沉浸式娱乐产业标准以及出台相关行业准则，开发企业也需要在众多沉浸式娱乐产品中归纳总结出同一类型产品的可用模板。剧本编撰团队、场景设施布置团队、演艺团队等的培训都需要形成标准化，保证产品在不同地区能够打造出几乎一致的沉浸式体验，便于沉浸式娱乐行业市场体量的扩张和对风险质量的把控。

二、数字化娱乐的新方向

1. 以IP为核心的泛数字娱乐新模式

IP开发形成全产业运作模式，其内容是泛娱乐产业的核心，精品IP则是内容的核心。围绕打造精品IP的逻辑，泛娱乐产业正在采取全新的IP开发策略，在此过程中，产业的供求关系、商业模式、产业生态也发生了一系列变化。升级过程中最核心的3个变化是从观众到用户、从产购到共生、从单体到生态。文学、动漫、影视、游戏、音乐、综艺节目等业态早已不是孤立发展的，而是在IP孵化期就开始协同培育、共同打造精品IP，在早期就实现了资金、内容制作、演艺明星、宣传推广、发行销售、衍生产品等各个环节的贯通。未来，生态化运营的龙头企业将以制作方、投资方、运营方3种或以上的多重形态、角色深度介入IP经营的“全产业运作”，努力打造作家品牌和超级IP，形成一条“文-艺-娱”一体化的全媒体经营产业链。

针对IP开发形成全产业运作模式，需要放眼整个市场，把握主流客户。近几年来，“90后”“95后”“00后”“05后”“10后”等已成为各行业眼中重要的目标用户。在用户越来越年轻化的同时，娱乐产业的行业人员需要针对新一代用户采取正确的经营方式。

2. 内容创作成为数字娱乐的主流方向

娱乐产业是除新闻资讯之外最早被互联网跨界融合的行业，也是服务模式、组织模式和商业模式被互联网影响最深刻的领域。起初互联网的应用让娱乐产业网络化发展，人们通过互联网可以浏览电影和音乐。随着互联网技术的不断发展进步，互联网对娱乐产业的影响和变革进一步深化，互联网+娱乐推动了娱乐产业向平台化、社交化、人人化、消费化和生态化方向发展。娱乐产业资源得到极大丰富，娱乐服务模式更具多样性和个性化，娱乐商业模式得到极大创新。这也成为当前娱乐产业变革创新的主要模式和路径。

针对网络开放的自由线上娱乐模式，随着互联网 + 娱乐的深入推进，围绕满足人的各类需求，互联网+娱乐跨界融合的产业领域将越来越丰富，以人为本、以人为服务中心的娱乐产业在互联网的支撑下，正在一步步变为现实。互联网 + 娱乐的步伐正在大踏步地向前迈进，这个步伐不会停息，步伐的方向也不会始终朝着现在所能预见的方向。随着互联网技术的不断演进，以及大众生活需求多样性的激发，互联网 + 娱乐的步伐将会越走越快，迈进道路上的风景也将会越来越美丽。与此同时，大众对线上娱乐产品的质量要求越来越高，因此需要从业人员展现更多创意，生产出本土化且具有民族特色的娱乐作品，如自创综艺节目、具有历史意义的电视剧、具有国风特点的娱乐游戏等，这都是需要深抓的点。在互联网的推动下，网剧独播、付费必将成为未来的主流形态，而能够让消费者买单的途径只有提高内容质量。因此未来的线上作品必须以提高内容质量、提高观众满意度为主要升级改造方式。

3. 参与和体验是王道

诸如之前对元宇宙的描述中所提到的，人们对于亲身体验的追求是无止境的，参与和体验是娱乐的本质，也是人类精神世界孜孜以求的东西。未来，在元宇宙的加持下，电影的形态和交互方式也许会发生深刻改变，交互式电影可能会成为现实。通过交互式设备，观影者也许可以进入电影之中，以第一视角或第三视角的方式观看电影，参与整个电影的演绎和推演过程，切身感受电影故事情节的发展变化。这必将会带来电影发展的新时代。试想一下，如果你不但可以看电影，还能身临其境地进入电影之中，这是何等的观影体验？甚至可能电影的结局是幸福美满，还是全员阵亡，都取决于你的观影选择。

另外，元宇宙也将给人们的娱乐带来无与伦比的参与感，戴上头盔或虚拟眼镜，人们可以亲身体验和切换一个又一个的虚拟场景，人们将通过元宇宙不断地在现实和虚拟之间切换，体验穿梭于现实和虚拟之间的无限乐趣。借助数字化的设备，人们的体验感会越来越真实，现实与虚拟之间的界限将逐渐“消失”。

最后，随着娱乐场所联网化推进，以及AI、VR等新技术的应用，消费者娱乐过程正在逐步走向智能化、互动化。运营模式将越来越丰富，以满足消费者多场景消费娱乐的需求。未来娱乐与互联网和新技术的深度结合，也是娱乐行业转型升级的重要方向。

参考文献

[1] 欧阳宜文, 唐滇滇. 传统音乐的 “塑型剂”: 中国古代乐籍制度与传统音乐本体特征的保持[J]. 文化与传播, 2014, 3(5): 42-47.

[2] 米切尔 · J · 沃尔夫. 娱乐经济: 传媒力量优化生活[M]. 黄光伟, 邓盛华, 译. 北京: 光明日报出版社, 2001.

[3] 王海文. 文化产业经济学: 原理 · 行业 · 政策[M]. 北京: 高等教育出版社, 2013.

[4] 李春华. 大众文化与互联网[M]. 北京: 中国建材工业出版社, 2008.

[5] 陆峰. 互联网+娱乐升级产业价值[J]. 互联网经济, 2016(5): 30-33.

[6] 吴小意, 程小琴. 数字电影技术发展综述[J]. 现代制造技术与装备, 2010(2): 72-73.

[7] 王莉, 孙云新, 吕纯净, 等. 重庆数字娱乐产业知识产权保护研究[J]. 法制与社会, 2011(10): 99-101, 109.

[8] 夏杰长, 肖宇. 数字娱乐消费发展趋势及其未来取向[J]. 改革, 2019(12): 56-64.

[9] 本刊评论员. 让元宇宙“飞”一会儿[J]. 信息化建设, 2021(12): 1.

[10] 石培华, 王屹君, 李中. 元宇宙在文旅领域的应用前景、主要场景、风险挑战、模式路径与对策措施研究[J]. 广西师范大学学报(哲学社会科学版), 2022, 58(4): 98-116.

第九章

生活尽在“掌握”

第一节　生活服务领域的演变与发展

生活服务指的是为满足居民日常生活需求而提供的各项服务活动，涵盖“衣食住行文娱感”等与人们生活息息相关的方方面面，具体包括教育、医疗、文化娱乐、旅游出行、餐饮住宿、社区服务、购物活动等多个方面。

在人类文明发展的初始阶段，就已经出现了生活服务。“生活服务”在字面上是指“在日常生活上为他人提供服务”，最早在氏族部落阶段，从原始的人类开始进行分工合作开始，生活服务的雏形便已经出现。随着生产力的不断提升，劳动工具、劳动经验、劳动资料的不同形成了不同的社会分工，与人们最相关的生活服务自然地便分化出来了。

生活服务领域涵盖的范围广泛，按照不同的标准有不同的划分，此处选择有代表性的行业描述其发展历程。

1．“食”

“民以食为天”，因此餐饮业是生活服务领域中重要的一项。我国自改革开放以来，以家庭、个人为单位的私人消费已成为餐饮业的主流，餐饮行业不断向大众化发展。同时，餐饮业的现代化也不断颠覆着传统餐饮的格局，其经营方式不断发生变化。以数字技术为代表的外卖平台的崛起正在不断改变餐饮领域的经营结构和服务模式。伴随着互联网技术的发展，外卖下单、预约等流程也在不断更新简化。

目前，互联网信息技术的发展成熟、互联网企业的入局已经对农贸市场零售这一传统的农产品采购方式产生了冲击。社区生鲜采购的形式正在被不断推广，越来越多的居民选择线上下单、线下提货的方式进行食材采购。随着消费者消费水平的不断提升以及数字技术的发展，智慧农贸也正在实施。

那更多的变化在哪里呢？从近现代餐饮的发展来看，这些变化更多的是商业模式的改变。互联网的飞速发展深刻影响和改变了餐饮业的商业模式。一是传统实体店铺的模式逐渐演变为线上线下融合的开店模式，有的小餐馆或店铺根本不需要租用实体店铺，所有的制作过程都在家里完成，再借助线上平台实现点餐和配送，形成了以配送为支撑的点餐新业态。二是推广宣传模式改变了，过去实体店铺开业，一般要放鞭炮、广泛宣传，好的店铺要经过很长时间的“口碑相传”才能逐渐积攒人气，而现在店铺既可以在类似美团、饿了么这样的平台上注册，也可以利用微信朋友圈等进行广泛的推广，如此，极大地拓展了宣传的范围和空间，新开的餐馆可以以更快的速度在更大的范围被消费者所知晓。

2.“住”与“行”

出行服务包含了“住”“行”两方面的生活服务，大致可以分为住宿服务、交通运输两个方面。

住宿服务的发展大致经历了4个阶段：一是古代为商队提供服务的客栈；二是工业化之后为王室、贵族、官员提供服务的大饭店；三是随着资本主义的发展，诞生的面向社会公众的商业饭店；四是自20世纪中期以来，旅游业、航空业不断发展催生的现代旅游饭店，这些饭店开始为旅游者提供包括娱乐、休闲、办公等在内的多样化的住宿服务。过去，住宿服务的主要目的是为人们提供一个简单的休息之所。而随着人民生活水平的提高，人们愿意在住宿方面投入更多的花费，这就要求住宿业提供更高品质、更丰富的服务，因此高配置的酒店与不同风格的主题酒店、民宿、公寓等应运而生。如今，互联网模式推广、信息科技的发展同样为住宿业注入了新活力，基于互联网平台的新经营形态已经成熟。

在互联网和数字化的加持下，人们的出行变得更加便利。以前去某个地方要提前查地图，记住关键的路径和节点，甚至还需要找人问路、带路。后来车载导航极大地解决了路径导航服务问题，当然原来的车载导航很多不能实时更新和联网。现如今，在以高德地图、百度地图等为代表的数字化平台和终端的支撑下，实时、准确、便捷的数字化导航为广大用户提供了相对可靠的道路导航服务。可多选的通行路径、可多选的通行方式，以及相对准确的路况信息，为人们的出行提供了极大的便利。最近几年，随着电动汽车的普及流行，公共充电场所、充电设施的建设也在不断开展，面向充电设施的数字化平台可以满足人们对充电设施地点查询、充电结算等一系列在线服务的需求。此外，以数字化为支撑的共享单车、共享电动车、共享汽车为居民提供租借出行服务，虽然此领域一度出现泡沫，但是随着低碳环保理念的推广，共享出行的方式也是公众出行的一大选择。

3. 日常家居服务

根据2019年中国国家统计局印发的《生活性服务业统计分类（2019）》，美容美发、沐浴沐足、家政服务、设备维修、洗染、影印等各种便民服务都被划分为居民和家庭服务。此类服务有着共同的特点，呈现散乱小的状态，行业标准难以统一，管理相对混乱，规模难以扩大。随着移动互联网的发展，互联网O2O的模式为此类服务提供了新出口，目前已有许多企业在探索垂直细分领域的O2O模式应用，通过将线下的商业服务与互联网结合，创造更优化的服务体验。O2O模式成为此领域的新热潮，“互联网+家政”“互联网+洗车”“互联网+美发”“互联网+维修”等层出不穷的概念催生了各种O2O平台。各种在线平台确实可以快速为相关企业引流，保障用户与服务人员的快速对接，建立评价体系，规范收费标准，有着诸多优势。但是，这种模式也出现了很多的问题，服务质量问题、信任问题等都成为制约生活服务类O2O发展的重要因素。

4. 健康与养老服务

健康服务与养老服务包含了医疗、看护、保健、康复、体检等细分领域，可将两者一起进行讨论。尽管我国的医疗管理体系在不断发展完善，但随着人口老龄化速度加快、患慢性病人口与亚健康人口的比例上升，我国的医疗缺口依然很大。目前医疗资源配置不合理、医疗信息传播慢、医疗监督机制不完善等问题都十分显著。群众集中到大医院，而社区医院却门可罗雀，病人就医环节复杂、医保报销手续烦琐等都困扰着人民群众。互联网融合医疗的方式是解决以上问题的有效手段，通过互联网技术建设诊疗平台合理调配医疗资源，引导病人分流分级就诊，达到减轻医疗压力的目的。在 21 世纪的头一个 10 年，传统医疗模式便开始结合互联网，在移动终端进行挂号、咨询问诊的服务有效提高了就诊的效率，而医院的信息化也为未来实现医疗数据的全地域流通奠定了基础。在移动互联网快速发展的时期，加上 4G 的普及，移动端医疗 App（包括各种在线问诊、医药电商、运动健康管理等应用）的增长速度迅速，同时政府在医疗支付、医保信息系统方面不断投入，促进医疗信息化、智能化的发展。我国已经步入老龄化社会，养老问题一直是社会的重要议题。我国养老服务业从 21 世纪初开始发展到现在，已经形成了较完善的养老产业链，近年来由于政策的不断推动，养老产业仍在不断发展之中。各地的养老服务推进情况不一，部分地区已经在推动建设以居家为基础、社区为依托、机构为补充、医养相结合的养老服务体系。目前智慧养老成为各地养老服务业发展的目标，新一代的养老模式将依托新一代信息化技术（包括物联网技术、智能传感技术等），集成多种服务，实现场景智能化、多样化、实时化的目标。

当前，随着互联网与各行业的融合，生活服务领域的数字化转型逐渐加速，经过多年的融合发展，很多生活服务类的场景大多已经尝试探索“互联网 +”的商业模式，在众多方面实现了极具创新性的突破，有效提升了传统生活服务的便利性和效率，但不足之处依然存在。生活服务领域中的许多行业只是单一接入互联网平台，通过互联网模式与信息技术解决引流推广、支付、预定、售后等问题，行业的许多核心领域或关键环节仍未进行数字化改造或者数字化改造未完全，亟须进一步提升数字化水平，尤其是管理和客户服务的数字化水平。其实，生活服务领域的一个很大的优势是市场化程度相对较高，主要依赖市场推动发展。随着数字经济时代的到来，生活服务领域的数字化进程不断加快。

第二节　生活服务领域的数字化发展

一、生活服务领域数字化改造背景

当前，我国服务业对经济增长的贡献已经超过50%，成为支撑国民经济发展的第一大产业。我国已经进入服务经济时代，生活服务市场已经逐步进入细分优化的阶段，云计算、大数据、物联网、人工智能等前沿数字技术不断投入应用为生活服务领域的数字化转型与发展创造了客观条件。对生活服务领域进行数字化升级改造，极大地提升了服务产业的服务效能，为满足人民日益增长的美好生活需要提供了强力支撑。

生活服务数字化升级和改造的基础是数据的利用，将承载信息与知识的数据作为关键的生产要素，不再投入大量的人力资源，突破劳动密集型的困境，通过数字化技术将数据信息贯穿产业生产、流通、产出的各个环节，实现以数据为重要支撑的数字化生活服务。在生活服务数字化过程中，数据不仅作为新的生产要素参与价值创造，而且新产生的数据也属于创造出的新价值要素。在数据的支撑下，生活服务业的模式和形态产生了深刻的变革。

改造传统生活服务的应用场景、创造新的生活服务模式是数字化生活服务领域的主要内容。通过不断细分生活服务的垂直领域，结合数字技术的应用，实现一个又一个的具体应用场景落地。随着对细化的垂直领域的数字化应用场景的创新，新的消费场景也被创造出来，激发公众新的消费需求或支撑公众当前的消费。同时，新的生活服务应用场景的落地过程会带动数字化技术的不断发展和不断融合，最终完成闭环，实现正反馈。

实践证明，数字化可以优化生活服务的业务流程，提供更高效、更便捷、更高质量的生活服务，生活服务领域数字化转型的本质就是提高服务水平和产业效能，满足人们不断升级的生活消费需求。

二、生活服务领域数字化发展现状

1. 疫情影响下的生活服务业数字化加速发展

线上的生活服务随着移动互联网的发展得到了一定的发展，美团外卖、盒马鲜生等都能够给用户提供必要的线上生活服务，线上点餐、线上订购生鲜、线上预约家政卫生清洁等成为不少人的生活方式。

2020 年，突如其来的新冠肺炎疫情严重影响了人们的正常生活，一时间，众多线下的生活服务被迫停止，在此特殊情况下，数字技术展现出有效的支撑作用，许多生活服务类的企业将面向居民的生活服务场景从线下转移到了线上，在线下服务停止的情况下，有效实现了线上各类生活服务（如线上买菜、线上买药、线上统计信息等），这在客观上促进了生活服务领域数字化应用的进一步拓展。当下，随着人们生活节奏的加快和互联网的影响加深，各类生活服务电子商务平台不断发展和壮大，它们将推动生活服务领域的数字化转型和升级改造。以餐饮行业为例，“外卖+堂食”和“纯外卖”经营模式的比例较疫情前有了很大的提高，同时网上零售业也在疫情期间快速发展，医药、生鲜水果、鲜花礼品等即时零售商品的在线消费量也大大增加。

2. 在线生活服务平台助推生活服务领域的数字化转型

目前对生活服务的数字化改造已经进入平台社区化，超大型平台线上已经集成了各种生活服务的入口，极大地提升了生活服务行业的运作效率。线上外卖、网约车、到家服务、无人售货等各类生活服务的数字化应用已经深入人们的生活之中，数字化的生活服务已经为人们提供了稳定的线上消费场景，同时线下的应用场景转化为线上操作的速度仍在加快。

3. 生活服务领域各行业数字化程度差异大

在生活服务业中，从现在的发展情况来看，餐饮、住宿、酒店、出行等行业的数字化程度相对较高。美团、携程、去哪儿网、高德地图等数字化平台已经成为市场上的稳定品牌，以数字化平台整合资源，为用户提供稳定而相对优质的在线服务。而家政、养老等生活服务行业的数字化程度还很低，短期内还需要围绕市场的具体需求进行数字化转型和升级的创新与实践探索。生活服务领域的数字化升级和再造还有很大的上升空间。

4. 数字化推进过程中行业新陋习凸显

生活性服务的数字化改造大多时候是由市场推动的，不可避免地将发生违背市场秩序的情况，用户数据泄露、大数据杀熟、刷单刷好评等恶劣现象在破坏生活服务业数字化的进程。政府加强对互联网平台的监管将有利于生活服务领域数字化的健康转型。

三、生活服务领域数字化改造新场景

1. 客流分析系统促进线下门店数字化转型

近年来，依托移动互联网的快速发展和大数据、云计算、人工智能等数字技术的普及和应用，在线电子商务（尤其是移动电子商务）取得蓬勃发展。在线电商平台可以根据商品的成交数据、浏览数据、评论数据等进行数据分析，获得消费者偏好信息，预测消费者的潜在需求，而商家可以根据这些数据制订合理的销售策略。网上购物时，用户的浏览行为可以被平台轻松地“捕捉”，平台、商家可根据对用户的消费习惯、浏览行为等数据的分析完成引流推荐。但不同于网络购物，线下销售的客流数据难以被商家获取，而客流数据又是商家进行运营决策和客户服务的重要依据，因此线下消费者的行为数据是未挖掘的宝藏。在线下销售场景，无论是大型商场还是小型便利店，商家不知道其店内商品的浏览、试穿数据以及客户的行为、消费数据，这些线下商家的客户消费行为大多没有被进行有效的数字化和价值化应用，从而使线下商家难以分析客户的消费习惯和消费行为，无法制订针对性的营销计划。对于线下的买家而言，他们也有知晓商品历史数据的需求。

针对线下卖家与买家对消费行为数字化的需求，许多企业已经针对该类场景进行了数字化探索与应用。

帷幄智能客流系统为线下连锁门店提供数字化改造方案。帷幄智能客流系统的客流分析系统对门店数据进行分析挖掘，进而对用户消费行为进行可视化呈现，为门店制订合理的销售策略提供有效支撑。其在岗监察功能通过对员工巡岗监测实现有效管理；其异常检测功能在特殊应用场景通过图像检测为门店规避风险，减少安全事故。

阿里巴巴集团在线下客流数字化的探索应用方面已经形成了全套的解

决方案。其可同时收集用户的行为消费数据与商品信息，将线下门店的销售经验转化为量化指标，同时辅助商家运营和消费者决策。该方案通过视觉与射频相关技术、人脸识别相关技术、多传感器融合技术得到门店的区域热点数据和消费者在门店内的行为数据。阿里巴巴的客流数字化解决方案不仅被应用于门店内的运营行为，在流量分发上也被初步应用。其将商场导览屏的功能延伸至引流分发，借助第三方数据，基于用户画像与店铺的相关统计量进行匹配，得到个性化、智能化的推荐结果。

2. 数字化技术助力开展智慧医疗建设

当前，我国正在进入老龄化社会。随着我国老龄化进程的加速与居民健康意识的增强，越来越多的人关心健康、养老服务。我国医疗健康领域的建设不断加强，医疗健康行业正处于数字化升级改造的转型时期，数字化转型正在加速迭代。数字化技术对医疗行业的影响越来越深刻，其不只是辅助性工具，更是关键性支撑手段。传统医疗行业的数字化变革已成为必然趋势。

一方面，5G的广泛应用和人工智能技术的成熟度提升促使5G和人工智能等数字化技术在医疗领域的应用场景不断增加。在有关5G、人工智能等数字技术与医疗健康结合的政策的支持下，5G智慧医疗平台建设不断推进。《关于组织实施2020年新型基础设施建设工程（宽带网络和5G领域）的通知》中首先强调了5G智慧医疗系统建设，从不同维度提出了具体建设指标。《关于加强全民健康信息标准化体系建设的意见》鼓励5G技术应用于医疗健康领域，明确其应用场景并要求加快标准制定，鼓励医疗行业使用5G技术建设新一代医疗健康网络，加快应用创新。

在传统就医模式中，患者集中在顶级医院，医护工作者工作繁重且医疗资源分配不均，导致医疗环境较差。落后的医疗通信手段制约了医疗机构的信息传递与共享，阻碍了分级诊疗制度的建立，导致优质医疗资源的浪费。5G远程医疗创新性地融合了通信等前沿数字化技术，其高带宽、低时延的特性保证了海量、多源、异构医疗数据传输的高效性与安全性。与传统远程医疗模式相比，5G远程医疗利用通信、大数据等信息化手段打破时空限制，促使医疗资源的流动，优化了医疗服务质量，使更多人享受到优质医疗服务，加快了医疗领域信息化进程，推动了医疗行业健康发展。

通过 5G 远程医疗，基层医院能够获得更高级医疗卫生机构的远程诊断、手术、培训等服务，缓解了医疗资源分布不均的情况，实现了优质医疗资源下沉，提升了基层医疗服务的质量和效率，患者就医体验直线上升。

北京积水潭医院于 2019 年 6 月 27 日成功进行了 5G 远程手术实践，医院专家成功通过远程手术服务云平台操控异地机器人为其他医院的病人进行了螺钉固定手术。北京积水潭医院 5G 远程手术的成功应用实践已经在全国一定范围内进行复制推广，标志着我国 5G 技术在医疗领域的应用到达了一个新高度。成功的实践证明了，5G 技术是医疗领域数字化革命的关键手段，通过 5G 技术实现医疗定制网络服务不只涉及远程手术这一环节，远程医疗教学、远程心电影像、远程会诊等智慧医疗各应用场景都需要 5G 技术打造安全可控的数字化网络基建，实现医疗行业的信息化、数字化、智能化转型。

另外，智慧病房在医疗服务数字化应用场景中也是至关重要的一环。智慧病房是信息化、智能化的产物，是智慧医疗中关键的垂直细分领域。相较传统的病房医疗模式，它不是简单的技术堆叠与功能应用。它利用移动网络应用收集医护人员与患者的相关信息，结合大数据、云计算、物联网等技术打造智能工作与管理系统，进而建立多维度数据平台。例如，诊治中无序、复杂的医疗数据通过智能终端显示、智能终端被集成在病床、护士站等医疗相关节点中，医疗信息收集流程中环节重复、消息滞后、低效传播等问题可得到一定的处理甚至被完全解决，医护人员的工作效率和患者的就医体验都能得到提升。

雲禾医疗一体化智慧病房解决方案是智慧医疗领域的典型建设成果，为提升医疗服务质量建立了一套完备体系。这套解决方案同时关注医院、医护人员与患者，以软硬件结合的方式通过多终端将三者连接。其组织结构包括智慧床旁系统、护理站管理系统、智能物联系统等多套终端系统。其智能陪护床“以患者为中心”，创新性地结合折叠床、床头柜、智慧屏 3 个模块，运载智慧床旁系统，具有患者信息显示、远程呼叫、可视交流、缴纳费用等医疗服务功能，并可提供点餐、娱乐、探视等生活服务。对于医护人员，该解决方案通过智慧护士站信息屏智能化地显示患者的医疗信息，解决手动统计繁杂的护理数据易错漏、低效的难题。

智能检测大屏结合操作终端，可远程监控患者的实时健康信息、诊疗现状，同时具有接收患者呼叫等功能。针对传统医院信息管理系统难以满足医院管理现代化的需求。雲禾医疗一体化智慧病房解决方案提供医疗智能物联系统，实现移动查房、移动护理、远程探视、历史数据收集等 10 多项医院现代化管理功能，充分提高资源的利用率，多方位地丰富医院的信息化服务。

该套方案可为传统病房服务赋能，以“互联网＋物联网＋健康服务”的模式实现医院、患者、医护人员三者间医疗信息的互联互通，消除信息孤岛，挖掘有价值的医疗数据，升级患者的就医体验，提高医院端的管理效率，充分利用有限的医疗资源。

医疗领域的数字化改造呈现多点开花的态势，除了 5G 远程医疗、智慧病房等热门数字化改造方案，各地各机构也充分因地制宜建设了许多数字化医疗新场景。杭州市西溪医院针对残障人士需求建设了多项人性化的无障碍场景，其推出的AI语音交互机使视障人士通过蜂鸣器、灯光、盲文铭牌实现自助挂号，智能语音电子病历让视障人士全面了解全过程的诊疗信息。其针对下肢障碍人士推出智慧无障碍泊车服务，通过微信公众号的实名注册、预约停车位、提车服务来保障患者的出行需求。此外，针对医生的辅助智能化阅片系统也得到前所未有的发展，以复旦大学附属中山医院为例，其研发的AI 医生可实现“秒速读片”，针对技术员拍摄的X光片，其能及时发现吸气不足、非医源性异物、曝光不良等各种问题，实现AI实时督查，发现问题立即加以纠正。这是复旦大学附属中山医院携手上海联影医疗科技股份有限公司、上海联影智能医疗科技有限公司、中国联通有限公司上海分公司等企业共同建设的“融合 5G 的医联体影像协同创新平台”应用场景。2022 年 8 月，该平台入选 2022 世界人工智能大会最高奖项SAIL奖（卓越人工智能引领者）TOP30 榜单，中山医院也成为唯一入榜的综合性医疗机构。以往的医生人工阅片方式，其效率会随着阅片时间增加有所下降。但AI 医生不会，它将肺结节、冠状动脉斑块等各种病灶标记出来，几乎不会遗漏。AI 医生先进行第一轮辅助阅片审核，医生再审核，医生重点关注可疑病灶即可，效率和准确度均大大提升。该协同创新平台于 2020 年投入试运行，综合运用人工智能、云计算、大数据、5G 移动通信等新一代数字技术，实现了国内首个跨区域、跨机构、跨门类的医学影像AI一站式应用解决方案。数据显示，该协同创新平台已高质量标注数据集10万例、AI实时质控17万例、AI辅助诊断22万例。诊断灵敏度提升15%，阅片效率提升30%。对于“医生端”，协同创新平台具有革命意义。专家表示，AI医生通过大数据、协同标注等功能，可帮助快速获取真实世界的临床数据，再将科学猜想通过AI做成“模型训练”，前往真实世界进行验证。验证成功的模型作为最新的数字化工具应用到临床，实现升级。

此外，凝聚高水平医师临床知识的“AI医生”还能无限复制，通过平台接入基层，真正实现优质诊疗资源的低成本扩容、广泛辐射和深度下沉。如今协同创新平台以中山医联体为场景，通过融合AI数据治理、AI应用治理、AI能力开放等构建了技术改进、数据累积、知识沉淀、应用共享等产业创新循环，由此形成临床应用启发科研、科研为临床应用提供反馈的模式。当前，多个医院在着力探索以5G、人工智能、大数据等数字技术为核心助推的智慧医疗革命，加快自身的数字化转型与再造，医学影像辅助诊疗、基于5G的远程医疗、自动手术机器人等各类应用及场景持续拓展，这必将持续推动医疗领域的数字化、智能化变革，带动全行业医疗水平的提升。

3. 智慧酒店快速发展

酒店行业同样使用互联网、物联网、大数据、云计算、人工智能等高新技术支撑其数字化改革，实现数字化、智能化的管理和服务，满足客户快节奏的工作、生活需求，同时实现客户对高新技术的体验需求。智慧酒店在管理、运营、服务、决策等方面充分实现电子化、信息化、数字化、智能化，已达到提升服务质量、节省管理成本、提供个性化服务等成效。

智慧酒店由智能化设施、智能化管理和智能化服务3个方面组成。智能化设施是智慧酒店的基础，由智能入住、智能退房、智能导航、智能门禁、智能餐饮管理、智能家居等智能化设备构成，这些智能化设施在通信网络的控制下支撑智慧酒店的管理与服务。智能化管理运用大数据、云计算、人工智能等技术手段实现酒店运营数据管理、设施管理、能源管理、营销管理、人员管理等的数字化、智能化，进而实现酒店整体运营与管理的自动化、高效化、智能化。客房控制系统、客户数据分析平台都属于智能化管理的范畴。管理者可通过客房控制系统对客房设备的运行状态等进行监测，从而动态调整酒店内的资源。管理者通过客户数据分析平台准确分析预测客流量、年龄段、客源地、消费能力等客户数据，从而制订具有针对性的服务和营销策略。智能化服务包括智慧化的信息服务、预订服务、入住和退房服务、娱乐和餐饮服务、叫醒服务，以及在线选房、刷脸入住、自助前台、行李寄送等服务举措，简化了流程，节省了大量时间，给顾客带来个性化、科技化的消费体验，全面提升了酒店服务质量和水平。

杭州黄龙饭店的数字化改造方案最早集成了智慧酒店的一些特性。杭州黄龙饭店采用快思聪控制系统将酒店的影音设施、娱乐设施、环境设施进行一体化。该饭店建设有无线无纸化入住、退房系统；智慧客房导航系统；电视门禁系统；智能会议管理系统等智能设施和智能控制系统。无线无纸化入住、退房系统：客人可通过登记设备在店外或者房内进行远程身份登记和付款。智慧客房导航系统：系统自动感应房卡信息、通过指示牌接引客人到达房间。电视门禁系统：系统将到访者的图像显示在房间的电视屏幕上。智能会议管理系统：会场系统自动感应与会客人的身份信息，完成签到统计功能。

2017 年，腾讯联合酒店行业内部分企业联合推出“微信生态酒店”。“微信生态酒店”通过微信平台和微信小程序实现线上预定房间、到店刷脸入住、自动扣款结算、领取发票等一系列流程，将酒店入住转变成自助式服务。

阿里巴巴在杭州西溪区东侧建设了FlyZoo Hotel无人酒店，该酒店实现了“无接触服务”，全面以人工智能取代人工服务。客人在酒店内的各项服务都可以通过机器人完成。用机器人代替服务员、经理等的工作，极大地提升了酒店安全等级与抗风险能力。客人入住时只需将身份证放在机器人身上，并结合人脸识别就能快速完成验证登记。客人可在房间内通过语音控制“天猫精灵”，完成多项服务。退房时直接在手机上完成操作即可。

4. 数字餐饮成为趋势

互联网发展，特别是移动互联网的发展，改变着餐饮行业传统的经营模式，加速着餐饮行业的数字化进程。适应消费者不断变化的消费行为和消费需求是数字化时代的需要。

传统餐饮业正被互联网和数字化经济重造，头部巨头与中小企业纷纷加入赛场，探索数字化转型升级之路。传统的餐饮行业形态是实体门店形式，后来，门店开始连锁标准化，出现了相应的信息化系统，普及点餐机系统、排班系统、进销存系统，但却存在系统孤岛的问题。而目前，门店的数字化、智能化进程大力推进，门店的系统操作全方位移动化，顾客的消费活动逐渐从线下转移至线上。餐饮O2O模式盛行，更多的连锁企业开始打造自身的数字化平台，掌握销售、订货、库存、人员等信息。餐饮企业越来越依赖大平台流量。同时，各餐饮品牌开始打造自身的私域流量，不断扩充品牌的社交属性，越来越多的餐饮IP将餐饮场景作为一个特定流量的终端销售场景。数字化贯穿餐饮企业产品研发、组织架构、经营方式、获客模式。

智慧餐饮解决方案是根据商家、顾客的实际需求定制开发的系统或平台，本身可独立为App，也可与大平台进行对接。微盟是软件即服务（SaaS）服务商，其在餐饮领域推出了一站式智慧餐饮解决方案，以“技术+服务”模式助力餐饮商家转型，为餐饮企业数字化运营赋能，形成“预定+外卖+扫码点餐+收银+后厨管理+会员管理+供应链管理”的一站式智慧餐饮服务能力。许多餐饮IP选择了微盟的智慧餐饮方案。该方案基于小程序打造堂食会员、会员外卖、会员商城三店一体的模式，在餐前、餐中、餐后为预定、排队、点餐、买单、评价进行全场景一体化的统一管理。

第一，基于小程序与公众号在移动端搭建自己的私域流量平台，帮助中小餐饮企业低成本、高效率地实现数字化改造。第二，该方案为商家建立自有小程序外卖平台，实现多外卖平台的会聚管理，从平台的搭建、数据选品、品牌打造方面提供一站式运营支持。从点餐到配送，全流程覆盖外卖业务，集个性化展示和营销于一体，商户可自主配置配送参数，并且实现小程序与公众号的数据互通。第三，该方案建立会员制服务，在外卖平台设置会员价，吸引更多的顾客转化为会员。通过会员商城模式，将品牌半成品或者衍生品销售给顾客；实时分析后台数据，调整商品上架策略；依托平台进行裂变式营销，包括直播、拼团、红包等营销模式，从而拓宽销售渠道、增加现金流。到店一体化移动数字操作可减少人工成本、缩短消费时间、增加翻台率，从而帮助餐饮门店提高运营效率。同时通过会员信息、消费行为勾勒会员画像，利用大数据分析为会员定制个性化营销策略，培养客户的消费习惯。第四，该方案为商家实现了采购、用料、加工三方面管控成本的数字化，涵盖智能比价、预测成本、监控收货、规范验收、追踪价格变化、物料损益分析、财务管控等功能，帮助餐饮企业及时掌控成本变化。

从餐饮企业的角度来看，大量的连锁品牌IP进行了数字化改造。例如，海底捞打造的智慧餐厅通过沉浸式包厢丰富顾客的视听体验，是餐饮数字化、智能化的成效之一。其自主研发的厨房综合生产管理系统兼具生产管理、设备实时监控、智能化库存管理三大功能，实现了后厨的自动化、智能化管理。其通过海底捞超级App实现餐饮服务线上线下融合，支持千万级用户参与活动，顾客可以通过线上移动入口完成预定、排号、选座、场景选择等。不仅海底捞，星巴克、肯德基等企业也在不断进行数字化转型，以全面拥抱数字经济。

5. 智能化出行管理服务日趋成熟

城市出行服务中的重要一环是停车服务。现在无论是大城市还是小城市，停车难是出行者的一大困扰。丹麦首都哥本哈根的一家火车站——克厄北站尝试通过人工智能技术解决此项难题。克厄北站的停车位一直处于紧缺的状态，对于目的地是克厄北站的出行者而言，驾驶汽车抵达火车站后寻找停车位是件极难的事情。RCE Systems公司的DataFromSky平台提出一种利用摄像头监控停车场车位占用情况的方法为驾驶员提供引导指示。此套解决方案的服务器使用已经训练好的模型实时分析摄像头视频流，检测区域内停车位的占用情况，从而将驾驶员导航至空位。此方案部署的每个摄像头可以监视400个停车位，并将拍摄到的视频流数据转化为实时分析策略，有强大的数据采集与分析能力，且成本较低、易于部署。该套方案提供的移动应用程序集成了移动支付、导航服务、停车到时通知等功能，并且该系统能与当地执法机关连接，共享车牌号和区域内的其他信息，以达到打击犯罪的目的。

克厄北站采用的这一数字化技术方案是出行辅助服务的一项成功实践。而在出行辅助服务的智慧化过程中，行车路线智能规划、租借车辆一站式服务等功能也在不断成熟完善。

我国一线城市的数字化智慧公交出行给人们的出行带来了极大的便

利。通过公共交通信息服务模型研究，将GPS点高效匹配到实际行驶线路，对公交车在路段上的旅行时间进行计算和填补，并对红绿灯延误影响公交到站时间进行预测，实现实时变化的城市公交车辆时空分布状态和未来发展趋势预测，支持精细化、人性化的动态信息服务。在实际的应用场景中，我们在家、单位或者站点就能查询公交车当前位置、大概需要多长时间到达某站。乘客打开手机App，可以看到距离自己最近的公交车的位置，可准确地查询车辆实时信息。该功能让人们更好地掌握公共交通信息，提高出行效率，还帮助人们更好地进行出行时间管理，缩短等车时间。

北京大兴国际机场建成了首座"5G空港"，从停车到登机，整个过程数字化科技满满。穿梭在人群中的"小兴"5G智能机器人具备智能交互功能，通过对话的形式与人直接互动，为过往的旅客提供位置信息、航班信息、引导服务，通过自己的语言和胸前的屏幕来为旅客提供各种信息，提升旅客出行效率；人脸识别技术也为人们的出行带了便捷。大兴国际机场推出了全流程无纸化登机服务，旅客只需要刷脸、刷身份证就能完成值机。而后续的安检和登机一样刷脸即可。自助行李托运系统加上人脸识别确保旅客在值机时排队不超过10分钟，大大地提高了旅客出行的速度。在智能机器人停车场，旅客只需把车停进一个车库，并通过车库旁的信息采集屏填入信息，就可以得到一张二维码，之后智能停车机器人就会把车辆从车库移动到车位上，免去了旅客停车时候找车位和取车时候找车的烦恼。

近年来，中国高速公路ETC设施的普及极大地提高了人们出行的效率。借助数字化硬件终端和数字化平台，汽车可以在高速公路卡口快速通行并无感结算。此外，除了网约车，面向出行的在线租车服务近年来也借助互联网得到了显著的发展，很多自驾游旅行者乘坐飞机、高铁等交通工具到达目的地后，可以在落地后驾驶线上预租的汽车畅游各个旅游景点，这使出行变得更方便。另外，现在很多城市的地下停车场开始实行"去岗亭化"。随着数字化的迭代升级，便捷的在线支付使停车收费变得更加方便，微信支付、支付宝支付、ETC支付等手段都可以实现数字化结算平台的快速结算。

第三节 生活服务业未来数字化趋势

一、生活服务业的数字化未来

从整体上看，以“衣、食、住、行、文、娱、感”为核心的生活服务业的数字化转型将持续推进，数字化水平将继续提升。我国生活服务业数字化转型相较于其他产业是转型最快、效果最显著的领域，这得益于政策的推动和巨大的市场潜力。我国消费者线上消费的习惯已经十分稳固，餐饮外卖、酒店住宿、旅游出行等领域的互联网模式已经十分成熟，交易规模不断增长，但医疗、养老等领域的数字化改造空间还相当巨大。随着前沿数字化技术的不断迭代，生活服务领域所有产业的数字化水平都将得到飞跃式增长。

生活服务业新业务模式将不断扩展。由于技术不断迭代，生活服务领域的新应用场景也将不断出现，之前移动定位技术的成熟催生了共享经济，引领了一波数字化高潮。而当下，语音、图像、模式识别等技术的不断发展催生了更多的无人经济，无人酒店、无人餐厅、无人商店等新形态商业服务模式在一定程度上解放了生活服务领域的生产力。而VR/AR技术也被应用到不同的服务场景，如酒店选房的全景展览、线上虚拟试衣，由其催生的沉浸式体验服务在生活服务领域内的应用或许是行业的下一个风口。同理，物联网、大数据等技术也将为生活服务领域带来不同的业务模式。特别是养老、医疗等数字化空间巨大的产业，其新应用场景的消费潜力巨大。

1. 未来餐饮数字化新场景

目前餐饮行业的数字化程度很高，包括但不限于外卖、线上预点单、线下免排队、送餐机器人、机器人做菜等场景。在数字化升级的浪潮下，未来的餐饮服务将结合大数据、物联网、AI等前沿技术，不断进行升级改造。我们不妨大胆想象一下数字化技术改造之后，未来餐饮服务将为消费者带来的新体验。

居民的一日三餐将实现私人定制，App结合居民的身体数据，分析居民缺少哪些营养元素，自动推荐一日三餐该吃什么，以维持健康。居民可以选择接受App的推荐，也可以自行选择相应的餐饮模式（如中餐、西餐等），还可以自行设置健身增肌、塑形减脂、维持体重等目标。居民还可以自行指定所需食材、自行搭配，由数字化后台智能进行菜谱的合成。上述场景是结合大数据技术与人工智能技术进行假设的场景，此后居民将无须再担心餐食搭配与食品健康的问题。最重要的是无须自己做饭，而是由机器人将成品菜肴送往指定地点，再由机器人回收餐具与厨余垃圾，完成环保回收，形成一套闭环的系统，此场景与外卖的区别是居民的餐饮是由一个智能化的后台监测和管理的，仿佛存在一个私人的智能厨师兼营养师。

2. 未来出行数字化新场景

与出行服务有关的旅游服务、酒店住宿服务、出行配套服务的数字化的程度还没有涉及核心流程，没有达到智慧一体的水平，还有很大升级空间。

出行服务经由数字化改造后可能会出现如下新场景。

当居民通过电子设备的屏幕或者使用语音呼叫人工智能助手选择一个旅游景点或者一座城市、一个省份，甚至一个国家作为旅游目的地时，人工智能助手可以自动规划好候选路线、酒店住宿、游览顺序等所有与出行相关的事宜，并协助你预订所有的酒店和所有的景点的门票，并合理制订好出行规划。以上场景是如今路线规划应用的升级版，目前的出行应用只能做到初步的路线推荐，且当目标地点范围越大时，目前的应用越显得不够完善。

未来的车联网体系将成为智慧出行的强力支撑，智能网联汽车可以协助用户安全、有序地到达指定地点，其可以智能地判断充电或加油的时间，并对路径进行合理的规划。

而在旅游方面，如果你工作繁忙，不能亲自去现场，那么你可以通过虚拟现实技术和增强现实技术的结合实现远程沉浸式旅游，只要戴上相关的设备，就能实现足不出户畅游各地的愿望。在旅行受限的情况下，这一新场景或许会在不久的未来实现。

无人值守的智慧酒店已经被各大科技公司成功试验，但目前的无人酒店还未实现仅靠语音便能操控所有设备的场景，试想若消费者仅靠语音识别便能够完整流畅地串联从入住到退房的所有流程，实现无屏化操作，这不仅能方便普通消费者，更对视力残障人士的消费体验有巨大的提升。

3. 未来购物数字化新场景

无人超市给居民购物带来了最新奇的数字化体验，人们不再需要提着购物篮排队结账，实现了“即拿即走，无须掏手机”的支付形式。无人超市主要应用图像识别技术来识别消费者的身份。更进一步，无人超市或许会实现网络商城的理念，通过分析消费者的购买记录、停留时间，再结合线上的商品浏览习惯，实现线下自动为消费者推荐相关商品。试想一整栋商城都是无人店铺，消费者不断地接收到关联商品的推荐信息，还能直接地感受商品的实物质地。消费者在无人商城实现自由购物，同时兼顾线上网购和线下实体购物的体验，甚至购买的商品可以选择快递送货上门，也能自行提取。

4. 未来医疗数字化新场景

对于一般居民来说，医疗数字化目前体现在网上挂号、记录电子病历等场景，大多数居民并未能体验到先进的 5G 远程医疗、智慧病房等前沿医疗数字化场景。而目前困扰广大居民的可能是对就诊环节的不熟悉，往往需要多次往返询问医护人员，十分耗时费力。因此最有可能实现的新医疗数字化场景是智能化规划式的全程陪诊。患者在网上挂完号后，手机上便出现整套就诊流程，并能实时提醒患者下一步的医疗环节，该系统可与医生端联动，若出现意料之外的医疗活动，医生端可更新患者的医疗就诊环节。在此场景下，患者的就诊压力有一定的缓解。此场景实现了一站式智能陪诊。

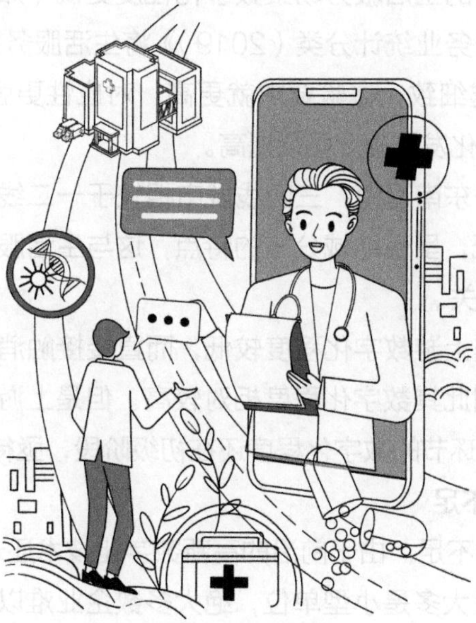

图 9-1 未来医疗

二、生活服务业数字化趋势中的痛点及应对方案

生活服务业数字化虽然在如火如荼地进行之中，且已经取得了初步成效，但是生活服务业数字化发展过程中数字化水平发展不均衡、转化能力不足等不利情况依然存在。行业数字化进程中既存在发展阵痛，同时也包含着机遇。

1. 数字化水平发展不均衡

生活服务业的整体占比与增速虽然占据前列，但是行业的整体在线交易规模占比较低，说明行业内的数字化程度还不高，或者说除了几个行业的数字化发展较快，其他行业的数字化速度相对滞后，比如餐饮住宿行业就属于看似数字化程度较高的行业，但是由于生活服务领域统一存在的“小、乱、散”等特点，许多散户并不能囊括在内，导致整体的数字化渗透率不高。

用户年龄层覆盖不够全面，抛开针对特定年龄层的产业来看，目前“00 后”在生活服务数字平台上的占比是最高的，而与之相比，“80 后”在用户规模、消费金额上则差距不小。

更细分领域内的生活服务场景数字化程度更低（如美容美发、维修保养等），《生活性服务业统计分类（2019）》将生活服务业细分至 100 多种具体行业，细分越细致，体验要求就更高、对应性更强、个性化越突出，这些领域内的数字化发展速度亟须提高。

中西部相对于东南沿海，三四线城市相较于一二线城市的生活服务业的数字化程度较低，呈现地域分布的特点，这与生活服务业本身主要是由市场推动的特点有关。

行业内产业链上游数字化程度较低，而直接接触消费者的产业链下游关乎服务体验，因此其数字化程度相对较高。但是上游原材料采购、设备供应、物流运输等环节的数字化程度还在初级阶段，亟待提升。

2. 转化能力不足

技术支撑能力不足。由于前沿的高新数字化技术还未下沉至中小企业，而生活服务企业又大多是小型单位，绝大多数企业难以运用前沿技术进行大跨度的数字化改革，目前只能使用通用化技术，但难以满足其建设个性

化、智能化数字系统的需求。

人才储备不足。生活服务领域的数字化改革需要精通数字化技术与生活服务运营两方面的人才，但长期来看，跨领域的复合型人才的供应是不足的，且其薪酬超出了中小商户的承受范围。

数字化动力不足。由于生活服务领域涵盖的细分领域十分多，包含的中小企业、商户、个体从业者难以计数，同时整个生活服务市场的蛋糕又足够大，许多中小企业、商户、个体从业者没有主动数字化的决心与动力。

3. 面对未来发展痛点的应对方案

数字化进程中既然存在风险与挑战，那么相应地也会存在机遇与解决方案。

首先，从政府的角度来看，需要大力推动全国数字化的进程，推出利好政策，同时加强顶层设计。生活服务领域细分行业多而杂，因此政府需要梳理行业内数字化的问题与困难，给出顶层数字化方案，指导行业内的数字化布局。同时政府需要加强监管，防止平台间、企业间的恶性竞争。

超级生活服务电子商务平台需要承担起行业数字化的领头羊角色，充分发挥其在消费端与消费者建立的多维联系，并且主动探索非热门但是又贴近居民生活的服务场景数字化，开展细分领域的数字化建设，加快演进生活服务行业的新形态。

从数字化技术提供商角度来看，需要尽快搭建针对生活服务业的数字化基础设施，或者将其他领域内的技术方案进行适当的迁移，并且需要快速地将技术下沉，使中小企业能够有足够的资金使用相关技术进行数字化改造。

从生活服务领域的企业或者商家角度来看，需要主动加快数字化的进程，认识到数字化对领域流程再造的重要性及必要性，从而在激烈的行业竞争中脱颖而出，尽早培养属于自己的消费群体与消费习惯，抢占先机。

从个人发展角度来看，数字化人才与领域相关人才需要交流互通，两方面的知识融会贯通，才能更好、更快地推动生活服务领域的数字化进程。

参考文献

[1] 鲁家亮, 彭玉元. 智慧养老服务的场景化交互设计研究[J]. 大众科技, 2020, 22(6): 136-138.

[2] 陈建森. 基于区块链的医疗健康数据隐私保护方法研究[D]. 郑州: 郑州大学, 2020.

[3] 蔡昉, 张车伟. 中国人口与劳动问题报告(No.17): 迈向全面小康的共享发展[M]. 北京: 社会科学文献出版社, 2016.

[4] 黄羊山, 刘文娜, 李修福. 智慧旅游: 面向游客的应用[M]. 南京: 东南大学出版社, 2013.

第十章
城市数智新生

第一节　传统城市的发展

一、城市的产生

城市是一个供人类工作、生活和居住的人类聚居地。其是一个永久性的、有一定规模人口居住的、有行政边界的、从事非农劳动或工作的固定区域。城市一般拥有广泛的住房、交通、卫生、公用事业、土地使用、商品生产和基本通信需求。城市推进了人类之间的互动与交流，并在此过程中不断推进政治活动、社会活动和商业活动。

城市的产生、建设、发展与社会、经济、文化科技等多方面因素有着密切关系。有的城市因“城”而“市”，有的城市因“市”而“城”。当农业成为主要的生产方式时，逐渐出现了固定的居民点。随着人类对生产方式的改进，生产力不断提高，生产品有了剩余，就产生了以物易物，《易经》中说道：“日中为市，致天下之民，聚天下之货，交易而退，各得其所”。随着交换量和交换次数的增加，逐渐出现了专门从事交易的商人，交换的场所也由临时的地点改为固定的市。商业和手工业从农业中剥离出来，人类出现了劳动大分工。原来的居民点也发生分化，其中以农业为主的就是农村，一些具有商业及手工业职能的就是城市。因此，城市是生产力发展和劳动分工的产物。

从历史上看，城市的最初形态只是贵族们生活的城郭，城市居民只占人类整体的一小部分，人类大部分居住在广袤而分散的乡村，这种格局一直持续了几千年的时间。工业革命之后，人类的城市化进程开始加快，经过两个世纪前所未有的快速城市化，如今，世界上一半以上的人口居住在城市，发达国家的这一比例更高。这对全球可持续性发展产生了深远的影响，也影响了人类的发展模式和发展形态。

根据现有的历史资料和考古实物，我国城市最早是在原始社会末期（即原始社会向奴隶社会的过渡时期）产生的，距今有 4000 多年的时间。国外的城市与我国最早的城市产生的时间差不多，美国著名的城市规划理论家刘易斯·芒福德（Lewis Mumford）在他的《城市发展史》一书中提到过国外城市最早产生的时期："城市，作为一种明确的新事物，开始出现在旧–新石器文化的社区中""目前已知的最古老的城市遗址，大部分起始于公元前三千年，前推后移相差不过几个世纪"。

频繁的战争和夯筑技术的发展促进了城墙沟池的建造，促进了城市的建设和发展。从 18 世纪下半叶开始，工业化和科技革命使生产力空前提高，不仅促进了原有城镇的扩展，而且带来了新兴城市的涌现。

现代社会，城市在整个社会经济发展中处于支配地位，推动着整个社会经济的发展，是人类文明进步的重要标志。

城市是人类文明的重要组成部分，是随着人类的进步和文明的发展而逐渐发展起来的，是人类社会分工和商业发展到一定阶段的产物，并且随着人类经济社会的发展，城市的形态不断演进和变革，成为人类物质文明和精神文明的聚集地。

二、中国城市建设的发展历史

1. 古代城市发展

在我国古代城市发展中，最有代表性的是长安、开封、北京这 3 个城市。唐代的长安城是当时世界上较大的城市之一，长安城的边缘地区建设的园林区，在美化城市环境的同时成为居民游玩的宝地，是我国古代城市建设史上的一大创举。长安城的城市规划清晰，交通管理规范，具有发达的交通网络，城内有丰富多样的出行工具和出行方式。从这时的城市建设来看，其布局和规范还是有很强的阶级特征。

北宋的都城东京（又称汴京，今日的开封市）是当时世界上最繁华、最大的城市，其经济、科技以及商业的繁荣令人惊叹。画家张择端在作品《清明上河图》中描述了北宋的繁华都城东京，用极其细腻的笔触展现了当时城市的空间结构、生活生产细节。东京城在交通方面很发达，地理条件优渥，河网密布，来往船只络绎不绝。北宋东京城具有良好的城市市政设施，如道路、给水、绿化和消防等。东京城建设了供水系统和道路系统。例如，街市区的道路以砖石铺设，两侧配有条石砌镶的御沟进行排水；街道的两旁种满了杨树、柳树、榆树、槐树等树木，环境优美；郊野区设有望火楼，可以随时观察到城中的火情，为城市的消防提供安全保障。这些城市资源由社会共享，成为北宋社会经济发展和城市化进程的基础。

元、明、清三朝的都城（今北京）也是当时世界上极其繁华、极其发达的城市之一，古代北京城的建设基本遵照《考工记》中“匠人营国，方九里，旁三门。国中九经九纬，经涂九轨，左祖右社，面朝后市”的原则进行。城市的管理主要由工部、兵部以及京师地方政府负责。元朝时居民用芦苇编成苇箔披挂在城墙上以防雨水冲刷城墙；清朝时二月淘浚京城水沟；有些衙门组织相关人员清理京城街道卫生，严禁民居、商棚侵占街道等，这些都是古代市政管理的典型事例。为了便于城市管理，城内还划分了数量不等的坊。在古代，车运是北京城中最主要的交通运输方式，其中马车最典型。北京能成为元、明、清三朝的都城，与其天然有利的地理位置及四通八达的交通有着密切的关系。

城市道路的设计与城市礼制有关。《考工记》中记载有“经涂九轨、环涂七轨、野涂五轨”，说明道路的宽度由交通量的大小而变化。“环涂以为诸侯经涂、野涂以为都经涂”，说明道路的宽度受城市等级的影响。除此之外，我国古代城市的道路一般为土路，只有在一些重要的地段才会覆盖石板或砂石。因此，古代城市道路的设计主要考虑的是礼制和哲理需要，并不能满足交通的实际需求。

从我国古代城市发展的历史来看，城市的建设与发展主要服务于王室及贵族的安全、政治议事、商业往来、民众居住等方面，城市的功能主要体现在安全防御、商业场所及服务提供、居住保障等，围绕城市的功能实现，城市建设不断传承与发展，城市管理不断革新，保障和促进了人类社会的发展。

2. 近代城市发展

近代以来，我国城市的建设一方面受到西方国家的影响，另一方面也有自己的探索，由中国人自己规划的城市建设最早开始于 1922 年的汕头市，汕头市政厅在 1922 年开始着手编制“市政改造计划”。此计划参考西方城市规划理论，并结合汕头市区的实际情况，构建了以小公园为中心的放射形和环形相结合的路网规划，东部新区为传统棋盘式路网格局，极大地促进了当地城市建设和经济的发展。

近代以来，随着铁路、公路和轮船等交通运输方式的兴起，很多城市中产生和出现了一系列为交通运输服务的设施和集中地段。除此之外，城市中陆续出现了许多新型公共设施，例如：行政办公大楼、餐饮场所、文化娱乐场所、教育场所、大会堂、博物馆等。自来水、煤气、卫生设备、下水道、电灯、电话、电报、电车、公共汽车等一些先进的市政公用设施在各通商口岸城市陆续修建。

工业化推进了各国城市化的进程，我国近代城市的建设主要是学习西方城市建设的模式，城市建设与发展主要集中于市政设施、住宅、医院、教育场所等城市基础设施，城市的功能主要体现在市政管理、工业生产、交通服务、文化教育服务、商业服务等方面。相较于古代城市的功能，近代城市的功能有了很大的拓展和延伸，城市管理方面涉及的领域越来越多，如工业生产和服务、交通建设和服务、文化教育服务，等等。

3. 现代城市发展

我国现代城市的建设与发展大体经历了 4 个阶段。

1949 年—1957 年，国民经济恢复和“一五”计划建设时期，城市处于一个恢复和较为稳定的发展时期。在城市建设方面大力整治半殖民地半封建城市的环境，改善市政设施和劳动人民的居住条件；为了配合工业的建设，在原有城市的基础上进行了扩建，出现了少量城市边缘工业新区和工人新村；围绕 156 项重点工程，重点新建和扩建了一批工业城市，形成了功能分区合理的城市空间结构。

1958年—1964年，国民经济调整时期，城市建设的发展大起大落。用“快速规划”“设计革命化”和“不搞集中的城市”等思想扩大了城市的规模，大量城市工业片区和居住新村向周围蔓延，城市的市政设施得到了大规模改造；“五小”工厂遍地开花，使城市内部空间结构日趋混乱，若干城市开始发展工业卫星城。

1965年—1977年，“三线”建设时期，我国国民经济和城市建设发展处于大动荡的状态。在城市建设上强调工农结合、城乡结合有利生产、方便生活，城市要为生产、为劳动人民服务；倡导“干打垒”精神、“先生产、后生活”思想和“见缝插针”布局原则等。这一切造成了城市用地扩展缓慢，在城市外围出现了布局分散的工业点，城市内部项目布局很紧密，城市空间结构更为混乱。

1978年改革开放后，城市建设的方针思想由“控制大城市规模，合理发展中等城市，积极发展小城市”转变为“严格控制大城市规模、合理发展中等城市和小城市”；充分发挥城市的生产、流通等多种功能和区域经济中心的作用，逐步形成以大、中城市为依托的不同规模、开放式、网络型经济区；城市的建设有了新的发展，城市用地扩展迅速，大批成片居住区、工业开发区在边缘崛起；结合房地产开发，城市内部出现了大量现代化的商务机构和商贸娱乐地区，空间结构趋向多元化；城市市政设施现代化步伐加快，旧城成片改造，城市卫星城镇发展迅速。

政府管理机构不断完善和充实，形成了行政职能和经济职能融于一体的综合性城市，直辖市、省会城市、地级市、县级市都属于这类城市。自新中国成立以来，我国已经形成了以铁路、高等级公路、内河和海运、航空以及管道5种运输方式构成的全国综合运输体系，在此布局模式下形成了许多交通枢纽和港口城市。

从城市的发展历史来看，城市逐渐由防御型的城郭向宜居、宜商的服务型的城市转变。城市不再是单一的居住和安全防御场所，也不再是贵族居住的场所，其成为人们生活、工作、学习、交流的场所，成为科技创新和商业拓展的场所，成为产业汇聚和文化传承与创新的场所。城市的范围有了极大的拓展，尤其是工业革命之后，城市逐渐扩张，出现了大型城市、特大型城市以及超大型城市，城市的人口逐渐扩展，由于城市的发展和功能的齐全，越来越多的人口向城市汇聚，出现了人口数超过 2000 万的超大型城市。城市的功能取得了前所未有的拓展，城市需要提供满足城市居民工作、生活以及商业活动的各种场所，并辅助以各类配套设施，如提供居住场所、提供交通设施、提供教育设施、提供医疗设施、提供体育设施、提供文化设施、提供娱乐设施。

三、世界城市建设的发展历史

1. 工业革命之前的城市发展

在第一次工业革命之前，我国之外的其他国家的大多数城市的人口数量都少于一万人，在城市居住的居民只占据少部分，城市居民以商人和工匠为主，工匠主要通过使用手动工具在家中生产服饰和日用商品，商人主要将工匠制作的成品进行售卖。城市的生产产量并不大，生产动力以人力、水力、畜力和风力为主。因为当时城市的道路比较崎岖，道路网络设计并不完善，因此居民将马车和马匹作为出行的交通工具。此时，城市的交通极不发达，道路有被雨水淹没的风险，交通时常发生堵塞，不利于城市居民的生活。城市基础设施还不够完善，城市的宜居性还有很大的差距。

2. 第一次工业革命到第三次工业革命的城市发展

18 世纪中下叶，随着英国工业革命的推进，工厂的出现促进了工业城市的兴起，城市的规模不断扩张，城市密度不断提升，城市中逐渐出现多层建筑，城市之间开始以火车为交通工具，城市商业的范围不断拓展，城市商业的模式不断更新；19 世纪中后期，美国引领了以电气和运输为主的第二次工业革命，电力作为主要动力推动了与电相关的生产工具和家用电器的广泛应用，内燃机催生出新的交通运输方式，城市交通产生翻天覆地的变化，出现了电梯推动的高层建筑，城市建筑也开始产生巨大变革，城市的工业、商业、生活服务等都随之产生了翻天覆地的变化；20 世纪中期，美国又引领了以电子信息技术为核心的第三次工业革命，人类的产业场景、商业场景、生活场景变得更加丰富，出现了特大城市、都市圈以及集中式的城市功能分区。从 18 世纪的工业革命开始，世界范围内的大量农村人口涌入城市，城市人口出现了快速增长，城市规模不断扩大。

三次工业革命迅速席卷北美和欧洲的众多城市，19 世纪，英国成为世界上唯一一个以城市人口为主的国家。19 世纪下半叶，美国城市建设进入高速发展阶段，大中型城市出现了产业集聚现象，城市规模向超大发展。

第三次工业革命标志西方发达国家进入后工业化信息时代，生产要素加速流转，产业向大、中城市集聚，在一些经济技术先进、区位优势明显、工业基础良好、交通体系发达的地方出现了大都市圈、大都市带等城市密集区，超大巨型城市异军突起，日益成为世界城市化新的空间形态。例如，美国出现了信息化浪潮，社会分工重组，经济活动频变，城市要素向第三产业集聚，现代服务业出现，信息化成为城市建设的新推手。

随着 21 世纪第四次工业革命的兴起，云计算、大数据、人工智能、物联网、数字孪生等数字技术快速发展，数字化开始驱动城市的建设与发展，大规模的城镇化、中等收入群体的崛起、技术的更新迭代将成为全球城市变革的重要驱动因素，城市建设开始朝着数字化方向发展。

纵观世界各国的城市发展历程，在农耕时代，人类开始定居，随着工商业的发展和生产力水平的提升，城市开始缓慢发展；农业经济时代，重要的城市都是具有政治统治和防御作用的都城和州府等；18 世纪后，随着工业革命的发展，工业化进程极大地促进了生产力的提升，工业的集聚同时促进了商业的发展，催动了城市的快速发展。城市规模、城市功能、城市布局、城市交通、城市基础设施等都发生了深刻的变化。

第二节　城市数字化发展现状

城市发展至今，已经基本完成了基础设施的建设，正在由外部建设向内部治理转变。目前我国正处于城镇化快速发展时期，随着我国城镇化进程的加快，环境污染、人口拥挤、住房困难、能耗过快、交通拥堵等城市问题不断凸显。环境污染导致人居环境问题不容忽视，城市空间持续蔓延，“城市病”的难题迫在眉睫，城市治理体系有待完善。

除此之外，伴随经济水平的提升，更加宜居、便捷、体验化、个性化、安全的城市生活成为城市居民的新追求，新时代、新方法、新生活方式与城市管理存在突出矛盾。

进入21世纪以来，新一代信息技术的变革式发展和普及应用，对城市治理和社会运行的方式产生了深刻影响。2007年，欧盟首次提出“智慧城市”的建设构想。2008年，IBM公司在全球首次提出“智慧地球”的建设思想。2012年，《住房城乡建设部办公厅关于开展国家智慧城市试点工作的通知》指出，智慧城市是通过综合运用现代科学技术、整合信息资源、统筹业务应用系统，加强城市规划、建设和管理的新模式。2014年，我国国家八部委联合印发《关于促进智慧城市健康发展的指导意见》，这是我国智慧城市建设第一份系统性的文件。2016年，“智慧城市”首次被写进国家政府工作报告。2017年，党的十九大报告中明确提出建设“数字中国”，这是“数字中国”首次被写入党和国家的纲领性文件，从此开启了势如破竹的发展历程。2022年，党的二十大报告中再一次明确提出建设“数字中国”“网络强国”。国家战略驱动智慧城市建设进入一个全新的发展阶段。

智慧城市是新一代信息通信技术与城市经济社会发展深度融合，促进城市规划、建设、管理和服务智慧化的新理念和新模式，也是物理世界与数字世界相互映射、协同交互的城市新形态。智慧城市由物理设施、数字空间和社会人文生态组成，运用通信连接、数据、智能等技术手段，实现对城市实时动态的感知、分析、协调，并对城市治理和公共服务等做出智能响应，实现城市健康运行和可持续发展。

近年来，随着数字技术的发展，城市数字化建设正成为推动城市功能提升、管理升级、服务提质的重要手段，数字化已经全面渗透到城市社会经济生活等各个领域，数字化城市建设在城市经济和创新发展中起着日趋重要的作用，国内外诸多发达城市都在尝试进行城市建设的数字化转型，推进城市数字化治理。

2020 年 10 月，上海社会科学院信息研究所和复旦大学智慧城市研究中心联合发布了《全球智慧之都报告 2020》，此报告最终的排名结果如图 10-1 所示，此报告显示将全球 20 个城市划分为“引领型”“先进型”和“追随型”3 种类型，伦敦、纽约和新加坡 3 个城市在数字化建设方面都处于国际领先水平。除了引领型的 3 个城市外，上海和北京在数字化城市建设方面也处于先进水平。

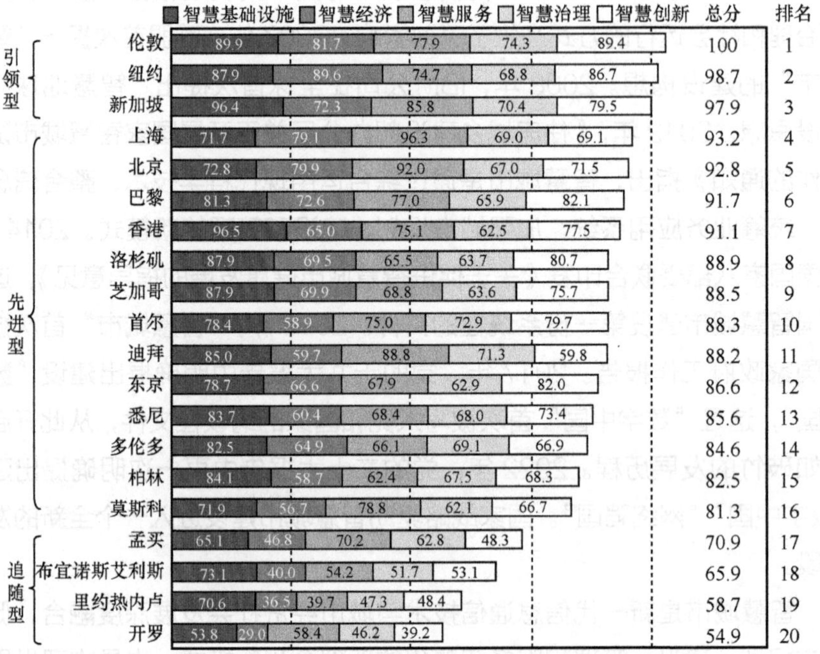

图 10-1　20 个智慧城市排名及分项指标得分情况

自 2008 年智慧城市概念提出后，我国许多城市加速布局实践，经过多年的发展演进，已从概念走向落地，从试点走向普及，积累了众多实践经验和落地案例。国内的数字化城市建设热潮此起彼伏，许多一二线城市已经有了初步轮廓。随着物联网、下一代通信网络等新一代信息技术的广泛应用，我国城市工业现代化和信息智能化逐步向更高层次进阶，迈入集成融合发展的新时期。近年来，新一轮科技革命和产业变革席卷全球，数字化以不可逆转的趋势广泛而深刻地改变着人类社会。

我国高度重视数字经济发展，在《数字中国建设整体布局规划》明确提出数字中国战略。习近平总书记强调指出，加快数字中国建设，就是要适应我国发展新的历史方位，全面贯彻新发展理念，以信息化培育新动能，用新动能推动新发展，以新发展创造新辉煌。《中华人民共和国国民经济和社会发展第十四个五年规划和2035年远景目标纲要》中提出“加快数字化发展，建设数字中国”，深刻阐明了加快数字经济发展对于把握数字时代机遇，建设数字中国的关键作用。数字中国战略的全面落地推动了传统城市建设向数字化城市建设转型。2020年以来，中共中央、国务院围绕“数据要素”“数据流通”“数字经济”等主题密集出台了一系列政策措施，全方位推进数字经济发展和数据赋能，在数字经济发展背景下，智慧城市建设的内涵又有了新的变化，具体涵盖两个方面：一个是以政务服务为核心的城市智慧化管理和服务，目标是提升政府治理体系和治理能力现代化；另一个是以智慧交通、智慧楼宇、智慧生活等为核心的城市基础设施智慧化，目标是提升城市基础设施的管控和服务效能，提高城市居民生活质量。

“十四五”时期，新型智慧城市被赋予新的时代内涵，新型智慧城市的建设以人为本，以城乡一体化发展、城市可持续发展、民生核心需求为主要关注点，以绿色低碳、便民宜居为原动力，以政府引导、技术支撑以及商业利益驱动为主要动力，以数据驱动为核心，以产业数字化、数字经济化为全新架构，不断提升资源整合度、治理协同度和多元参与度，构建共建共享的新一代城市生态体系。

近年来，我国与智慧城市相关的国家政策文件37个、重要讲话20余份，这些政策文件可分为3个层面。一是顶层规划，包括中共中央政治局集体学习和领导人讲话，这些集体学习文件或重要讲话是智慧城市建设的方针和指引。如2020年3月，习近平总书记在武汉考察时指出，城市是生命体、有机体，要敬畏城市、善待城市，树立“全周期管理”意识，努力探索超大城市现代化治理新路子。习近平总书记的讲话对未来城市建设和发展提出了更高的要求，而这一目标的实现都有赖于智慧城市建设的深入；二是业务规划，涵盖指导意见、规划方案、建设方案、实施方案、行动计划等。如《政务信息系统整合共享实施方案》《促进大数据发展行动纲要》《关于促进智慧城市健康发展的指导意见》等文件，是智慧城市建设的核心和细分政策，这些政策有助于指导具体的智慧城市建设，推动了各地智慧城市建设的具体探索和实践；三是基础规划，如《云计算发展三年行动计划（2017—2019）》《关于开展城市信息模型(CIM)基础平台建设的指导意见》等文件，是智慧城市建设的基础和支撑政策。

我国很多城市在积极探索数字城市建设的路径，重点围绕智慧政务、智慧交通、城市社区治理等开展具体实践和应用。

◎北京：四梁八柱深地基，探索数字城市建设新路径

自2018年启动“北京大数据行动计划”以来，北京按照“四梁八柱深地基”的总体框架，建立了数据“汇-管-用-评”的闭环体系，为智慧城市建设打下了坚实的数字化基础。北京的智慧城市建设先后历经“数字北京”“智慧北京1.0”“智慧北京2.0”3个阶段。2021年3月，北京发布了《北京市“十四五”时期智慧城市发展行动纲要》，围绕“将北京建设成为全球新型智慧城市的标杆城市”的发展目标，将智慧城市作为“政府变革新抓手”“智慧生活新体验”及“科技创新策源地”，全面进入“智慧城市2.0”阶段。

北京城市数字化建设的发展思路是：在“四梁八柱深地基”框架基础上，夯实新型基础设施，推动数据要素有序流动，充分发挥智慧城市建设对政府变革、民生服务、科技创新的带动潜能，统筹推进“民、企、政”融合协调发展的智慧城市2.0建设。围绕“放管服”改革的主要矛盾，牵引政府流程再造、部门协同，创新体制机制，成为“政府变革新抓手”；聚焦高频难点民生问题，增强科技赋能，提升公共服务质量和民生保障能力，创造“智慧生活新体验”；通过全域场景开放、数据有序流动，吸引创新要素，落地创新成果，推广“灯塔”示范项目，助力建设“科技创新策源地”。

当前，北京正在全方位、立体化地推进智慧城市2.0阶段的建设。其采取的关键举措包括：以四级规划管控建立内部统筹机制、以数据专区建设开放数据要素市场、以全域场景开放构建新型产业生态、以城市副中心建设打造特色示范标杆。

北京在“北京大数据行动计划”的“四梁八柱深地基”的总体框架基础上，按照“统分结合、串并协同、能用尽用、能汇尽汇”的原则，进一步规划智慧城市共性基础平台的总体框架，形成共性支撑、相互贯通的统一体系——“三七二一”的整体体系架构。同时优化产业结构，把绿色低碳发展理念纳入宏观经济治理发展大局。其中：“三京”指面向百姓的京通、面向政府部门的京办及面向领导决策的京智（城市大脑）；“七通”指“一码”（城市码）、“一图”（空间图）、“一库”（基础工具库）、“一算”（算力设施）、“一感”（感知体系）、“一网”（通信网络）及“一云”（政务云）；“两保障”指标准规范体系和安全保障体系；“一平”指大数据平台。

北京城市副中心智慧城市建设正按照“骨架基础-器官系统-区域生命体”的设计思路积极推进。

骨架基础方面，进一步夯实“七通一平”的数字基础底座。器官系统方面，结合“三京”及一网通办、一网统管、城市规划建设运行管理、智慧教育、智慧交通、数字化社区、跨体系数字医疗等重大领域应用，打通市区两级应用。区域生命体方面，结合城市副中心的行政办公区、张家湾设计小镇、运河商务区、文化旅游区等“四区特色”，支撑慢行自动驾驶、智能场馆、智慧政务，数字设计、近零碳示范、金融科技、智慧建筑，智慧文旅、智慧平安社区、元宇宙等一系列场景应用，构建安全风险综合监测预警体系，最终服务于“优政-惠民-兴业-安全”的“四梁”目标。通过政策改革创新单，强力吸引企业到副中心落户集聚。

具体落地方面，着重在四大区域打造样板城市。“十四五”时期，北京的主要规划是立足原有突出产业重点，聚焦城市副中心行政办公区、张家湾设计小镇、运河商务区、文化旅游区四大重点区域，借鉴“冬奥大脑”推进经验，最终赋能城市副中心“城市大脑”，并提升副中心政务协同办公工程，合力把城市副中心打造为智慧城市的“样板城市”。

一是智慧行政办公区。聚焦自动驾驶应用，以“政务、服务”为核心，开展自动驾驶、三大建筑、智能办公等智慧化应用试点。通过开展智能网联自动驾驶示范应用，有关部门会在城市副中心剧院、图书馆、博物馆打造智慧场馆，强化智能行政办公。二是智慧张家湾设计小镇。聚焦数字设计、智慧城市生活实验室，以“创新、低碳”为优势，打造设计行业的数字设计创新示范样板。同时，利用人工智能设计平台与设计资源平台推动设计产业发展，将张家湾“智慧生活实验室”场景拓展为建筑级、园区级和街区级实验室，打造“近零碳排放智慧能源示范区”。三是智慧运河商务区。聚焦金融科技、绿色金融，以“金融、科技”为特色，开展数字金融科技产业培育孵化。同时在城市副中心围绕服务金融产业，打造一体化金融服务平台；加快推进数字人民币试点，探索设立数字人民币运营实体；支撑绿色金融发展，形成碳交易经济体系，探索碳币、碳码场景应用。四是智慧文化旅游区/环球度假区。聚焦元宇宙、数字文旅，以“文化、消费”为核心，打造首个元宇宙数字消费产业集群。依托环球影城影响力，这里会建设为元宇宙虚拟空间，聚合内容制作、动漫游戏等产业生态集群；打通文旅产业数字链条，打造共建、共享、共创的文旅数字化协同供给体系。

◎上海：打造城市智能体，上海展现智慧城市新“魔力”

2010年，第41届世界博览会如期在上海举行，博览会的主题是“城市，让生活更美好”。作为超大型城市，上海人口多、密度大、人车流量大、城市功能密集，城市管理极为复杂，城市建设、发展、运行、治理各方面情形交织、错综复杂。围绕本次世界博览会的主题，上海一直在探索“城市如何让生活更美好?”这一主题的实践。当年，上海凝聚全市共识，正式提出“创建面向未来的智慧城市”战略，智慧城市建设序幕由此拉开，上海开启了为期10年的智慧城市建设。

2011年，上海成立智慧城市建设领导小组并发布上海推进智慧城市建设第一个三年行动计划；2014年，上海发布第二个三年行动计划；2016年发布《上海市推进智慧城市建设“十三五”规划》；2021年发布《上海市全面推进城市数字化转型“十四五”规划》，上海保持智慧城市建设政策和实践的延续性，上海历届政府接续探索建设智慧城市，经过10多年的努力，“全面推进城市数字化转型，打造具有世界影响力的国际数字之都”的愿景正在一步步从理想变成现实。十年磨一剑，2020年11月，上海从全球48个国家和地区的350座申报城市中脱颖而出，获得“世界智慧城市大奖”。

在智慧城市建设过程中，上海提出了全面推进“经济、生活、治理”三大领域的城市数字化转型理念。在城市治理数字化转型过程中，上海积极打造超大城市数字化治理新范式，紧扣政务服务“一网通办”和城市运行“一网统管”，积极推进城市治理数字化的实践探索，形成智慧城市建设的“上海模式”。

上海市黄浦区南京大楼实时动态、数字孪生的新模式为城市治理数字化转型提供了范例。这是一种崭新的城市数字化治理模式探索，以一个区域为治理单元，接入多源多维数据。物理城市中所有的人、物、事件、建筑、道路、设施等都在数字世界形成虚拟映像，信息可见、轨迹可寻、状态可查、虚实同步、情景交融；过去可追溯，未来可预期，虚拟服务现实，仿真支撑决策。通过城市智能体的建设，最终在上海实现“感知一栋楼，连接一条街，智能一个区，温暖一座城”的美好愿景。

2021 年 6 月 25 日，上港集团与华为联合发布了上港集团超远程智慧指挥控制中心项目成果，首次将F5G技术应用在港口超远程控制作业场景。通过该项目的实施，远程操作员可以在 100 多公里外对洋山岛上各种大型港机设备进行远程操控，极大地提升了远程操作效率。上海港口的智慧化运维水平再次提升。

未来，根据上海市的发展规划，将以数据为核心，以“制度+技术+场景”模式，构建生活数字化与治理数字化、经济数字化的联动闭环，形成政府治理支撑、企业创新驱动、市民需求牵引、线上线下相融合的生活数字化转型生态机制。

◎深圳：聚焦多维度，打造全球新型智慧城市标杆

深圳早在2010年便提出了“打造智慧深圳”的概念。此后，深圳在智慧城市建设过程中主要聚焦电子政务、智慧交通等方面的建设和探索。

在智慧城市建设的政策方面，深圳市在 2020—2021 年制定了一系列智慧城市发展政策。例如，2021 年年初，深圳发布了《深圳市人民政府关于加快智慧城市和数字政府建设的若干意见》，意见指出：到 2025 年，打造具有深度学习能力的鹏城智能体，成为全球新型智慧城市标杆和“数字中国”城市典范。深圳智慧城市建设的发展目标是：融合人工智能（AI）、5G、云计算、大数据等新一代信息技术，建设城市数字底座，打造城市智能中枢，推进业务一体化融合，实现全域感知、全网协同和全场景智慧，让城市能感知、会思考、可进化、有温度。

2022 年，深圳市政务服务数据管理局联合市发展和改革委员会发布了《深圳市数字政府和智慧城市“十四五”发展规划》（以下简称《规划》）。

该《规划》提出，到 2025 年，打造国际新型智慧城市标杆和“数字中国”城市典范，成为全球数字先锋城市；到 2035 年，数字化转型驱动生产方式、生活方式和治理方式变革成效更加显著，实现数字化到智能化的飞跃，全面支撑城市治理体系和治理能力现代化，成为更具竞争力、创新力、影响力的全球数字先锋城市。

1. **打造数字底座标杆城市**

为率先建成数字底座标杆城市，《规划》提出构建起统筹集约、全面覆盖的通信网络基础设施体系，实现泛在高速网络连通。统筹布局以数据中心和边缘计算为主体、智能超算为特色的全市算力一张网，强化算法等科技能力支撑，实现算力的云边端统筹供给。构造城市混合云生态，实现云资源的一体化融通。全面应用BIM/CIM技术，建立建筑物、基础设施、地下空间等三维数字模型，建成全市域时空信息平台，建设物联感知平台，为数字政府和智慧城市建设提供有力数字底座支撑。到 2025 年，城市大数据中心、政务云、政务网络全面提质扩容，构建时空信息平台，实现全域全要素叠加。每万人拥有 5G 基站数超 30 个，城市大数据中心折合标准机架超 2.6 万个，时空信息平台应用数量超 200 个，重要建筑、市政基础设施、水务工程项目BIM模型导入率达 100%。

2. **率先建成数字政府引领城市**

全方位打造主动、精准、整体式、智能化的政府管理和服务。《规划》提出要加快推动三个“一”，即政务服务“一网通办”全面深化、政府治理“一网统管”基本实现、政府运行“一网协同”基本形成。

在“一网通办”方面，进一步优化“i深圳”“深i企”等“i系列”平台服务内容，完善一体化政务服务体系。在“一网统管”方面，以“深治慧”平台为龙头牵引，聚焦政府经济调节、市场监管、社会管理、公共服务、生态环境等五大职能，针对城市运行管理中的重点难点问题，推动政府治理流程再造和模式优化，重塑数字化条件下的业务协同工作闭环。在“一网协同”方面，加强数字政府统一平台支撑能力建设，为全市各区各部门提供集约高效的平台支撑、数据支撑和业务支撑。

到 2025 年，政务服务“一网通办”全面深化——线上线下一体化政务服务体系更加完善，政务服务“一网通办”由“可用能用”向“好用爱用”

不断深化。政府治理“一网统管”基本实现——建成城市级一体化决策指挥平台，推进跨层级、跨地域、跨系统、跨部门、跨业务协同治理。政府运行“一网协同”基本形成——各级党政机关数字化转型取得显著成效，各级、各部门协同管理更加顺畅高效。

3. 助推数字社会高品质建设

在建设数字社会方面，《规划》提出要聚焦教育、医疗、养老、抚幼、就业、文体、助残等重点领域，强化信息资源深度整合，推动线上线下服务更加高效协同，加快打造均等普惠的民生服务体系，让数字社会建设成果更好惠及全体市民。

此外，为建设全民共享的数字社会，《规划》强调推进相关服务的适老化改造，为老年人使用智能化产品和应用提供便利，逐步消除“数字鸿沟”，让老年人更好融入智慧社会。加强全民数字化技能教育和培训，提高智能技术运用能力和水平，提升全民数字素养。

深圳宝安区印发《宝安数字未来城建设总体规划（2021—2025 年）》和《宝安数字未来城建设导则（2021—2025 年）》。以规划为蓝图，未来，湾区核心将崛起一个“虚实共生、全真互联”的数字城区，城市运行全领域、全过程、全要素数字化，智慧智能全方位进规划、进设计、进建设、进运营，城市数字空间与物理空间的精准映射，人、产、城全面互联，政、企、民三端互通。一批全球领先的应用场景将分步落地，引领宝安打造全球城区治理现代化标杆，实现全面网络化、高度智慧化、服务一体化的多元治理新格局。

数字未来城是新型智慧城市的高阶形态。宝安数字未来城将智慧智能作为城市的基础和标配，以数字化转型整体驱动城市生产方式、生活方式和治理方式变革，构建数字空间和物理空间“同生共长、同频谐振”的城市智慧生命体。

宝安数字未来城规划范围从空间维度覆盖了宝安区数字孪生空间整体框架搭建和重点构件的建设，以及对应物理空间新基建、新城建、平台系统建设中的相关软硬件设备设施；从建设维度覆盖了宝安区数字化的未来城市基础设施、未来城市开放操作系统、数字经济体系、数字社会体系、数字政府体系、城市统一入口、数字创新微单元等平台系统建设，以及数字未来城高水平建设和高质量发展所需的管理支撑体系。

从当前城市数字化建设聚焦的重点来看，绝大多数的主要城市将政务服务和政府管理的数字化作为城市数字化（智慧城市）建设的核心抓手，其体现的是城市的智慧化管理和智慧化服务，大多涉及一站式政务服务、便民数字化生活服务等为切入点。

随着5G、云计算、大数据、人工智能、物联网、数字孪生等数字技术的快速发展，越来越多的城市希望通过数字新型基础设施建设，形成高效智能的数字化城市运维体系，而新冠肺炎疫情等一些突发事件和自然灾害，更让人们有了更高、更迫切的需求。城市建设朝着数字化方向发展，已经成为当今世界城市发展规划的趋势。这一过程中，也形成了许多优秀的案例。

1. 城市大脑：基于大数据的城市管理新模式

2016年，杭州市政府和阿里巴巴集团合作，在杭州探索建设了“城市大脑”。杭州“城市大脑”是为城市生活和城市管理打造的一个数字化界面，城市管理者通过它配置公共资源、做出科学决策、提高治理效能，市民凭借它触摸城市脉搏、感受城市温度、享受城市服务。城市大脑包括警务、交通、文旅、健康等十一大系统和48个应用场景，日均数据可达8000万条以上。杭州城市大脑起步于2016年4月，以交通领域为突破口，开启了利用大数据改善城市交通的探索，如今已迈出了从治堵向治城跨越的步伐，取得了许多阶段性的成果，截至2020年，杭州城市大脑的应用场景不断丰富，已形成十一大系统、48个场景同步推进的良好局面。

杭州“城市大脑”以推进经济、政治、文化、社会、生态等领域的智慧化管理和服务为核心，在卫生健康领域布局有“舒心就医”数字化应用，舒心就医“最多付一次”服务把原来的医生诊间、自助机多次付费减少到一次就诊就付一次费。在城市管理领域布局“便捷泊车”数字化应用，“便捷泊车·先离场后付费”是停车系统首个便民服务，“先离场后付费”的车主，不需要任何行为即可快速离开停车场，为车主节省离场时间。同时，车主一次绑定，全城通停，停车系统为市民提供了“全市一个停车场”的便民体验。在文化旅游领域布局“欢快旅游”数字化应用，通过多种数字化服务提升旅游服务便捷性。在道路交通领域布局“一键护航”数字化应用，使救护车在不闯红灯、不影响社会车辆的前提下，安全、快速、顺利地通过每一个路口，打通全自动绿色通道。

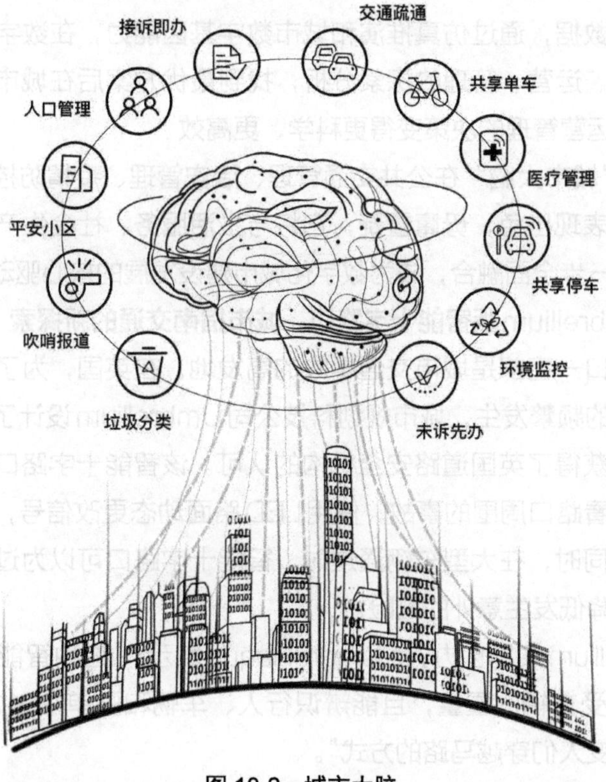

图 10-2 城市大脑

这些年，随着数字技术的发展和城市治理的数字化转型，“城市大脑”建设在国内外许多城市陆续启动，“城市大脑”是数字化城市的数据智能中枢，依托现有城市信息化应用系统和数字化资源基础，聚合数据资源，运用 5G、云计算、大数据、人工智能、物联网等技术实现数据的融合分析以及基于数据的智慧决策和管理。凭借“城市大脑”的强大数据引擎，部分城市的数字化治理水平显著提高，尤其是在城市交通管理方面，通过分析城市的摄像头视频数据、交通设备监测数据和政府部门数据等各项交通数据，建立完备的数字化城市交通管理体系，在实时刻画城市交通全局态势的同时进行车道级别的有效管控，帮助交通管理部门制定合理的城市交通治理策略。在日常生活中，通过科学地管控出行高峰期的车流、红绿灯，制定节假日城域高速公路网交通流调控预案等，都可以有效减少交通拥堵，提升通行效率，让城市交通变得更加智能化、灵活化。

2020 年，通过多年的实践积累，阿里云发布的城市大脑 3.0 可以处理更多种类的数据，通过仿真推演和城市数字基因能力，在数字世界中完成对城市规划、运营、管理的探索分析，找到最优方案后在城市中实现，使城市发展和运营管理的决策变得更科学、更高效。

目前，“城市大脑”在公共交通管理、治安管理、疫情防控、政务便民服务等方面表现出色，毋庸置疑，它将与生活服务、社会生产和经济发展各个领域进一步全面融合，成为数字化城市建设发展的核心驱动力。

2. Umbrellium版智能十字路口：城市指南交通的新探索

十字路口一直都是城市交通事故的高发地。在英国，为了避免十字路口交通事故的频繁发生，城市规划科技公司Umbrellium设计了一款智能十字路口，并获得了英国道路安全机构的认可。该智能十字路口通过计算机视觉技术查看路口周围的事故，使用LED路面动态更改信号，帮助行人有效过马路。同时，在大型车辆通过时，智能十字路口可以为过马路的行人提供警示，降低发生意外的风险。

Umbrellium共同创办人Usman Haque表示：“这种智能十字路口能防水、可承受车辆的重量，且能辨识行人、车辆和骑单车者之间的差异，已准备好改变人们穿越马路的方式”。

3. DreamDeck智慧街道改造：融合交互性数字服务

DreamDeck（北京甲板智慧科技有限公司）致力于探索和引领各类场景的智能化设计及实施，设计师对北京西城金融街进行智慧化改造，赋予它更加多样的功能。智慧街道设有AI竞速跑道，踩踏“开始”地砖可以进入竞速模式，市民冲向终点会自动识别，百米竞速跑的成绩会显示在大屏幕上，并进行日、周、月冠军成绩排名。如果嫌跑步太累，可以切换“休闲模式”遛弯、遛狗，在跑道的终点还有智能动感单车。这条街成为城市街区中一个具有多功能的、可以停留、运动、社交的幸福驿站。

4. 新加坡数字化城市建设：聚焦城市公共管理

新加坡将公民放在了数字化城市建设的首要位置，这在新加坡政府通信和信息部（MCI）制定的路线图中有所体现，路线图旨在通过 4 个主要战略帮助新加坡公民"做好数字准备"：扩大和加强数字访问以实现包容性，将数字素养融入国民意识，授权社区和企业推动技术的广泛采用，通过设计促进数字包容。

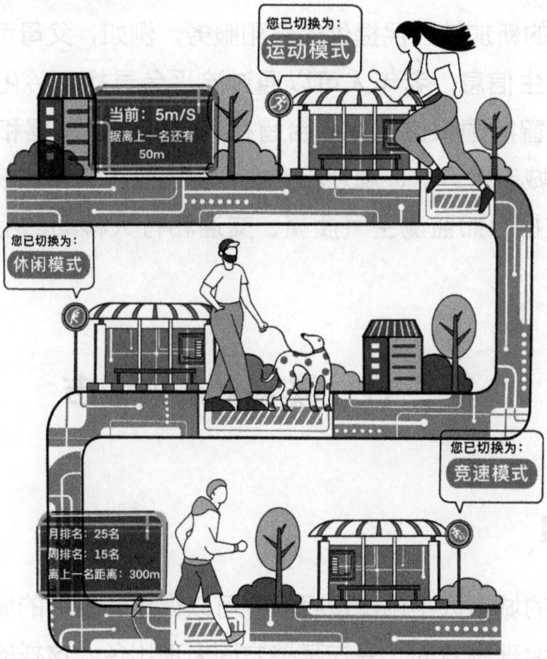

图 10-3　智慧街道

新加坡是世界上较安全的城市之一。新加坡在城市监控工作方面做得很出色，其摄像头具有平移－倾斜－变焦功能和 360 度全景等功能，2018 年的Lamppost试点项目使用面部识别软件在 10 万根灯柱上安装监控摄像头，使城市能够进行人群分析，并支持反恐行动。此外，新加坡还使用配备热成像的无人机来协助空中监视，使用可穿戴技术，为警察配备智能眼镜来协助，现场面部识别分析。

新加坡的滨海堤坝在城市建设中发挥了重要作用，依靠大型传感器网络将数据输入实时建模平台运营管理系统（OMS），滨海堤坝的运营商可以根据实际降雨量、排水沟、运河和水库中的水位以及集水区的水流量，获得应对风暴事件的策略。此外，它也是社区的一种便利设施，可以在水上和泵站的绿色屋顶上进行娱乐活动，自开放以来为上千万人提供了服务。

该站点还拥有新加坡可持续发展画廊，一个可以提供新加坡可持续发展倡议实践学习的博物馆。

新加坡在建设数字化城市的过程中，除了以上的实践外还进行了一些其他的工作。The Moments of Life Initiative数字平台旨在为处于人生重要里程碑的新加坡公民提供信息和服务。例如，父母可以通过该平台登记孩子的出生信息，老年人可以通过该平台寻找老龄化项目或获取政府福利信息。智能国家传感器平台旨在通过使用传感器和数据收集来改善市政服务、城市级运营、规划和安全。传感器已在新加坡广泛使用，收集各种城市数据，如监测空气质量、交通和行人移动、用水使用、能源使用等。

第三节 数字化未来城市

一、未来发展

从国内外的城市数字化建设经验中可以得出，目前的城市建设更偏向于交通、政务治理等方面，只在某些方面表现出色，这样的城市整体上还没有达到完备的数字化。数字化未来城市将会具备更高的完整性，实现各行业、各部门的业务和数据互联互通。目前数字化未来城市的建设，老城市的数字化改造，全新数字化城市的构想和设计，已经是许多国家发展战略的一部分。

城市的信息化建设也好，智慧城市建设也好，城市的数字化建设也好，其本质其实都是助推城市向更好的方向发展，推进城市的发展更科学、管理更高效、生活更美好。未来城市的建设离不开经济发展、技术进步和政府主导，未来城市建设的主要动力来源于政府、技术进步和商业驱动，是一个合力推动、持续改造的发展过程。

智慧城市的核心特征在于“智慧”，是指城市能够充分利用云计算、大数据、人工智能、物联网、数字孪生等技术进行各类关键数据信息的感知、计算和交互，实现围绕城市治理、城市交通、城市安全、城市环保、城市服务、城市商业等的智慧化管理和服务，使城市更智慧、更宜居、更便捷，让城市更好地服务于城市居民。

近年来，部分城市做过智慧城市的探索，例如：韩国的松岛新城、加拿大多伦多的东部滨水区等。

韩国的“松岛新城”位于韩国第二大港口城市仁川延寿区，占地约607.5万平方米，全是填海而造。“松岛新城”是以智能化为支撑的未来之城，公共设施大多计划构建为智能化设施。“松岛新城”的社区、医院、公司和政府机构将实现全方位信息共享；数字技术深入住户房屋、街道和办公大楼，像一张无形的大网把城市支端末节连为一体。只需一张智能卡，居民就能轻松完成付款、查询医疗记录和开门等琐事，人们的生活将变得非常便利。其建设设想是：“这里的所有空间都会用网络和高科技控制系统联系起来。在这里将有智能家、智能商店、智能学校、医院和银行。所有的日常杂事都能依靠高科技IT自动完成”。

2017年，Alphabet（谷歌的母公司）旗下Sidewalk Labs推出了一个划时代的多伦多滨水区（Quayside Toronto）规划方案，开创了一种数据驱动的城市规划和运营方法的体系，该规划方案是世界上第一个真正使用ICT深刻改造整个城市系统的完整思考。该方案包括：城市传感网、开放数据API、无人驾驶为主的交通系统、高度混合的用地、新的路网结构、实时动态路权、高层木结构和预制建筑、主动需求管理、高优先级步行系统、智能垃圾处理系统，等等。该规划呈现了一个近乎科幻的、可以基于数据驱动和运营的未来城市图景。该规划充分利用新兴科技引导城市物质空间的高效、智能化运行，整合了交通、社会、住房、数字化工具技术、可持续基础设施、建筑建造和公共空间等方面的一系列创新方案。例如，在城市街区内，居民们可以不需要拥有汽车，未来会有一小部分的出行来自无人驾驶技术的拼车，家庭出行更加便捷。智能信号灯可以优先让需要更多时间安全通过路口的行人或紧急晚点的车辆通过。

但是从具体的实施效果来看，这些都不是真正的智慧城市或未来城市。韩国的“松岛新城”更多的是实现互联互通，且其智慧城市的建设计划进展缓慢，面临严重的资金问题和实际建设问题。加拿大多伦多的东部滨水区的智慧城市建设方案也几经波折，其面临资金不足、数据隐私等问题。

世界范围内都没有很好的智慧城市或未来城市的“样板”。未来城市将会更加注重人文关怀，满足城市居民的幸福感，提升城市宜居的重要性。例如，新加坡提出要建成一个充满乐趣、令人兴奋的城市，公共绿地提供更多文化娱乐设施，进一步完善公共组屋建设；东京提出对“社会问题解决型”产业、养老产业采取扶持和培育政策，更加关注社会协调发展和社会全体成员的共同生活；巴塞罗那为了城市出行便捷化，规划了 1 平方千米 103 个路口的高密度路网。未来政府将会健全制度、完善政策，不断提高民生保障和公共服务供给水平，增强人民群众获得感，把让群众生活更舒适等理念融入城市建设的血脉里，让城市成为人民追求更加美好生活的有力依托。

未来的城市应该具有智慧的感知、智慧的调控和智慧的决策能力，具有空、天、地的多平台协同能力，具有人、机、物的多元感知和协同分析能力，具有智慧感知、理解、认知和决策能力，城市最终具有较为自主的自我学习、自我成长、自我调控、自我创新的综合演化能力。未来城市应该是以数字化为支撑的，以绿色、低碳、协调、智慧、安全、有序为目标的新型城市。未来城市是一个数字化综合体，其能够实时感知城市中的各类突发事件，并科学、合理、及时地做出响应；其能够提供一站式、全网络化的政务服务，让公众更满意；其能够进行全方位的动态监控，确保城市的平稳安全运行；其能够更有效地预防犯罪；其能够优化交通，提升交通通行效率；其能够实现智能调度和优化配置，节省能源，低碳运行；其能够支撑更加高效的生活环境和商业环境，使市民享受更高效、更便利的服务，拥有更健康、更便捷、更快乐的生活。

二、未来的可能场景

未来城市以城市居民为核心，围绕城市基础设施、城市管理、城市服务、城市安全、城市节能等多维度实现数字化、智能化的变革与再造。

数字化带来的改变，不是对现有城市建设的改变，城市的本质和功能没有太多的改变，其更多的是对现有城市建设、管理和服务的数字化的再造与升级，其更多的是用数字化手段实现城市治理、城市服务、城市生活的智慧化、便捷化，其本质还是围绕城市中的人来实现运行和演进的。

图 10-4　未来城市

1. 城市数字政务

未来城市的政务服务不再需要提供面对面的政务服务中心或服务场所，借助数字孪生技术，政府的政务服务形态会以数字政府或虚拟政府的形态呈现，政府将为城市居民或法人提供“去现场化”的政务服务，城市居民或法人办理各项业务时，不再需要到现场，通过数字孪生的数字化政务服务大厅，可以办理任何政务事项，即使是需要进行身份识别的事项也可以通过线上的虚拟政务服务大厅来完成，一切政务服务会变得更加快捷方便，一切政务服务都将是泛在化、实时化的，虚拟政府也许会成为直接面向公众服务的载体，政府政务服务的成本将大大降低，效率会大大提升，政务服务更多的是需要在线平台的管理服务人员进行实时的在线服务和后台管理，他们的办公将主要在线上完成。

2. 城市数字交通

未来城市中，交通将主要是由大数据、边缘计算等数字技术支撑的全智慧化交通通行体系，交通基础设施将部署大量的传感网络和边缘计算节点，构建智慧化的交通通行基础设施，以此为基础，将构建服务于城市交通的“车联网”体系，智能汽车将通过“车联网”与城市道路交通数字化基础设施形成高效、安全的车路智能化协同体系。在车路智能化协同体系的支撑下，城市出行将会变得算法化，城市交通将会以智能化算法为核心支撑，通过物联网、大数据与人工智能对城市的交通进行整体路线规划和调控引导，减缓交通拥堵，有效保障交通安全。交通管理将实现全域感知、实时感知、高校智慧化协同，交通运行将实现无缝化、智能化协同。

一方面，随着无人驾驶技术的更新迭代，无人驾驶将逐渐在地铁、高铁、火车、公交车、货运车、出租车以及私家车等领域普及应用，使智慧交通工具产生划时代的升级迭代，人们的交通工具没有改变，但是交通工具的运行方式和形态将被重新定义和再造。智能化的无人驾驶汽车与 5G、车联网结合进行智慧调度，将使道路拥堵大大减少，并可以通过收集高效率、高密度的感知数据，极大地确保行人的安全。未来城市将会出现分级街道，进行轨道交通、慢行交通等不同的街道分级设计，还会规划出无人驾驶专用车道。无人驾驶汽车（设施）甚至会成为空间的延伸，如可移动的咖啡馆、办公室、医疗站、酒店等。

另一方面，基于数字化技术的车路协同体系将催动智慧网联汽车的发展，智慧网联汽车可以实现车车互联、人车互联、车路互联等智慧化场景。例如，车载智能系统可以实现自动与智能家居、车主个人设备互联；在行驶过程中，车载智能系统可以自动地对驾驶员进行交通信号灯、车距、加油、检修的提醒；在到达目的地准备停车时，车载智能系统自动推荐附近的最佳停车场并辅助驾驶员安全停车；在到达目的地时，车载智能系统可以自动控制楼房住宅各种家用设备的开关。例如，可以通过车路协同网络实时调整一辆全自动驾驶的汽车的速度和方向，确保车辆行驶过程中的安全性，实现车车协同、车路协同。

未来城市在交通方面会充分利用地下空间，除了自动驾驶的地铁等地下客运体系，地下自动化货运体系也会兴起，物流车和快速车将会被安排在地下，如Boring公司的地下无人驾驶隧道及公交系统、雄安新区的地下物流系统等都是这方面的初始尝试。

3. 城市数字治理

未来城市将通过城市数字孪生汇聚GIS数据、影像数据、高程数据、

OSGB、BIM、专题数据等多维时空数据，对接生态、交通、医疗卫生、应急管理等不同领域的系统，以城市事件综合管理、重大事件和特殊场景需求为驱动，将“自学习、自优化、自演进”功能融入城市治理中，减少影响城市安全发展的风险隐患。例如，进行城市实时的智能监控、通过可视化大屏幕等设备发现问题，同时给城市管理层提供智能提醒，实现城市安全治理、环境治理的智慧化管控；通过获取城市运营数据，利用数据挖掘等技术实现有效的数据分析，为城市管理者提供综合的仪表视图和定制化支撑。

未来城市的基础设施将会更加智能化，未来包括公路、地铁等交通设施，排水、供电、通信等城市市政工程在内的传统基础设施领域，都将叠加传感器及检测调度平台等数字化图层，进行自主感知、检测、反馈和预警等。城市街道两边布置好无人垃圾环卫车和智能垃圾桶，取代了环卫工人的职责。

4．城市数字能源

未来城市将会构建低碳节能、和谐生态的生活居住环境，居民充分利用可再生能源进行健康低碳的城市生活。例如，基于数字化技术，智慧楼宇的建设将成为支撑城市楼宇低碳节能运行的关键所在。在住宅楼和办公楼等建筑物的顶部，甚至是窗户上铺设太阳能光伏发电设备，利用数字化技术和平台提供能源调控，根据建筑物的实际需求感知智慧化地为建筑物提供能源，多余的电能可以返回售电网，补贴在光照不足时向电网购电的费用。此外，通过数字化技术可以基于环境感知，智慧地调节城市楼宇的用水、用电，促进能源优化和节能减排；在道路上铺设光伏电池板来大面积地吸收太阳能，存储的电能用于发热融化道路的积雪、新能源汽车的充电以及点亮道路的标识信号等；将路灯通过传感设备感应到路过的行人和车辆，自动调节灯光的亮度大小，并且通过太阳能供电；在城市供电方面充分使用智能水表、能源检测调度平台。上述过程都将以数字化为支撑，实现数字化支撑下的能源协同和效率提升，通过数字化将会使能源转化效率、能源传输效率、能源基础设施利用效率、能源与经济社会的结合效率显著提升，最终实现能源系统更加高效、清洁、低碳。

5. 城市数字社区

数字社区将会是未来城市的一个重要应用场景，社区作为城市的一个小小的组成单元，功能上却具备了城市中的大部分要素，对城市的建设起着非常重要的作用。随着新一代数字技术的普及，数字社区将逐渐成为新形势下面向未来城市建设创新的一种新模式，通过对社区的家居、物业、商务、医疗等进行信息整合，实现居民生活的信息化、智能化，为社区居民带来便利、安全、舒适、高效、幸福的生活体验。例如，将社区一卡通、门禁系统、电梯警报系统等使用身份证识别技术、人脸识别技术采集的数据信息与公安系统联系起来，保证社区居民的生命财产安全和城市治安；在社区内设置物业服务机器人、环境清洁机器人、AI社区生活助手。未来智能化家居将会普及，如家居环境自动检测（PM2.5、温度、湿度等），门厅、客厅的智能门锁、智能摄像头、扫地机器人、智能家电，厨房的烟雾报警器、自动洗碗机，阳台的风雨传感器、门窗磁，卧室的电动窗帘、起夜灯、紧急按钮，等等。

未来的社区居住环境将会兼备更多办公、购物、娱乐等一系列配套空间，社区的功能由单一转变为混合。例如，燕京里是一个探索城市青年共享生活方式的社区，融合工作、生活、文化、娱乐于一体，其中的联合办公空间为整个社区的工作者提供了遇见和交流的机会，工作者可以自由地发挥创造的天性；万科设计公社是一个“居住+办公+商业”租赁型创业社区，其中共享办公场所使不同产业与工种在一个大的共享空间里进行协同创新，高效运作，共享资源和分享价值观。

随着线上零售业、外卖餐饮、网约车等商业服务的先后崛起，未来远程医疗、在线教育、养老服务等线上公共服务也将迅速发展，线上空间将会不断向线下空间渗透，城市社区服务的供给方式将会发生颠覆性转变，社区生活圈不再局限于实体空间组织和设施配置，而转向线上线下融合的模式。

三、潜在的措施需求

未来城市的建设需要政府解决各种困扰智慧城市建设和发展的关键性问题。

第一，数据开放共享与政府的支持。城市数据开放共享很重要，如积极建立城市数据开放平台、城市数据App等，政府负责建设和维护，市民、企业和公共组织积极参与。做好城市数据的运营，建立起全价值的数据链条。

第二，技术的应用与革新。将新兴信息技术创新应用在城市可持续发展中，如云计算、大数据、无人驾驶、人工智能、移动互联网等，可以在部分试点地区应用数据驱动、AI优先等发展理念。

第三，除了技术手段上的更新换代，还要以数据应用为驱动，充分利用数字化手段，打造物理空间、社会空间和数字空间的紧密耦合，重塑生产、生活、生态模式和体系。

第四，满足人民群众的需求。城市是为人服务的，注重以市民为中心，不仅逐渐成为城市数字化转型的基石，而且拉近了城市与市民社区的关系，为城市和市民社区关系创造了新的发展模式。

“人民城市人民建，人民城市为人民”，数字化城市从其建设之日起，就以更好地满足人们的需求为根本出发点，以动员更多的市民积极参与城市建设为行动指南，以推动数据合法、有序、充分、安全共享为基本路径，以运用大数据和数字技术提高居民生活质量为重要特征，并致力于推动城市数字化转型，构筑城市未来发展战略新优势。

参考文献

[1] 刘宝仲. 唐 · 长安城[J]. 西安建筑科技大学学报(自然科学版), 1984(1): 47-56.

[2] 宁欣. 唐代长安的城市建设与管理[J]. 人民论坛, 2020(Z1): 166-168.

[3] 张杨, 何依. 历史图景中的非正规城市形态及当代启示: 基于对《清明上河图》的解读[J]. 城市规划, 2021, 45(11): 83-95.

[4] 范登伟. 世界城市化的出现与发展[J]. 改革与开放, 2014(21): 35-38, 50.

[5] 龙瀛. WeSpace · 未来城市空间[J]. 中国建设信息化, 2020(21): 22-23.

[6] 方陵生. 中国智慧城市发展报告[J]. 世界科学, 2020(9): 43-45.

[7] 上海社科院信息研究所, 复旦大学智慧城市研究中心. 全球智慧之都报告(2020版)[R]. 2021.

[8] 曹银平. 以数字为基,共建新型智慧城市[J]. 自动化博览, 2021, 38(10): 7.

[9] 刘曼, 李晶, 冯宁. 关于建设智慧城市的探讨[N]. 衡水日报, 2021-11-04(A3).
[10] 许竹青, 骆艾荣. 数字城市的理念演化、主要类别及未来趋势研究[J]. 中国科技论坛, 2021(8): 101-107, 144.
[11] 中国电子技术标准化研究院, 腾讯云计算(北京)有限责任公司, 深圳市南山区政务服务数据管理局, 等. 城市数字孪生标准化白皮书（2022版）[R]. 2022.
[12] 叶继红. 提升城市社区智慧治理效能[N]. 中国社会科学报, 2021-11-25(8).

第十一章

数字化转型与再造面临的问题

第一节　技术的局限性

21 世纪以来，互联网革命推动新一轮数字技术的变革式发展，光纤网络的大规模部署极大地拓展了全球、全社会、全领域的互联互通，从 2G 到 5G，一个万物互联的时代正在向我们走来。在此驱动下，移动互联网、物联网、云计算、大数据、人工智能、区块链、工业互联网、数字孪生等技术取得了前所未有的发展，开启了从互联网领域向社会各领域的全面渗透，数字化解决了人类的交互与交流问题，提高了全社会信息流动的效率，解决了信息传递和信息不对称问题，数据和信息在全社会领域高效流动，促进了各行各业的高效运转和协作，促进了很多行业和领域的降本增效。数字化带来了 QQ、微信等即时通信工具，数字化带来了淘宝、京东等实时购物平台，数字化带来了遍布社会各个角落的移动支付，数字化带来了便利快捷的物流服务，数字化带来了方便快捷的政务服务平台，数字化带来了工业领域的新一轮再造和智能化升级，数字化正以前所未有的速度推动各行各业、社会各领域的深刻转型与变革，人们期待数字化带来更大的提升，实现更大的突破。智能驾驶期待借助人工智能实现更大的智能化突破，实现 L3 级乃至更高等级的跃升，工业生产场景期待借助人工智能实现进一步的无人化替代，商业领域期待人工智能实现更强的视觉分析、语音分析、预测分析，人们期待人工智能能够更加“聪明”地模拟人的思维模式进行分析和决策。元宇宙为人类描绘了一个无限美好、无限可能的虚拟世界，然而，数字技术的发展真的能够带来无限突破或无限提升吗？恐怕现实没有那么“从容”。

一、数据存储的极限

互联网时代的到来触发了海量数据时代的到来，人类的数据量开始了前所未有的增长，2021 年，全球数据总产量达到惊人的 67ZB，比 2020 年的 44ZB 增长了 23ZB，这是一个什么概念，这相当于 2015 年之前全球 20 多年的数据总量，预计未来 3 年的数据产量将超出过去 30 年的总和。这预示着需要新增更多的设施来存储日益增长的数据，然而存储真的能够无限扩展吗？目前看来，数据存储设备的增速已经低于数据量的增速，很多公司开始优化数据的存储，删除不必要的数据，减少存储开销。

二、人工智能的技术局限性

2016 年 3 月，人工智能AlphaGo（阿尔法围棋）与围棋世界冠军、职业九段棋手李世石进行围棋人机大战，以 4 ：1 的总比分获胜，震惊世界。2017 年 5 月，在中国乌镇围棋峰会上，AlphaGo又以 3 ：0 的总比分战胜排名世界第一的世界围棋冠军柯洁。围棋界公认AlphaGo的棋力已经超过人类顶尖职业围棋选手的水平。2017 年 10 月 18 日，DeepMind团队公布了最强版AlphaGo Zero，其智能化水平进一步提升。AlphaGo用到了很多新技术，如神经网络、深度学习、蒙特卡洛树搜索法等，使其实力有了实质性的飞跃。

在计算机视觉领域，人工智能的技术进步不断提升人脸识别的精度；在自然语言处理领域，人工智能的技术进步不断提升文本识别的精度。

然而，人工智能的技术进步更多的是来自计算力的提升，人工智能并没有真正意义上具备人类的思维方式和思维能力，其更多的是对人类思维方式的模拟，以其计算力实现了某种意义上的智能提升。人工智能现在更需要的是“思维力”的提升，使其能够像人一样的“思考”。自然语言处理需要更深的语义理解能力，计算机视觉需要更深的行为识别能力，这些都需要人工智能技术突破现有瓶颈，或者另辟蹊径。

三、大数据及其计算的技术局限性

起初，在互联网和电商领域，大数据以其强大的知识发现能力助力互联网和电商的数据应用和商业支撑，助推业务发展。然而，大数据及其计算的典型特点是计算关联性和可能性，并不追求绝对的因果关系和绝对的精准性，其计算结果更多地应用于对精度和精准性要求不高的商业领域和社会治理领域，更多地进行趋势预测。当然，人类社会本来就是各种可能性的组合，也许本身人类社会的运转就存在各种各样的可能性和不确定性，这并不妨碍大数据的应用。另外，数据质量影响大数据计算和分析的可靠性，互联网上的很多数据本身就可能是虚假的数据或者“被污染”的数据，数据源头的“污染”本身就会影响大数据分析的质量和结果。此外，由于大数据本身具有重要的商业价值和战略价值，为了保护数据安全和隐私，商业领域的数据和政务领域的数据相对孤立，目前还没有很好的、很顺畅的数据流通模式，数据要素的活力尚未被完全激发，这制约了大数据的进一步发展。

第二节　场景的局限性

数字技术的飞速发展带来社会各领域的数字化变革与发展，商业领域各类电商服务平台层出不穷，带来线上线下的变革与翻转；高速公路的收费站逐渐部署ETC自动化收费，一大批收费人员被替换；无接触收费或无接触结算逐渐在停车场、超市、购票大厅等场景下被广泛应用；工业场景中很多重复性的工作和流程被智能化的机械手臂或装置代替，很多仓储物流基地在进行智慧仓储和智慧物流的建设与升级；在广阔的土地上，无人耕种一体机和无人收割一体机有了一定的普及和应用；在广阔的草原上，每一只羊身上都绑定北斗定位设备，手机上的软件可以实时定位羊群的位置，牧民可以实现远程放牧。数字化似乎在向各种场景渗透和革新，然而，场景真的如此丰富吗？其实，数字化在进行场景推广和应用过程中仍然面临不少问题。

1. 真正的数据生态体系并未有效形成

虽然贵州、上海等地都相继建立了数据交易所，积极推动数据的流通与应用，激活数据要素价值，但是，不可否认的是，商业数据一直是被相关平台垄断或独占的，政务数据的共享与开放一直不太乐观，各地的开放程度和开放形式参差不齐，数据确权、数据立法、数据交易等进展缓慢，数据共享和交换的商业模式还有待突破，还面临数据安全和隐私问题、数据的权责问题等一系列棘手的问题，此外，还未能形成政务数据和社会数据融合共用的生态局面。因此，构建良好的数据生态体系和应用场景任重道远。

2. 智能驾驶的场景还有待进一步突破

以人工智能为支撑的智能驾驶应该是近年来最受瞩目的一个领域，从智能（无人）送货小车到智能（无人驾驶）汽车的路测，从地铁到高铁，从货运铁路到货运航路，从公交到出租，众多的场景下，智能（无人）驾驶技术不断地被应用和尝试，然而，未来，也许地铁、高铁这些具有固定轨道的应用场景可以较快、较好地普及智能化无人驾驶，但是公路上的无人驾驶技术和场景化应用或许还有很长的路要走。高速公路的路况较为简单，场景化应用相对容易，但是城市道路交通的路况较为复杂，涉及气候、突发事件以及不遵守交通法规等众多因素，因此其场景的适应性测试还有很长的路要走，交通数字化基础设施的改造和交通法规的严格执行也是非常重要的影响因素。类似智能驾驶这样存在场景局限性的领域还有很多，这都需要政策、技术以及企业等要素的进一步聚合。

第三节　社会的局限性

人类社会的基本组成是人，人类社会的基本需求来源于人，人类社会的经济运行、工作、生活等各类场景都是围绕人展开的。有些行业或领域期待数字化的渗透和数字化带来的变革，但是有些行业或领域并不太欢迎数字化的渗透和变革。例如，在消费领域，大众非常欢迎电商带来的便捷性，但是很多经销商并不欢迎电商，因为电商夺走了他们的收益。在移动支付领域，快速、便捷、可靠的数字化支付极大地便利了人们的生活，但是在高速公路收费站、地下停车场、超市收银台等场景下，很多人却失掉了自己的工作，他们对数字化充满“恨意”。在商场，人们并不是很喜欢自动导购机的存在；在餐馆，人们并不是很习惯自动送菜机的服务；在家里，人们习惯了自动扫地机，但是并不是太习惯跟一台智能机器对话；在学校，在线课程的普及也并不是太理想，很多老师和学生还是更喜欢面对面地交流和学习。也许，这些正是作为“社会化”的人的独特特点所带来的社会的局限性，这种局限性使数字化并非能够实现全场景的广泛替代，至少目前还不行。

另外，社会中很大一批老年人并不是太接受或欢迎数字化，很多老年人还在用老人机或过去的非智能手机，其在外出旅行、支付购物、银行存取款等场景下还在使用传统的方式，数字化的渗透率比较低，数字化在这些人当中也很难推动，他们的生活习惯使他们并不是太喜欢数字化，他们惧怕接触和使用数字化带来的风险。社会发展长期形成的一些社会固有习惯，在短时间内很难解决这些问题，这些问题的解决还需要社会的不断进步和时间的不断迭代。

第四节　需求的局限性

这里所指的需求不是指市场的需求，主要是指人的需求。通常，我们会说人的需求或欲望是无穷无尽的，但是人的需求基本上都是围绕人的“衣、食、住、行、文、娱、感”等几个层面展开的。在这些领域，数字化取得了前所未有的发展，提升效率，提升服务，突出解决了人们追求的“方便”问题。然而，人的需求也有局限性，有些场景可以进行数字化的迭代，但是人们不想让数字化进行改造，出于习惯和自身的好恶，在与人沟通或面向人的服务的场景中，人们并不是太喜欢跟某个设备直接打交道，人们对机器还有天然的隔阂，这除了新鲜度之外，其实还有人的适应度和亲和感的问题，数字化或数字化设备在很长时间内恐怕都解决不了人们在情感上亲和度和亲近感的需求。

第五节　实施的局限性

由于实施主体的负责人的数字化认知水平、实施主体的政策环境的局限性以及实施主体的整体数字化水平的制约，商业领域的数字化大多是商业利益驱动的，数字化带来效率和收益的提升。很多企业的数字化往往是任务驱动的，有时候缺乏“一把手”的关注，数字化的实施就会出现很多问题；一些企业更换了“一把手”，往往对数字化的要求或理念就改变了，导致数字化“推倒”从来；由于缺乏“一把手”的支持，往往数字化建成之后很难与企业的实际管理和业务应用融为一体，导致数字化的实现效能“大打折扣”。通常只有数字化之“外表”，缺乏数字化之“内核”，数字化只是一个“面子工程”，缺乏与企业实际管理和业务的深度融合，其本质就是缺乏基于数字化的应用场景的流程再造。因此，真正的数字化的完全渗透和有效实施或许还需要更多的迭代和更大的努力。

不可否认，数字化已经成为一种必然趋势，这种趋势取决于人的需求和应用场景的需求，同时，也会受到技术局限性、场景局限性、社会局限性和需求局限性的制约。因此，想要做好数字化和数字化的转型，需要进一步解决上述各种局限性问题，需要领域专家、数字化专家、社会各个应用场景的需求方共同努力。

第十二章
数字化的未来

第一节　数字化渗透及数字化转型具有必然性

人类历史的演进历程告诉我们，生产工具和生产资料的变革不断推进人类社会的演进和发展。当前，人类正在经历新一轮的经济危机和经济衰退，世界进入新的动荡变革周期。人类工业革命以来的近代史表明，经济的见顶往往伴随着科学技术的创新发展和社会各领域的转型升级。

当前，世界正在经历“百年未有之大变局”，国际格局和国际体系正在发生深刻调整，全球治理体系正在发生深刻变革，国际力量对比正在发生近代以来最具革命性的变化，世界范围呈现出影响人类历史进程和趋向的重大态势。纵观人类历史，世界发展从来都是各种矛盾相互交织、相互作用的综合结果，大变局孕育于其中，演进于其中。在如此的大变局和大变革过程中，全球范围内的经济社会变革和科技变革如火如荼，数字经济正在成为驱动经济社会转型变革的核心驱动。当前，全球已经进入数字经济时代，世界主要经济强国都在加大数字经济领域的投入，数字经济已经成为支撑当前和未来世界经济发展的重要动力。数字经济的出现与发展，极大地推动了我国经济的发展，我国数字社会的建设走在全球前列，推动了各领域的数字化融合创新，深刻影响着经济和社会的发展，人们的工作和生活都发生深刻的变化，生活工作更加便利、更加高效，使得我国依托数字经济成为网民第一大国、移动支付第一大国、电商第一大国。我国具有最广泛的人数众多的网民基础，我国具有最广泛的网络基础设施，我国具有最广泛的社会应用场景，我国具有丰富的数据积累和持续、快速的数据增长，我国具有较为丰富的数字人才资源，这些都为我国全方位推动数字经济的发展和各领域的数字化转型奠定了基础。

从经济社会发展和各行业领域的发展现状来看，“新零售”“新制造”“新文化”“新金融”“新能源”等众多的新场景都需要“新基建”的支撑。未来，社会对5G基站建设、特高压、城际高速铁路和城市轨道交通、新能源汽车充电桩、大数据中心、人工智能、工业互联网等“新基建”的需求会越来越旺盛，“新基建”成为助推各领域数字化转型的关键。

2020年以来，数字经济方面的政策陆续出台，2020年发布的《关于加快推进国有企业数字化转型工作的通知》明确指出要加快推进国有企业数字化发展、构筑国有经济数字时代竞争新优势。2021年发布的《中华人民共和国国民经济和社会发展第十四个五年规划和2035年远景目标纲要》提出，迎接数字时代，以数字化转型整体驱动生产方式、生活方式和治理方式变革。国有企业应主动把握数字化发展机遇，扎实推动数字化转型。2021年发布的《“十四五”数字经济发展规划》指出，数字经济是继农业经济、工业经济之后的主要经济形态，是以数据资源为关键要素，以现代信息网络为主要载体，以信息通信技术融合应用、全要素数字化转型为重要推动力，促进公平与效率更加统一的新经济形态。数字经济发展速度之快、辐射范围之广、影响程度之深前所未有，正推动生产方式、生活方式和治理方式深刻变革，成为重组全球要素资源、重塑全球经济结构、改变全球竞争格局的关键力量。“十四五”时期，我国数字经济转向深化应用、规范发展、普惠共享的新阶段。为应对新形势新挑战，把握数字化发展新机遇，拓展经济发展新空间，推动我国数字经济健康发展。其指导思想是：以数据为关键要素，以数字技术与实体经济深度融合为主线，加强数字基础设施建设，完善数字经济治理体系，协同推进数字产业化和产业数字化，赋能传统产业转型升级，培育新产业新业态新模式，不断做强做优做大我国数字经济，为构建数字中国提供有力支撑。

以云计算、大数据、人工智能、区块链为代表的数字技术正在成为支撑各行各业转型升级的核心力量，各行各业的技术革新都需要以数字化为支撑，推进以技术升级、管理革新和效率提升为目标的数字化转型，赋能各个环节。

随着以云计算、大数据、物联网、人工智能、数字孪生为代表的数字技术不断发展和成熟，企业进行采购、生产、运营、销售等行为所面对的内外部环境正在发生深刻改变。应对跨行业的潜在竞争者、紧跟快速演进的消费者需求，革新企业架构、整合已有资源形成战略竞争优势等具有必要性和紧迫性，这就促使大批传统企业纷纷进行数字化转型。数字化转型已经成为驱动企业“转型升级、提升效益”的重要路径，尤其是近年来，面对数字技术突飞猛进、政府政策倾斜支持、新冠肺炎疫情反向刺激，国内企业均从各个环节开始着手进行数字化转型，以期达到提效降本的目的。

第二节　数字化转型的未来趋势

数字化浪潮以及新冠肺炎疫情深刻改变着经济社会的发展的内在逻辑和节奏，经济形势的变化和企业适应数字化发展的现实需要加快了企业对数字化转型道路的战略选择。未来，数字经济和实体经济将进一步深度融合和发展，各行业、各领域的数字化转型既有共性、又有个性，但是总体上呈现出一些基本趋势。

◎趋势一：数据的汇聚和有效利用是各行业领域数字化转型的关键。发挥数据要素价值、夯实数据治理能力、积累“数据资产”成为未来的必然趋势。

数据是数字经济时代的生产要素，是推动各领域数字化转型的关键支撑，数据要素成为继土地、资金、能源、科技、人才之后的又一生产要素，我国高度重视培育数据要素市场，党的十九届四中全会首次将数据作为新的生产要素，十九届五中全会再次确立了数据要素的市场地位。2021 年国务院印发《“十四五”数字经济发展规划》，该规划对数据要素做出专章部署，提出强化高质量数据要素供给、加快数据要素市场化流通、创新数据要素开发利用机制等重点任务举措，对于加快形成数据要素市场体系、促进数字经济高质量发展具有重要意义。

生产要素市场除了金融市场（资金市场）、劳动力市场、房地产市场、技术市场、信息市场、产权市场等，又新增了数据要素市场。当前，我国数据供给的动力机制尚不完善，数据流通活力不足，严重制约了建立开放共享型数字经济。以公共数据为例，政务服务、教育、医疗、交通、能源等领域还存在大量沉睡数据，如能充分开发利用，对于支撑促进经济社会发展具有重要意义，并可进一步带动更大范围的数据流通。此外，我国在数据采集加工等相关方面的制度、规范、标准等尚不成熟，从事数据清洗、分析和挖掘机构的专业能力有待提升，数据服务水平难以满足产业发展实际需求。另外，数据流通环境不够成熟，成为制约数据要素市场建立的重要因素。贵阳、上海、广州等地都在积极探索数据交易所，数据交易所聚焦数据确权难、定价难、互信难、入场难、监管难等影响数据流通的关键共性难题，积极开展数据交易探索和数据要素流通机制，一是积极构建数据交易生态体系，涵盖数据交易主体、数据合规咨询、质量评估、资产评估、交付等多领域，培育和规范新主体，构筑更加繁荣的流通交易生态；二是探索构建数据交易配套制度，涵盖从数据交易所、数据交易主体到数据交易生态体系的各类办法、规范、指引及标准，让数据流通交易有规可循、有章可依。上述探索旨在打通政务数据、社会数据的共享应用通道，激活数据价值，支撑各领域的数字化转型。

数字经济和实体经济的融合日益紧密，未来，数据将帮助制造业企业实现从“规模生产”到“规模定制”，有效支撑个性化定制、体验式制造、网络制造等柔性化新型制造业态。在医疗、教育、交通等众多关乎民生的领域，数据要素的充分运用推动相关应用向数字化、智能化方向发展，促进提升人民生活的幸福感。数据要素的价值，越来越多地体现在促进降低生产成本、提高生产效率、改善生活水平等方面，这都需要通过紧密围绕市场需求、应用需求，做到最大限度地激发数据要素潜力。在这样的背景下，各行业领域的数字化转型的核心基础是“数据驱动”。

与工业时代不同，未来，各行业、各领域、各企业的竞争已经不仅仅是劳动、资本、资源的竞争，数据连同其衍生的信息的竞争将成为关键的影响因素。企业竞争的本质是在不确定环境下为谋求自身生存与发展而展开的对各类生产要素的争夺和较量，对企业在劳动、技术、数据等不同生产要素构成比重差异分析可以发现，虽然并非绝对，但是技术正逐渐向数据让渡企业竞争核心要素的地位。在工业时代，人们根据产业和企业对劳动、资本、资源的依赖程度，把产业和企业分为劳动密集型产业（企业）、资本密集型产业（企业）、资源密集型产业（企业）。在以数字技术为生产力的时代，数据密集型行业（企业）也许会发挥更大、更重要的价值。数据密集型行业（企业）将依赖丰富的数据资源，实现数据的价值化应用，用知识创造价值。麦肯锡咨询公司也曾提出过相关概念，认为ICT行业、金融业、零售业、公共事业等行业属于数据密集型行业，而低端制造业、农业、建筑业等行业则属于非数据密集型行业。企业竞争正从要素、市场、技术等资源竞争向数据竞争转变，数据成为企业占据产业竞争制高点的核心驱动要素。

各级政府机构、传统大中型企业等大多进行了不同程度的信息化建设，具有了丰富的信息化基础和数据资源，未来，在数字化转型过程中，首先要解决的就是数据的汇聚、共享和有效利用问题，形成支撑业务和服务的“数据资产”。很多行业和领域在采用“数据中台”的方式实现数据的汇聚，对数据实施标准化、集成化和敏捷化应用，助力生产、运营管理、服务的各环节的数字化转型升级。

未来，数据感知、数据处理与分析、数据可视化、数据共享与应用等数据全生命周期的各个环节将成为融合和支撑各行业、各领域业务开展的关键。

首先，从数据汇聚和数据资产化（资源化）的角度来看，当感知无所不在、连接无所不在，数据也将无所不在。所有的生产装备、感知设备、联网终端、服务设备，包括生产者和服务者本身都在源源不断地产生数据资源，这些资源渗透到产品设计、建模、工艺、维护等全生命周期，渗透到政府公共服务、社会服务以及企业的生产、运营、管理、服务等产业链各个环节，甚至渗透到供应商、合作伙伴、客户等全价值链，正成为政府治理、政府公共服务以及企业生产运营的重要基石。

其次，从数据治理的角度来看，数字化转型逐渐成为各行各业在数字经济时代的必然选择，而数据治理能力则是数字化转型中的核心能力。数据主导的竞争态势已经成为各行业、各领域的战略性问题，数据标准、数据规范、数据质量、数据安全等各类规则和规范需要被制定、探索和实践，其将在未来成为数据治理的重要组成要素。

最后，从数据驱动和数据赋能的角度来看，政府通过汇聚散落在不同部门和不通过系统的数据，以推动政府治理和政府公共服务的效能和效率的提升，建设新型数字政府，赋能政府治理能力现代化，企业通过分散在设计、生产、采购、销售、经营、财务及服务等部门的业务系统对生产全过程、产品全生命周期、供应链各环节的数据进行采集、存储、分析、挖掘，确保企业内的所有部门以相同的数据协同工作，实现业务协同，从而通过数据价值再造实现生产、业务、管理和决策等过程的优化，提升企业的生产运营效率，实现企业的效益提升。

◎趋势二：数字化将驱动经济社会发展模式的转变。

线上线下融合的政府治理及其政务服务模式将向纯粹在线化的数字政府模式转变。建立在大规模生产基础上的规模经济将向建立在精准数据分析基础上的范围经济转变。现阶段，我们实现了政府从以监管为核心向以服务为核心的模式转变，政府更加注重以数字化支撑服务型政府建设，数字化带来政府治理模式的深刻变化，企业生产模式由传统的计划经济转变为市场经济的模式，又在市场经济的基础上向“以用户为中心”的生产模式转变。数字生产力的发展，则更加强调在资源共享条件下，长尾中蕴含的多品种产品协调满足客户的个性化需求，以及企业、产业间的分工协作带来经济效益，这是一种追求多品种产品成本弱增性的范围经济模式。在数字生产力带来的范围经济发展中，生产运行方式、组织管理模式、服务方式都会发生根本性变化。企业的智能化生产更多地服务于用户的个性化需求，以消费互联网驱动的工业互联网生产模式正在取代传统的“生产-消费”模式，向“需求-生产”模式转变。“80后”“90后”“00后”“10后”以及未来的“20后”，更加习惯于在网络上解决各种各样的问题，他们的工作、生活和娱乐等方式更加依赖于网络化和数字化的方式，经济社会中的数字化运行环境已然形成。

现阶段，数字政府呈现出两种形态，一种是基于数字化平台实现线上政务服务，另一种是基于数字化平台实现线下政务服务。其实，其背后的逻辑都是基于数字化平台实现各类业务的办理，所不同的是线上政务服务是借助网络与数字化后台直接产生交互，完成业务办理，而线下政务服务是通过办公人员与数字化后台产生交互。两者的本质是相同的，都是通过数字化后台办理各类业务，所不同的是管理逻辑或服务逻辑的需求，但是，这个在技术上是可以解决的，未来，数字政府会变成真正的“数字政府”，也就是前文作者所提出的“去现场化”“非接触”“全线上”的“数字政府”，政府的线下政务服务大厅应该完全取消，取而代之的是纯粹线上的政务服务，无论什么样的政务服务都可以实现线上的“一站式办理”，线下的政务服务中心或办事大厅可以转化为数字化服务中心，更多的是借助数字化政务服务平台实现线上服务。

这里所说的数字商业不再是简单的互联网电商，早期的互联网改变的更多是人们的购物方式（由线下迁移到了线上），减少了“中间商”环节，给用户带来了便捷和实惠。客观上看，互联网电商改变了传统商业模式的 3 个方面：一是购物场景的网络化，实时的在线购物和支付；二是商品销售的扁平化，省去了“中间商”环节和购物的往返环节；三是营销推广和寻找用户的数据化，借助大数据分析，商品的营销推广和用户的精准识别成为可能，商品的销售更具精准性。未来，随着“元宇宙”的崛起，数字商业将产生更加深刻的变革。一是形式之变。借助“元宇宙”，我们可以构筑与现实世界平行的数字孪生世界，在元宇宙虚拟场景下构筑新型在线购物商场，以“3D”或“类 3D”的形式实现 1 ：1 的可视化购物场景，线上与线下真实的购物场景一一对应，用户可以在线下真实的体验商品，也可以在线上 360° 了解商品或选购商品。也可以构筑超现实的“新宇宙”，新宇宙中的新的购物广场完全展现更加科幻或更加舒适的购物环境，用户同样可以在线上 360° 了解商品或选购商品，就像游戏一样，在一个虚构的场景下体验购物的快乐。二是模式之变，精准的需求发现和客户捕捉。以用户需求为牵引，通过在线售卖驱动工业的个性化生产，直接实现物流交付，在此过程中，销售端可以进行精准的营销和精准的客户服务，生产端可以通过数字化调动整个产业链进行智能化协同生产，物流配送端可以借助物联网实现精准快速的物流服务；三是“造物”之变，也可以理解为创造之变。未来的网络彰显的应该是各种各样的个性化创造，互联网、数字化及其建构的“共享”平台将催生围绕知识与创意的各种创新。在数字知识产权的加持下，人们可以利用互联网和数字化创造绘画、创造数字化创意品、创造视频、创造数字化文化作品、创造个性化产品，一切都可以被不同的人创造，被不同的人欣赏和需要。只要有需求，人人都可以通过互联网和数字化方式创造产品和价值。

◎趋势三：行业的数字化再造与变革不可逆转。

如今，经济社会的各行各业基本上都会用到数字化的支撑或协同，要么在一个环节，要么在多个环节，要么在所有环节。从办公到交流，从OA管理到财务管控，从销售到服务，人们工作生活的各个环节都有数字化的痕迹。未来，数字化是常态，而不是例外，像当年的电气化之路一样，各行各业也必将经历数字化转型之路。从社会到商业，从工业到农业，从陆地到海洋，从科技到军事，各行各业、各个领域都需要积极拥抱数字化，积极推进各领域、各环节的数字化转型。

在商业领域，数字化固然已经很发达，但是，数字化的变革与创新依旧值得期待，个性化、精准化、泛在化的商业服务依旧是商业领域追求的目标。所不同的是，商业领域更加期待数字化能够带来新的创新，带来新的商业模式，带来新的商业变革。

在军事领域，传统的军事训练和军事作战将在数字化的加持下发生前所未有的变革，以数字化支撑的虚拟化仿真训练将广泛应用于初始的场景适应性训练或日常的作战训练中，“云宇宙”的虚拟现实和增强现实可以真实地模拟各种战场环境，让士兵得到全方位的真实体验和战场训练。以数字化为核心支撑的数字化作战平台、战场态势感知系统、新一代兵棋推演系统以及超视距作战系统等都将被进一步完善和应用于未来战场，无人机、无人坦克、无人舰艇、机器狗、机器昆虫等各类数字化驱动的无人装备将逐渐进入实战化部署。

在社会生活领域，以智慧交通和智慧楼宇为核心支撑的智慧城市建设将成为未来城市发展的必然趋势。智能信号灯、智慧门禁、智慧节能、智慧社区、智能家居，这些都将成为未来数字化转型的落脚点。以元宇宙为支撑的新娱乐、新社交、新购物将成为人们日常生活中的新形态，戴上特殊的装备，可以快速地进入一个无与伦比的虚拟场景，可以游戏、可以购物、可以聊天、可以开会、可以学习，一切都会变得截然不同，也可以有无限想象和无限可能，这也许更能够吸引年轻人的目光。虚拟数字人会成为一种“好玩”的存在，智能家居的智能显示屏上可以有“虚拟数字人”，你的手机上可以有“虚拟数字人”，你的游戏场景中可以有“虚拟数字人”，你的学习过程中可以有“虚拟数字人”，你的日常生活中可以有“虚拟数字人”，这个“虚拟数字人”可以在多个设备上迁移，但是其能够实现伴随式的学习和个性化的学习（人工智能机器学习），习惯你各方面的特点，成为你生命或生活中的一部分，成为每天陪伴你的“伙伴”。

◎趋势四：数字化驱动的学科交叉成为必然趋势。

在科学研究领域，数字化将融入各个领域的科学研究当中，数字化带来的是计算工具之变、计算方法之变以及实验方法之变。化学实验、生物实验等都可以用数字化实现数据统计和实验分析；新药品的研制也可以借助数字化的数据采集和分析手段，研制新药的速度显著提升。数字化带来的学科交叉和学科融合发展成为必然趋势，未来，科学研究领域的数字化更多的是以数字化方法或数字化工具驱动服务于科学研究，以期提升科学研究的效率和效果，加速成果的产出和转化。

1. 司法领域

当前，在司法领域，已经相继出现智慧公安、智慧法院、智慧检务、智慧司法等人工智能的具体化实践与应用。

最近，计算法学也成为热门领域，计算法学是以具有数量变化关系的法律现象为研究的出发点，采用统计学、现代数学、计算智能等技术方法对相关数据进行研究，旨在通过实证研究评估司法的实际效果、反思法律规范立法的合理性，探究法律规范与经济社会的内在关系。2019 年 9 月 20 日，清华大学、上海交通大学、华中科技大学、东南大学、四川大学、西南政法大学 6 所高校在清华大学法学院成立中国计算法学发展联盟。2021 年，中国计算机学会（CCF）开设了学科交叉的计算法学分会。

计算法学分会设定的“计算法学”的研究目标是：计算法学的研究领域包括：

（1）基于中国大数据优势的预测式侦查、警务以及电子证据，同时开展关于判决预测和法律文书自动生成的实证研究；

（2）立法、司法、执法以及纠纷解决的智能化，在重点场景形成深度应用创新的产学研一体化生态社区，不断开发新型法律科技和服务软件；

（3）计算机语义系统以及规则本位和案例本位的自动法律推理，致力于提升计算法学应用基础研究和科学理论研究的水准；

（4）数字经济发展中涌现的各种法律科技问题和知识产权问题的解决，探索数据信托功能的不同机制设计；

（5）加强关于数据伦理、数据合规、算法公正、算法透明的国际对话，健全人工智能治理体系。

上述学科交叉的研究其实更多的是人工智能在司法领域的应用问题，体现的是人工智能在这一领域的有效应用和场景化发展问题。

未来，律师助理可能会丢掉工作，律师只需要依托“司法智能助理”就可以完成大部分的法律准备工作，法条查询、案件分析、类案推荐等都可以通过人工智能支撑的数字化手段实现。法官的工作将变得更加便捷，法官依托“司法智能助理”就可以实现自动分案、类案推送、审判分析、量刑建议等智能化辅助，就可以实现对审判案件的快速处理。也许未来的法律专业也需要学习不少数字化的知识和技能。

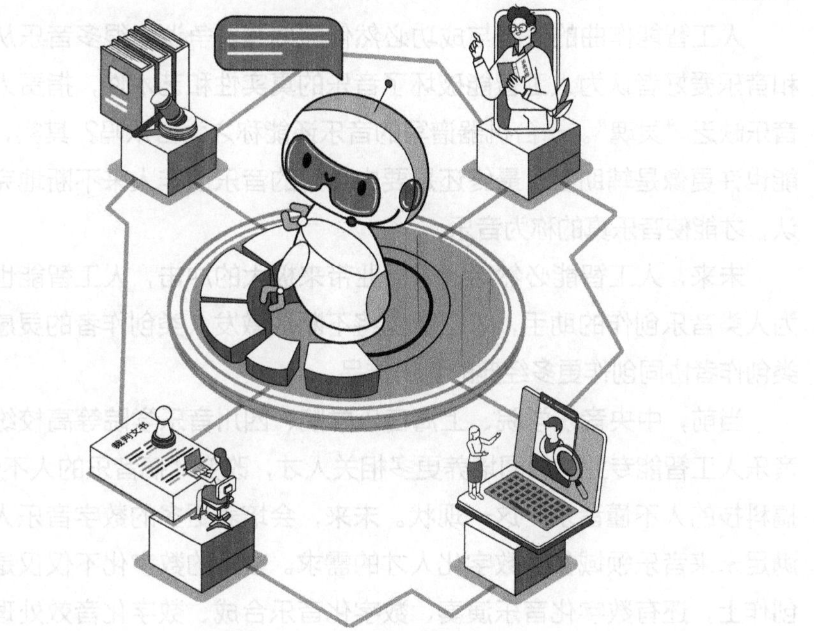

图 12-1　司法智能助理

2. 艺术领域

2021年，中国计算机学会正式成立计算艺术分会（CA），CCF计算艺术分会作为一个涉及音乐、美术、设计等多种艺术形式与计算机学科的交叉领域，是学科融合的集成创新。官方给出的其职能是：CCF计算艺术分会将聚焦于机器学习等人工智能技术对音乐、美术、设计、影视、动画、戏剧、戏曲、广播电视等多种艺术学科的和谐共融的发展，团结、联合、组织艺术与科技领域的专业人才，促进学术交流和产学研合作，加快艺术科技的产业化。

在音乐市场领域，近年来逐渐出现了人工智能的身影。2019年，深圳交响乐团上演了全球首部AI交响变奏曲《我和我的祖国》；2021年年底，全球首部人工智能生成的古琴曲《烛》完成首演；2021年年底，贝多芬管弦乐团在波恩首演人工智能谱写完成的贝多芬未完成之作《第十交响曲》，许多观众用“震撼”“贝多芬复活”形容现场感受，“不确定哪些是贝多芬，哪些是人工智能添加的”是很多人的共识，这充分彰显出人工智能的“智能”和“创造性”，这也刷新了很多人的认知，这样“逆天”的能力让人难以想象。

人工智能作曲的兴起与成功必然伴随着诸多争议，很多音乐从业人员和音乐爱好者认为人工智能破坏了音乐的真实性和艺术性，指责人工智能音乐缺乏“灵魂”。一台机器谱写的音乐还能称之为音乐吗？其实，人工智能也许更像是辅助者，最终还是要由真正的音乐创作人来不断地完善和确认，才能使音乐真的称为音乐。

未来，人工智能必然给音乐行业带来极大的冲击，人工智能也必将成为人类音乐创作的助手，人工智能将不断地激发人类创作者的灵感，与人类创作者协同创作更多经典的音乐作品。

当前，中央音乐学院、上海音乐学院、四川音乐学院等高校纷纷开设音乐人工智能专业，力图培养更多相关人才，改变“搞音乐的人不懂科技，搞科技的人不懂音乐”这一现状。未来，会培养更多的数字音乐人才，来满足未来音乐领域各类数字化人才的需求。音乐的数字化不仅仅是音乐的创作上，还有数字化音乐演奏、数字化音乐合成、数字化音效处理、数字化虚拟人的音乐演唱，等等。

艺术与数字化的交叉融合也不断震撼人心，早期，人们也创造出了用于各种数字化艺术品、动漫、游戏、科幻电影的数字化工具，利用这些工具，设计并制造了各种各样的数字化艺术品或作品，人们越来越适应各种各样数字化创作出来的作品。在绘画方面，起初，人们只是用数字化的手段临摹各种名画或对各类绘画艺术作品进行工业化生产。随着与人工智能的深入结合，人们开始尝试用人工智能进行绘画，人工智能绘画开创了一个区别于人类绘画的方向，人工智能绘画通常展现出神秘、绚丽、深沉、复杂、科技感强、时代感强等特点，体现出非凡的想象力。在不断地对人类图片和绘画的学习认知过程中，人工智能也逐渐地在掌握人类绘画的样式、技巧和“思维”，虽然人工智能没有思维，但是，其创作出来的画作越来越难以“区分”。2021 年 1 月，美国著名人工智能实验室OpenAI推出了“DALL-E”算法，这个算法可以“通过自然语言的描述创造逼真的图像和艺术”。2022 年 4 月，“达利二代”（DALL-E · 2）上线了，其生成的图像更加真实准确，分辨率提高了 4 倍，画面的美感和艺术氛围更是与“达利一代”不可同日而语。有趣的是，2022 年 9 月，在美国科罗拉多州博览会的艺术比赛中，《太空歌剧院》这一作品获得了该项比赛中“数字艺术”类别的第一名，而《太空歌剧院》正是人类借助人工智能创作出来的艺术作品。

图 12-2 《太空歌剧院》

图 12-3、图 12-4 也是由人工智能创作出来的作品，对于不是艺术领域的普通民众来说，我们很难分辨出哪些是人画出来的，哪些是人工智能画出来的。

图 12-3　人工智能创作作品 1

图 12-4　人工智能创作作品 2

这是不是意味着未来的艺术创作是人机协同的艺术创作模式？很多人对此持欢迎的态度，但是也有人担心人工智能会不会取代人类艺术家？其实，从现在人工智能“画家”所展现出来的能力来看，其更多的还是不断地学习人类画家的作画风格，“模拟”人类画家进行绘画，在可预见的时间内，我们还是应该倾向于相信人工智能还不会具备人类的思维，还不会具备人类的深度思考和高度抽象能力。

3. 生物计算与计算生物学

生物计算是指以生物大分子为“数据”的计算模型，主要分为 3 种类型：蛋白质计算、RNA计算和DNA计算，这是一个跨学科的科学，使用计算机存储和处理生物数据。对蛋白质计算模型的研究始于 20 世纪 80 年代中期，Conrad首先提出将蛋白质作为计算器件的生物计算模型。1995 年，Birge发现细菌视紫红质蛋白分子具有良好的“二态性”，拟设计、制造一种蛋白质计算机。进而，Birge的同事，美国纽约州雪城大学的其他研究人员应用原型蛋白质制备出一种光电器件，它存储信息的能力比电子计算机高 300 倍，这种器件含细菌视紫红质蛋白，利用激光束进行信息写入和读取。该蛋白质计算模型均是利用蛋白质的二态性来研制模拟图灵机意义下的计算模型，应属于纳米计算机“家族”的一员。

计算生物学（Computational Biology）是生物学的一个分支，是指开发和应用数据分析及理论的方法、数学建模、计算机仿真技术等，用于生物学、行为学和社会群体系统的研究的一门学科。当前，生物学数据量和复杂性不断增长，每 14 个月基因研究产生的数据就会翻一番，单单依靠观察和实验已难以应付。因此，必须依靠大规模计算模拟技术，从海量信息中提取最有用的数据。近年来，随着计算能力的提升，计算生物学得到了显著的发展和广泛的应用，其作用不断彰显，各种面向生物领域的计算方法已开始广泛应用于药物研究，以及研发创新的、具有自主知识产权的疾病靶标和信息学分析系统等。同时，运用计算生物学，科学家有望直接破译核酸序列中的遗传语言规律，模拟生命体内的信息流过程，从而认识代谢、发育、进化等一系列规律，最终造福人类。

计算生物学的研究内容主要包括以下方面。

（1）生物序列的片段拼接。序列的拼接任务是将测试生成的reads短片段拼接起来，恢复出原始的序列。该问题是序列分析的最基本任务。

（2）序列对接。

（3）基因识别。人类长达30个亿DNA序列中只有3%～5%是基因。在阐明人体中全部基因的位置、结构、功能、表达等的过程中，计算能力扮演了一个重要的角色，一个重要应用就是模拟基因表达数据集。

（4）种族树的建构。

（5）蛋白质结构预测。蛋白质的很多特性、功能是与它实际的三维结构相关的，任意给一段蛋白质序列，生物学家就可以用传统的生物学方法求出其结构，但这成本高且费时，而计算生物学的蛋白质结构预测工具通过序列分析可以直接得出其结构，如CYTO：人类T细胞中的因果蛋白质信号网络。

从上述过程我们可以看出，这是一个耗时耗力的工作，基因是海量数据，而计算在这一过程中发挥着重要的作用。

化学生物学、计算生物学与合成生物学，构成系统生物学与系统生物工程的实验数据、数学模型与工程设计的方法体系，即系统生物技术，带来了21世纪系统生物科学的全球迅速发展时期。

我们可以期待，无论是“生物+计算”，还是“计算+生物”都展现出前所未有的发展前景，以计算为支撑的生物学必将进一步深入发展，推动更加快速的创新和应用。

4. 社会计算

社会计算（Social Computing）技术层面的认识，与社会软件（Social Software）和社会网络（Social Network）密切相关，甚至可以认为它们是一体的。社会计算是指面向社会科学的计算理论和方法。这方面的历史可追溯到美国科学与研究发展办公室当时的主任Bush于1945年在其著名的文章*As We May Think*中提出的“Memex”，20世纪60年代初，美国国防部高级研究计划局主任Licklider的“Computer as a Communication Device”和美国SRI International公司负责人Englebart的NLS（ONLine System）。尤其是Englebart特别提出：我们必须在所有计算技术的进展中融入心理和组织发展学，可谓高瞻远瞩。

从计算技术到社会活动这一角度出发，社会计算的主要内容就是设计、实施和评估促进人与人之间的交流，协调和合作各种信息技术；其方式是以人和活动为中心的；其主要方法来自多学科的交叉，如心理学、人类学、广告学、工程学，等等；其主要手段包括现场观察、采访、实验可用性测试、启发式初排、人物情景假想，等等；其目的就是利用先进的信息技术达到高度有效的交流。例如，通过移动计算和普适计算（Pervasive Computing），使每个人能够与一个将所有人都连通到一个社团的巨大信息网保持不断的联系。

社会计算的研究目标是为这一新兴学科的建设提供核心建模、实验和管理与控制的理论基础和方法，实现社会科学、信息科学和管理科学多学科交叉研究的实质进展和融合，搭建通用社会计算实验平台和编程环境，并通过在特定领域中的应用和拓展，在社会安全和应急、社会经济系统安全以及工业生产安全等方面形成有效指导。

◎趋势五：虚拟形态是未来社会的基本形态。

虚拟是人类才会创造出来的无限可能，是人类大脑的无限想象和无限延展，虚拟代表了人类无与伦比的超越性和独特性，也代表了人类无与伦比的想象力。人类可以通过虚拟化创造一个想象中的理想世界，也可以通过虚拟化创造一个与现实世界一一对应的虚拟世界。

在人类早期的发展历史中，人类就通过想象、幻想创造出了各种各样的神话、传奇和传说，极大地促进了人类的发展和思维的进步，人类依靠无与伦比的想象力不断地认识和改造着物质世界，在现实世界中，人类的想象不断地促进着人类的进步与发展。

在计算机诞生之前，照片、电影等都是依托某种介质实现的半虚拟化的展现方式，影像符号离不开具体的实物或设备的支撑，但是其更像是一种复刻或映像。后来随着动漫、卡通等的兴起，人类开始创造有别于照片、电影中人物映像的全新形态——虚拟形态。

虚拟形态是人类思维和想象的一种外在的、可视的具象化表示形式。人类正在进入一个虚实结合的二重世界。虚拟和现实的交互正在成为人类社会的新形态，正在成为人类新的发展进化模式，人类将不断地从现实性活动向虚拟性活动迁徙。

虚拟数字人是最近非常火爆的一个虚拟形象的数字具象化表现形式。

人类基于想象或模拟，构建一个具有数字化形态的虚拟人，我们称之为虚拟数字人，他或她可以有多种多样的形象，你可以根据自己的想象设计与选择其形象，也可以虚拟一个长相和你一模一样或形似的数字化形象。传统的虚拟形象通过人类后期的合成和配音来实现与人的沟通、播音等展现形式，与之前的虚拟人不同的是，虚拟数字人是虚拟人+人工智能的一种组合形态，其将数字化形象与人工智能结合起来，虚拟数字人当前主要被用于主播、知识问答等领域。

2021 年 6 月 15 日，清华大学计算机系举行“华智冰”成果发布会，宣布“华智冰”正式“入学”。与一般的虚拟数字人不同，“华智冰”拥有持续的学习能力，能够逐渐“长大”。其可以模拟人类不断地学习和成长。其实这是我们期待的一种变化与升级，其开创了一种崭新的虚拟化趋势。

2022 年 1 月 7 日，尚美生活发布酒店行业首个数字虚拟数字人“尚小美”。

2022 年 4 月 18 日，云南首个虚拟数字人“云诗洋”正式发布，“云诗洋”的研发核心技术创意环节由云南升维科技研发团队完成，全链条自主可控。未来“云诗洋”将首先应用于云南公益宣传、直播带货、品牌传播、文旅推介等业务场景，同时致力于赋能乡村振兴、民族团结、生态文明，打造辐射南亚、东南亚各国的云南原生科技文化产品。为“中国梦”的云南篇章贡献优质的“科技标杆”和“文化标杆”。

2022 年 4 月，互联网周刊发布《2021 虚拟数字人企业排名TOP50》榜单，百度凭借央视虚拟主播、冬奥手语数字人主播，排名中国数字人产业综合实力第一位。阿里、天矢禾念（上海天矢禾念娱乐有限公司）紧随其后，其制作的数字人分列第二位、第三位。

2022 年 10 月，京东云推出数字人虚拟主播服务。加入了虚拟数字人的大战。

其实，我们可以看到，互联网巨头们已经开始关注虚拟数字人，这充分说明了虚拟数字人有极其宽广的应用场景。

笔者认为，虚拟数字人将是人工智能虚拟具象化的一种崭新尝试。传统上，当我们说起人工智能，其更多的是一个概念化的东西，而不是具象化的东西，这使人们对于人工智能的观感更多地停留在人们的思维层面或感觉层面，但是“虚拟形象＋人工智能”的虚拟数字人的形式改变了这样的局面。一方面，虚拟形象给了人工智能一个数字化的展现形式；另一方面，人工智能让虚拟形象有了一定的“灵性”。

未来，我们可以用虚拟数字人打造数字知识人，其可以不断地积累知识，为人类提供各种各样的知识服务。

未来，我们可以用虚拟数字人打造政务服务、酒店前台、银行自助服务大厅等场景下的智能服务数字专员，其可以引导或帮助人们完成各类事项或业务。

未来，我们可以用虚拟数字人打造一个虚拟的自我，他或她可以每天跟我们沟通交流，不断地学习我们的语言、表达方式、性格特点、幽默感，乃至于学习我们表达的内涵。这个个性化的虚拟数字人可以自主地学习，形成独特的知识体系、语言风格和表达风格，我们可以用区块链技术绑定这个个性化的虚拟数字人，全球唯一。同样，我们也可以在任何设备上从云端下载这个个性化的虚拟数字人，他或她会成为人们生命中的一部分，成为人们的数字资产，这个数字资产也可以被继承和传承。

或许有一天，电影《雪崩》(Snow Crash)、《黑客帝国》(The Matrix)、《头号玩家》(Ready Player One) 等描述的科幻场景会被人类实现，人类将构建一个或无数个虚拟现实的“新世界”。这至少给我们提供了无限的遐想和可能。

第三节　人类新未来？

1950 年 1 月，艾萨克 · 阿西莫夫发布首部长篇科幻小说《苍穹一粟》(Pebble in the sky)，该书属于“银河帝国三部曲”的第一部，讲述了一个 20 世纪的裁缝穿越到数万年后的银河帝国的故事。1950 年年底，其又出版了第二部长篇小说《我，机器人》(I，Robot)，收录了 9 个机器人短篇小说。1951 年，艾萨克 · 阿西莫夫发布了“基地三部曲”的首部长篇《基地》(Foundation) 和“银河帝国三部曲”第二部长篇《繁星若尘》(The Stars，Like Dust)。这些科幻小说中描述了很多未来的场景，也给了人类无限的遐想。

70 多年前，当人类第一次发明电子计算机的时候，恐怕当时的人们怎么也想不到，70 多年过去之后，电子计算机及其关联的手机、互联网、移动互联网等会像今天这样走进千家万户，人们也不会想到，以电子计算机、互联网为核心驱动的数字化会如此强劲的势头渗透到各行各业。

如今，“基地”或“银河帝国”系列小说以及其他许多科幻小说中描述的科幻场景有很多变成了现实，我们不禁惊叹人类的想象力和科技发展的速度及影响。

如今，人类又来到了一个新的转折点，以大数据、云计算、人工智能、区块链为核心支撑的数字技术正在驱动人类社会新的转型升级，这将带来什么样的变化？这又将带来什么样的人类新未来？

美国思想家、预言学家雷·库兹韦尔撰写的《奇点临近》（英文版 2005 年出版，中文版 2011 年出版）一书中，着重描述了人工智能和科技的未来发展趋势，该书描述了人工智能作为 21 世纪科技发展的最新成就，深刻揭示了科技发展为人类社会带来的巨大影响。该书结合求解智能问题的数据结构以及实现的算法，把人工智能的应用程序应用于实际环境中，并从社会和哲学、心理学以及神经生理学角度对人工智能进行了独特的讨论。该书提供了一个崭新的视角，展示了以人工智能为代表的科技现象作为一种“奇点”思潮，揭示了其在世界范围内所产生的广泛影响。该书畅想了未来技术发展的无限可能，未来人类技术的典型特征是：更大的容量、更快的速度、更强的知识分享能力。第五纪元将使我们的人机文明超越人脑的限制（限制源于人脑中数百兆异常缓慢的连接）。其指出，奇点将使我们克服人类老年化的问题并极大地解放人类的创造力。我们应保持并提升进化赐予我们的智能，以克服生物进化的限制。但是奇点也将提高人类从事破坏行为的可能性。雷·库兹韦尔在《奇点临近》中断言，神经科学、生物科学、纳米技术和计算的指数级快速发展将结合在一起，让我们超越身体和大脑的限制。这一巨大转变的一个主要部分将是人工智能的崛起，其能力远远超过人类大脑。雷·库兹韦尔认为，人类进化的必然结果是，两种智能融合形成强大的混合大脑，这将定义人类的未来。该书预测，这些将在 2045 年发生。

2023年年初，一个被称为ChatGPT的“超级”人工智能在业界引起巨大轰动和追捧，这款被称为ChatGPT的聊天机器人程序是美国OpenAI人工智能公司于2022年11月30日发布的聊天机器人程序，2023年1月月末，ChatGPT的月活用户突破1亿人，成为史上增长速度最快的消费者数字化应用。ChatGPT是人工智能技术驱动的自然语言处理工具，其使用了Transformer神经网络架构（采用GPT-3.5架构），这个架构模型通常被用于处理序列数据，拥有语言理解和文本生成能力，尤其是其可以通过连接大量的语料库来训练模型，这些语料库包含了真实世界中的各种对话，丰富的语料库和分析能力以及语言生成能力使ChatGPT具备“上知天文、下知地理”的能力。与传统的聊天机器人有很大的不同，ChatGPT可以根据与用户聊天的上下文进行互动的能力，做到与真正人类几乎无异的聊天交流，这带给人们极大的震撼。此外，ChatGPT不只是聊天机器人，还能进行知识问答、邮件撰写、新闻撰写、文案撰写、视频脚本、翻译、代码编写等任务。ChatGPT也许是人工智能的一个新开端，其给我们创造了一个全新的路径和可能，未来，以ChatGPT为基础家庭机器人、各类知识问答系统以及数字心理咨询师、数字律师助理、数字教师、数字金融分析师等各种数字化应用将逐渐渗透到人类社会的方方面面，给人类社会带来无限可能。

人们对未来是充满憧憬的，未来的数字化将无处不在，智慧地球将成为全球各国竞相追逐的目标，数字中国将带给中国更加美好的前景，数字化的浪潮将进一步席卷全球。

数字城市将使城市变得更加现代、更加智能，城市的管理和服务将被众多的智能化设备或数字化设备代替，智能门禁、智能售货机、智能配送机、智能巡逻等将深入普及，人们将越来越依赖智能设备的各种服务。

智慧交通将在很多大中型城市实现，依托车联网、智能网联设备等，车路协同、智能信号灯、智慧交通系统将使道路交通井然有序，城市交通的通行效率将极大提升，交通事故率将显著降低。

智慧医疗、智慧警务、智能制造、智慧农业等，众多的应用场景将逐渐实现智能化替换，人类社会将进入由网络化、数据化、数字化、智能化、虚拟化支撑人类未来社会形态的基本形态。

当然，我们也会有很多可以期待的变化。

预期 1：人工智能将具备人类水平的智能。

按照预言学家雷·库兹韦尔在《奇点临近》中的说法，人工智能的性能将在 2030 年达到人类水平。这将取决于人工智能能否成功通过有效的图灵测试。但是，一些私人公司可能会拥有AI背后的强大算法，这些算法在很长一段时间内都不会与公众共享，超级公司会不会在人工智能领域形成某种垄断，这恐怕是一个值得警惕的事情。

预期 2：各种人工智能助手会成为人类工作和生活的常态。

人类将在日常工作和生活中广泛使用各种人工智能助手，这些人工智能助手将提高人们的工作效率和生活质量，它们不断地采集人们工作和生活场景下的各类数据，不断地学习和支撑人们的日常工作和生活。人工智能助手将了解你的偏好，预测你的需求和行为，与你对话并进行情感交流，监测并评估你的健康水平，回答你的各种问题，帮助你解决问题并支持你的中长期目标。它们可能以算法的形式存在于各种设备终端，它们也可能以操作系统的形式存在，可以连接多个设备。一些人工智能助手甚至可以通过脑机接口实现与人类大脑的实时互联，实现“人脑+超脑”的强强联合。

预期 3：人工智能与人类协作将在所有职业中飞速发展。

到 2035 年或者更遥远的未来，人工智能将成为我们日常运营的重要组成部分，人工智能将依托庞大的数据和超级算力支持人类的创造性活动、产生新想法并完成以前无法实现的创新。很多领域将出现人类与人工智能的协作式工作。例如，在工业领域，人工智能将协助人类工程师实现生产环节的全场景管控；在商业领域，人工智能将协助人类进行智能化分析和服务；在创意领域，人工智能可以根据人类创意师的意图创造出各种各样的图像或视频；在餐饮领域，人工智能设备可以协助人类厨师制作美食；在家用领域，家用智能机器人将逐渐普及，这些机器人可以叠衣、刷碗、聊天等。所有机器人都可以实现云端的自动更新。

预期 4：大多数设备将是嵌入了人工智能的设备。

近年来，专用人工智能芯片的价格正在迅速下降。各种智能化芯片开始在众多的设备上应用，随着全球需求的增长，人工智能芯片的价格将变得越来越低，这些专用的智能化芯片将被逐渐地应用到玩具、电器、无人机、视频游戏控制器等人类日常生活的众多领域。未来，越来越多的儿童玩具可以使用面部和语音识别，它们可以记住人们的声音和声调，可以与人们进行更加顺畅的聊天，很多电器或智能家居设备可以使用语音识别来响应语音命令并预测使用预测算法满足你的需求。

预期 5：虚拟数字人等虚拟化形象将无处不在。

各种各样的户外广告、视频平台及交互场景中，将充斥着千奇百怪的虚拟数字人或虚拟形象，这会成为人类日常生活的“新常态”，早晨起床，也许是一个智能化家居的虚拟数字人在给你服务，上午，你可能戴上头盔，以“元宇宙”中的虚拟形象完成上午的会议、沟通等工作；中午，你可能让你的虚拟工作助理或生活助理为你安排午餐，可能戴上专用设备，走进虚拟世界，放松休闲了一个小时；下午，你的虚拟数字人助手会帮你解决很多工作问题；下班，当你走在楼宇或街道上，一排排的虚拟数字人将向你展示各种各样的消息；晚上，你可以通过各种设备进入虚拟空间，开启休闲之旅，也可以通过各种设备体验无与伦比的虚拟梦境体验。人类将不断地穿梭于虚实之间，虚拟化的体验也将变成人类思维体验的一部分，成为人类记忆的组成部分。

预期 6：数字化将带来前所未有的社会变革。

随着各行业、各领域的数字化转型和智能化变革，各行业领域的许多工作岗位都将被各种各样的数字化、智能化设备代替，农业、工业、道路交通领域的很多传统工种将消失，地铁司机、火车司机、公交司机、律师助理、超市收银员、高速路收银员、停车场收银员等可能会失掉自己的工作，一些需要依赖人类思维和情商的领导、管理、销售、家政、娱乐等行业的工作暂时还不会被人工智能等数字化设备代替。人类的职业将发生根本性的变化，一批传统的职业将消失，一批围绕数字化和新科技驱动的新职业将逐渐诞生，这也必将影响到未来的教育、培训等行业领域的发展和变革。

后记

1999年，作者秦永彬教授进入大学攻读计算机科学与技术本科专业，当时正值人工智能程序“深蓝”（IBM超级计算机）战胜国际象棋大师卡斯帕罗夫。计算机操作系统和互联网取得前所未有的发展，世界开始大踏步地进入PC互联网时代。在这个通常被称为信息1.0时代的起步阶段，计算机开始成为热门学科，信息产业开始成为热门产业。秦永彬教授也在这个时期开始学习计算机的基础知识、程序设计语言等，这一时期比较有吸引力的是数据库及数据库系统的开发、计算机网络和Web系统的开发。当时还没有智能手机，人们也不会想到后来智能手机会带来翻天覆地的变化。从1999年到2008年，互联网以前所未有的速度快速发展，人类社会开始在互联网和信息化的驱动下展现出空前的高效率，便捷、高效、连通成为信息化发展的代名词。

2009年，秦永彬教授攻读博士学位，致力于新型算法的研究。互联网的浪潮此时已经此起彼伏：电商领域的阿里巴巴、当当网、京东等取得了飞速发展，百度称霸互联网搜索引擎，腾讯称霸即时聊天领域并基于此扩展游戏领域，搜狐、新浪、网易成为国内炙手可热的新闻网站，以支付宝为代表的网络支付开始崭露头角。我们不断地感受到互联网带来的深刻变革，线上购物开始变得简单，互联网搜索引擎让我们快速地获取信息，极大地拓展了信息传播的维度和广度，网络新闻以其快速、便捷性特点开始冲击传统纸质媒体，新闻传播的范围极大拓展。2009年到2018年这10年，随着互联网的深度发展和智能手机的出现，移动互联网再一次掀起互联网和数字化发展浪潮，在这一波浪潮中，云计算、大数据、人工智能、区块链等数字技术取得突破性发展，移动支付、移动实时通信、在线视频、微博平台、在线外卖、在线打车、手机导航等取得了前所未有的发展。一时间，传统互联网巨头纷纷抢滩移动互联网，抢占智能手机入口。

2019 年，秦永彬教授积极推动人工智能在司法领域的应用，致力于数字政府建设和企业的数字化转型工作。这一年，我国商用 5G 正式开启，这是我国通信发展史，乃至我国科技发展史上一个具有里程碑意义的大事件，这是我国在数字化发展浪潮中第一次实现引领，国内北上广深杭等 50 个城市入围 5G 首批开通城市名单。这表明，在经历了“学习、模仿、跟跑”等过程之后，我国终于迎来了历史上的数字技术引领之路，这是一个伟大的历史性事件。2019 年在乌镇举办的第六届世界互联网大会期间，国家数字经济创新发展试验区启动会发布《国家数字经济创新发展试验区实施方案》，河北省（雄安新区）、浙江省、福建省、广东省、重庆市、四川省 6 个试点省市被授予“国家数字经济创新发展试验区”牌匾，正式启动试验区创建工作，这充分彰显了未来数字经济发展的重要性。2020 年 4 月，《中共中央国务院关于构建更加完善的要素市场化配置体制机制的意见》（以下简称《意见》）正式公布。这是中央第一份关于要素市场化配置的文件。《意见》分类提出了土地、劳动力、资本、技术、数据 5 个要素领域改革的方向，此外数据作为一种新型生产要素被写入文件。《意见》强调要加快培育数据要素市场，重点强调推进政府数据开放共享、提升社会数据资源价值、加强数据资源整合和安全保护等几个方面。将数据作为生产要素充分体现了数字经济发展时代数据的重要性。2021 年，国务院印发《“十四五”数字经济发展规划》，充分规划了未来 5 年我国数字经济发展的美好蓝图。2021 年，元宇宙异军突起、加速布局，国际、国内一大批互联网头部企业抢滩布局元宇宙，在全球范围内掀起了一波元宇宙热潮。2019—2021 年，数字经济赋能作用凸显，数据要素市场加速培育，我国不断加强数字经济顶层设计，不断谋划数字经济美好蓝图，推动数字技术和实体经济深度融合，赋能传统行业数字化转型升级，激活新业态新模式。

2022 年，作者所在的研究团队开始全面关注面向文本的认知智能的研究和应用。2022 年 6 月，我国网民规模达到 10.51 亿人，互联网普及率达到 74.4%，我国互联网网民人数居世界第一，我国互联网发展排名世界第二。我国已经连续多年保持世界第一互联网网民人数大国的地位，再加上独特的互联网发展环境和应用场景，我国成为数字经济发展的试验场和创新地。当前我国独角兽企业的前 20 名都来自数字经济领域，数字经济在我国经济发展中的地位越来越重要。2022 年，世界范围内的互联网公司都遇到了不少的困难，很多互联网公司在大规模裁员，一时间，互联网似乎又遭遇了很大的困难，这是否意味着数字经济的发展遇到了较大的瓶颈？作者认为，我们应该又到了一个重要的转折期。随着下一代网络、超算中心、大数据计算平台等新一代硬件基础设施建设的推进，以及云计算、大数据、区块链、元宇宙等技术的突破，元宇宙也许正在成为新的“引爆点”。自 21 世纪以来，信息化、数字化不断地将人类的物质世界抽象到一个虚拟化的数据世界中，元宇宙将彻底打通现实世界和虚拟世界之间的边界。在不久的将来，人类将逐渐进入一个虚实结合、虚实泛在、虚实交互的世界，这样的世界将充满无限想象，也将充满无限可能，元宇宙引发的热潮也许会此起彼伏。但是，无论如何，它必将驱动新一轮的基础设施建设、新一轮的技术革新、新一轮的模式革新。同样地，数字技术驱动下的各行各业也必将迎来新的变革、新的发展和新的未来。

数字化具有无限美好，也将带给我们无限可能，让我们一起期待吧！